国际文化管理.7

（上册）

吴承忠　唐少清　主编

中国财经出版传媒集团

图书在版编目（CIP）数据

国际文化管理.7/吴承忠，唐少清主编.—北京：经济科学出版社，2020.11
ISBN 978-7-5218-2158-1

Ⅰ.①国… Ⅱ.①吴…②唐… Ⅲ.①文化管理-世界-文集 Ⅳ.①G113-53

中国版本图书馆 CIP 数据核字（2020）第 242034 号

责任编辑：李　雪　高　波
责任校对：王肖楠
责任印制：王世伟

国际文化管理.7

（上下册）

吴承忠　唐少清　主编
经济科学出版社出版、发行　新华书店经销
社址：北京市海淀区阜成路甲 28 号　邮编：100142
总编部电话：010-88191217　发行部电话：010-88191522
网址：www.esp.com.cn
电子邮箱：esp@esp.com.cn
天猫网店：经济科学出版社旗舰店
网址：http://jjkxcbs.tmall.com
北京季蜂印刷有限公司印装
710×1000　16 开　24.5 印张　340000 字
2020 年 12 月第 1 版　2020 年 12 月第 1 次印刷
ISBN 978-7-5218-2158-1　定价：98.00 元（上下册）
（图书出现印装问题，本社负责调换。电话：010-88191510）
（版权所有　侵权必究　打击盗版　举报热线：010-88191661
QQ：2242791300　营销中心电话：010-88191537
电子邮箱：dbts@esp.com.cn）

主办单位

北京联合大学
对外经济贸易大学

承办单位

北京联合大学管理学院
对外经济贸易大学公共管理学院
北京联合大学管理学院文化研究所
对外经济贸易大学文化与休闲产业研究中心
《国际文化管理》集刊编辑部

协办单位

湖南工业大学学报（社会科学版）
未来传媒

学术委员会

主　　　任　王稼琼（对外经济贸易大学校长）
常务副主任　吴承忠（对外经济贸易大学文化与休闲产业研究中心主任）
　　　　　　唐少清（北京联合大学教授、硕士生导师）
执 行 主 任　玛格丽特·简·怀佐米尔斯基（俄亥俄州立大学艺术管理、教育与政策系艺术管理与政策研究生专业项目主任、教授）
　　　　　　艾伦·J. 斯科特（加州大学洛杉矶分校地理系和公共政策学院杰出研究教授）
成　　　员　（按姓氏笔画为序，英文按字母为序）
　　　　　　马惠娣（中国艺术研究院）
　　　　　　王琪延（中国人民大学）
　　　　　　米建国（国务院发展研究中心）
　　　　　　祁述裕（国家行政学院）
　　　　　　齐勇锋（中国传媒大学）
　　　　　　陈少峰（北京大学）
　　　　　　花建（上海社会科学院）
　　　　　　何勤（北京联合大学）
　　　　　　李怀亮（中国传媒大学）
　　　　　　邵鹏（对外经济贸易大学）
　　　　　　吴必虎（北京大学）
　　　　　　范周（中国传媒大学）
　　　　　　金元浦（中国人民大学）

单世联（上海交通大学）
胡惠林（上海交通大学）
郝振省（中国出版科学研究院）
顾江（南京大学）
陶秋燕（北京联合大学）
梅松（中共北京市委宣传部）
章建刚（中国社会科学院）
傅才武（武汉大学）
韩光辉（北京大学）
鲍新中（北京联合大学）
蔡尚伟（四川大学）
熊澄宇（清华大学）
魏鹏举（中央财经大学）
尼扎·阿瑟亚德（加州大学伯克利分校城市建筑与区域规划系环境设计研究中心）
格雷姆·埃文斯（伦敦城市大学城市学院）
约翰·哈特利（澳大利亚科廷大学文化和科技中心）
迈克尔·奥亥尔（加州大学伯克利分校戈德曼公共政策学院）
菲利普·施莱辛格（格拉斯哥大学文化创意艺术学院文化政策研究中心）
艾伦·J. 斯科特（加州大学洛杉矶分校地理系和公共政策学院杰出研究教授）
玛格丽特·简·怀佐米尔斯基（俄亥俄州立大学艺术管理、教育与政策系）

编 委 会

主　　任　吴承忠　唐少清
成　　员　王长松　王文杰　贾　佳　冯仕亮　孙　静
　　　　　　李新娥　陶金元　詹细明　李俊林　严鸿雁
　　　　　　王晓芳　孙　琼

学术依托单位
　　对外经济贸易大学文化与休闲产业研究中心
　　对外经济贸易大学公共管理学院

学术合作单位
　　加州大学伯克利分校环境设计研究中心
　　俄亥俄州立大学艺术教育、管理与政策系，公共政策学院
　　加州大学洛杉矶分校地理系
　　加州大学伯克利分校公共政策学院
　　伦敦城市大学城市研究院
　　格拉斯哥大学文化政策研究中心
　　澳大利亚科廷大学文化与科技中心
　　北京联合大学文化创意产业研究院
　　北京联合大学管理学院
　　中国商业文化研究会
　　中国商业文化研究会企业创新文化分会

目 录

上 册

机理与跃迁：AI 赋能下的文化产业科技创新能力
体系建构 ………………………………………… 解学芳（1）

创意经济实践与乡村美学重塑 ………………… 艾　佳（19）

新时代中国对外文化贸易新动向及优化路径 …… 陈柏福　杨玉飞（31）

版权保护、文化产业发展与经济增长
——基于 2005～2016 年中国省际面板数据的
实证研究 ……………………………… 陈能军　史占中（52）

基于 OBE 理念的文化营销专业范式改革研究 …… 陈　颖　祝振华（68）

新中国成立以来我国文化志愿服务政策的
发展历程 ……………………………… 邱春苗　白艳宁（85）

论文化的定义、类别、特征与作用 …………… 岳桂宁（98）

1950 年以来全球文化创意产业生命周期演化规律探析 …… 臧志彭（102）

创意者的再发现
——文创人才培养模式的新思考 ……………………… 赵朝峰（135）

以"文化创意旅游"促进乡村振兴的几点思考……………… 王华彪（154）

下　册

"人工智能+5G"对文化创意产业的影响研究……………… 王树西（165）

韩国端午节庆文化旅游的发展经验及对我国的启示 ……… 范　靓（178）

产品二维属性视角下的高质量品牌塑造：以雨林古茶坊的
　　品牌构建实践为例 ………………… 邱　晔　李先军　刘保中（187）

武汉市居民文化消费及文化市场管理的现状及策略 ……… 刘旺霞（206）

博物馆公共文化服务绩效评价指标体系国际比较研究 …… 张安琪（220）

国产电影如何参与社会主义核心价值观传播 ……………… 赵晨越（232）

京津冀现代公共文化服务体系建设协同发展的路径研究
　　——以廊坊市为例 ………………………………………… 张荣齐（240）

文化折扣视角下抖音国际版 TikTok 的出海模式分析 ……… 李柯燕（258）

秦巴山区集中连片特困地区发展特色文化产业的
　　典型路径及启示
　　——以陕西安康、汉中、商洛三市为例 ……… 金栋昌　彭建峰（267）

福建省非物质文化遗产空间分布特征及影响因素分析 …… 李亚恒（285）

黄酒老字号品牌的情文相生与守正创新路径研究
　　——以会稽山绍兴酒营销策略的
　　　　创新为例 ………………… 唐雯琦　刘子源　陈　颖（301）

基于区位熵的粤港澳与旧金山湾区数字媒体产业
　　集聚优势比较研究 ………………………… 王　悦　臧志彭（315）

场景理论视域下工业遗产开发模式创新研究
　　——以汉口工业遗产区域为例 ………………………… 司光冉（334）

垂直农场：城市公共文化空间塑造的
　　新选择 ……………………… 王琳慧　雷　杨　白焕霞（351）

上 册

目 录

机理与跃迁：AI 赋能下的文化产业科技创新能力
　　体系建构 ………………………………………… 解学芳（1）

创意经济实践与乡村美学重塑 ………………………… 艾　佳（19）

新时代中国对外文化贸易新动向及优化路径 …… 陈柏福　杨玉飞（31）

版权保护、文化产业发展与经济增长
　　——基于 2005~2016 年中国省际面板数据的
　　实证研究 ………………………………… 陈能军　史占中（52）

基于 OBE 理念的文化营销专业范式改革研究 …… 陈　颖　祝振华（68）

新中国成立以来我国文化志愿服务政策的
　　发展历程 ………………………………… 邱春苗　白艳宁（85）

论文化的定义、类别、特征与作用 …………………… 岳桂宁（98）

1950 年以来全球文化创意产业生命周期演化规律探析 …… 臧志彭（102）

创意者的再发现
　　——文创人才培养模式的新思考 …………………… 赵朝峰（135）

以"文化创意旅游"促进乡村振兴的几点思考…………… 王华彪（154）

机理与跃迁：AI赋能下的文化产业科技创新能力体系建构[*]

解学芳[**]

摘　要：伴随移动互联网与人工智能（AI）时代的开启，物联网、大数据、云计算和AI等现代科技正引发一场全新的文化产业革命，既颠覆着传统文化产业，也成为我国文化产业获取新竞争制高点的契机。人工智能技术的学理性为其进入文化产业领域提供了基础，助推着人工智能进入文化产业领域，并从选择性介入到全面进入。AI时代，是选择主动型追随，还是被动型接受，直接决定了文化创意创新的高度与广度；创新思维与变革理念的与时俱进则塑造着AI进入文化创意领域的方式与速度。由此，AI成为文化产业创新扩散的动力机制，建构与跃迁成为AI赋能下的文化产业科技创新能力体系的运作基准。

关键词：AI赋能　文化产业　跃迁　科技创新能力

一、AI赋能：文化产业科技创新的原理与逻辑

人工智能（Artificial Intelligence，AI）是机器智能（MI）的一部分，

---

[*] 基金项目：国家自然科学基金面上项目（71473176）；上海市浦江人才计划资助（17PJC100）。

[**] 作者简介：解学芳，女，汉族，山东青岛人，同济大学人文学院教授，博士生导师，博士，主要从事网络文化产业、新技术与文化产业研究。

虽然人工智能技术最早式微于工业生产行业,但近年随着人工智能技术的成熟以及与互联网、数字经济的畅行,人工智能逐渐从第二产业渗透到文化产业领域,加速着文化生产方式变革——AI 为文化产业科技创新带来全新引擎和不竭动力,激发着创意产品的多元化、数字化、网络化和智能化,以及全新的文化创意业态等。AI 时代的文化产业将完成语义重建、范式转变和产业重塑,一场以人工智能为导向的文化产业与科技创新融合的研究也势在必行。如何借助人工智能为核心的技术体系提高文化产业科技创新水平,建构我国文化产业科技创新能力,并构建起中国独有的创新体系与中国文化自信是当下亟须思考的重要理论与现实命题。

从现有研究来看,云计算、大数据应用、算法创新、生成式对抗网络(GAN)、互联网的崛起与智能制造的革新助推着 AI 时代的加速到来。智能化生产、大规模个性化定制、智能语音与视频融合、视频图像识别与视频理解、跨媒体融合等技术创新推动智能化成为发展新方向,也给文化产业相关研究带来挑战与变革。以人工智能为代表的一系列科技创新既是一种集聚创新,又是产业科技创新的重要因素(Kumar,2017),促使了多种技术与文化资源融合,实现了文化生产链条无缝链接,推动着文化创意过程被数字技术重塑(Le,Masse & Paris,2013)。人工智能中的数据处理、语音与图像识别、机器学习/深度学习、智能算法等在新媒体传播中具备普遍适用性,大数据技术能对隐藏的、未被发现的、具有潜在价值的信息进行价值聚合与利用(刘雪梅、杨晨熙,2017);融合媒体则呈现"中心化"向智媒体转化的趋向,"第一现场"介入解构了传统媒介的"权利中心"意志(Arsenijevic & Andevski,2015;陈长伟,2017)。一方面,AI 利用大数据分析能够最快锁定信息热点,快速审查和对内容把关,从而保证信息生产及时有效地完成;新闻内容推送方式则由大众化覆盖转向个体化定制、表征现实机制由记者中介转向算法中介(张超、钟新,2017)。另一方面,智能手机、智能手表、智能耳机、智能电视、虚拟现实(VR)和增强现实技术(AR)等使体验式信息消费成为可能(Shahzad et al.,2017),智能反馈机制让生产者更好地洞察用户心理与需求,完善信息生产、传播和体验(喻国明,2017);此外,AI 提高了媒体产业盈利能力，而且智能媒体融合在不同的媒体专业之间展开密切合作，实现了商业思维与受众的互动（Wagner，2016）；但同时人工智能也引发了人文伦理问题的思考（Čerka et al.，2017），需要技术人员与媒体专业人员协同对抗人工智能存在的偏差（Hansen et al.，2017）。可见，现有 AI 与文化产业创新方面的研究还集中在媒体领域，关于 AI 对整个文化产业科技创新能力建构的重要性尚缺乏关注。由此，本文将探究 AI 赋能时代文化产业科技创新的机理，提出 AI 牵引的文化产业科技创新能力体系，并建构基于 AI 的文化产业科技创新能力跃升机制，为提高我国文化产业的智能化创新水平提供理论思考。

从学理基础来看，大数据驱动知识学习、跨媒体协同处理、人机协同增强智能、群体集成智能、自主智能系统与优化决策控制是人工智能的发展重点，算法理论、认知科学与神经网络、深度学习理论是人工智能发展形成的理论基础。一方面，人工智能的形成是建构在三大理论观基础上的。其中，符号主义（又称为逻辑主义或计算机学派）强调，符号是人类的认识基元，人的认识过程即是对符号的计算与推理的过程；联结主义（称为仿生学派）认为，人的认识基元是人脑神经元，强调认识过程是人脑进行信息处理的过程，主要原理是人类智能是由人脑生理结构和工作模式决定的；而行为主义（又称为控制论学派）的主要原理则是智能取决于感知和行动，智能行为通过与现实世界环境的交互作用体现出来，行为主义的研究重点是模拟人的各种控制行为。这三大理论为人工智能进入以创意、感知、体验为鲜明特色的文化产业领域提供了基础。另一方面，新一代人工智能理论的发展更为文化产业创新打下夯实的根基。一是大数据智能理论，侧重数据驱动与知识引导相结合、自然语言理解和以图像图形为核心的认知计算等理论与方法，深度学习模型生成式对抗网络等，为文化产业创新提供新手段；二是跨媒体感知计算理论，强调超越人类视觉能力的感知获取、主动视觉感知计算、自然声学场景听知觉感知与交互环境的言语感知计算、面向媒体智能感知的自主学习等，直接助推了智媒体时代的到来；三是混合增强智能理论，研究混合增强智能、人机智能共生行为增强、联想记忆模型与知识演化方法、云机器人协同计算，以及真实世界环境下的情境理解与人机群组协同等，为文化产业的人机协同创新提供了基础。

互联网技术的发展推动着人工智能从对单个智能主体的研究开始转向互联网语境下的分布式AI研究，人工智能技术的自主学习能力使其开始具有人的一般逻辑思维和感应能力，成为AI进入文化产业领域的重要基础。人工智能带来语义变迁、交互性与文化产业重塑，特别是在移动互联网及智能终端应用下，信息属性由知识型向社交型、娱乐型、生活型转变；人工智能惊人、高效的生产和精准的定位能力彻底改变了文化创意行业的内容生产、平台分发、用户消费等链条——从会作诗的微软"小冰"到Facebook的DeepFace、Adobe的Sensei，从意大利的弹琴机器人TeoTronico到打败柯洁并不断进化的谷歌"AlphaGo""Duplex"，从登上《最强大脑》舞台的百度AI"小度"到阿里巴巴的ET大脑与"鲁班"，AI正挑战传统文化创意与生产流程，重塑文化产业链。与此同时，如果把AI作为自主体进行透析与反观AI的文化创意创作行为，一方面有助于人的自主性创新创意的激发与高效率实现；另一方面AI创作与审美行为有助于思辨AI创作行为的技术伦理，从这个层面来说，人工智能与文化产业创新发展形成了互动与博弈。

技术是把"双刃剑"，技术创新是一种建构性创新与破坏性创新的同行。AI在给文化产业科技创新带来契机的同时，也潜含了科技伦理、人文主义问题与"道德过载"问题。一方面，大数据、人工智能技术重塑文化产业链的同时也引发了严重的人文主义反思，相比福柯所言的"知识序列的崩溃"导致哲学意义上的"人将被抹去"的现实更加严重，AI未来自我认同的思想系统的形成将挑战现实意义上人的生存；同时人工智能也带来了管控难题，须警惕人工智能的盲目研发。人工智能系统是否拥有法人资格，以及选择的伦理也引发争议。斯皮利奥蒂（Spilioti，2017）就新媒体环境中的"公共性"伦理问题进行了研究，认为以语言为中心的多语言数字写作，以及互联网数据挖掘带来了社会"公共性"伦理的紧张，人工智能生成内容在著作权法中的定性问题也亟待理清。另一方面，伴随AI介入文化创意领域越来越多，"道德过载"（morality overload）问题也凸显出来。AI 被认定知道得越多，所要承担的道德责任越大。从本质上来说，文化产业与其他产业最本质的区别在于其精神性和与精神的关系性：重建人与社会、人与自然、人与人的精神关系和精神秩序，这是文化产业可持续发展的战略思维。在 AI 主导的一系列科技创新与文化产业融合的时代，创意空间的人文生态，特别是将以人为本、公正、和谐、可持续发展的价值观与道德观嵌入 AI 体系，实现 AI 人文化至关重要。

二、从选择性介入全面进入：基于 AI 的文化产业科技创新机理

AI 在文化产业科技创新领域的应用呈现多元化。赋能性技术创新开始转化为文化创意的诱发源与载体，内容创新与 AI 等新技术的融合成为 AI 崛起新时代的特点。换言之，AI 牵引创新重点从技术为导向的硬创新演变为以创意和设计为主导的非技术软性创新。例如，现代视频游戏愈发的复杂和现实的环境中 AI 的介入已成为统一范式，把基于 AI 的智能角色分布应用于游戏的创新活动中。一方面，伴随虚拟现实技术、新媒体技术、物联网、云计算、AI 等科学技术的加速应用，一系列科技创新已然渗透到文化创意与设计等诸多领域中，催生新的文化业态、激发新的商业模式，如创意设计、文化创意（内容）、动漫网游、数字出版、移动传媒等都是典型代表。另一方面，基于人工智能的多目标决策系统可以为决策者提供科学高效的制度创新决策支撑，虽然也潜含了强势国家数字文化产品的殖民政治问题，但 AI 带来了新安全机制与新内容分发机制，智能算法、数据挖掘与预测建模等将文化创意内容进行多元、反复、有序组合与延伸使用，创新了产品形式和动态视觉效果，推动其向更高层次发展。

AI 时代文化产业科技创新有其内在的逻辑与演化机理。大数据挖掘与深度学习是弱人工智能在文化产业广泛应用的基础。一方面，AI 以新技术革新与迭代的填充机制实现文化大数据识别、挖掘、加工与深度利用，挖掘大数据背后潜含的信息与内容，进行文化价值聚合、文化资源高效整合与更新；另一方面，利用智能算法处理、仿生识别、深度学习等功能重塑

文化产业业态与价值链，实现文化创意的精准化、智能化。此外，AI的发展让人们有更多的"闲暇时间"用于文化精神消费与高端内容产品的生产。按照凡勃伦提出的"有闲阶级"，即从事非生产性质工作的上层阶级获得大量闲暇时间，AI时代智能机器人承担了大量耗时、复杂而重复性的工作，使人们有更多时间用于自我学习、更有尊严的创意与思考。从创新生态演化机理来看，AI时代，文化产业科技创新演化形成了内生竞合、开源交互、群智多元和跃迁演化四大机理，凸显出AI对内生、开放、竞合、协同、多元与动态等方面的聚焦与关注。

  一是基于AI的文化产业科技创新需求牵引的内生竞合机理。大数据驱动、跨媒体协同、群体智能与人机协同等人工智能技术介入文化生产、文化资源分配、文化产品交换与文化消费的过程中，加快着文化产业业态培育、链式创新与更新换代，形成了新的智能化与数字化文化产品、新的运营管理模式与运行引擎机制。AI赋能时代的文化产业科技创新是建立在一定的混合智能与群体智能资源优势上，创新主体自身携带"创新基因"并在多资源条件，以及从宏观至微观等多层次的智能化市场需求刺激下进行创新活动，AI让创新创意变得可达可塑；而智能识别与服务机器人则会让文化艺术创作手段多元化、创新空间无限扩展，各类文化产品通过AI后台数据的精准推送使得传播范围空前扩大；与此同时，AI牵引各种创新资源要素与多元化创新群落组织的高度集聚，改变了传统的文化生产与运作模式，形成竞争合作关系，以此来实现创新活动的开展和创新价值的创造，并在智能化创新主体之间的"共赢"下催生新文化产品、新文化服务、新文化业态与新运营模式。文化产业科技创新带来数字化颠覆。特别是在参与式时代，伴随人工智能技术的应用与数字制造技术成本的下降，相互分割独立的利润单元串成链式流，构成内容无比丰富、无比密集快捷的数字化、智能化的网状文化产业体系；移动互联网技术则与可便携终端设备结合，如智能型植入式营销服务系统（IEMSS）将创意产业链价值放大化，复杂场景感知、人机协同情景学习与混合增强智能的运用将提升创意阶层的内容创新水平与效率。"内生竞合"不仅是AI赋能时代文化产业科技创新的牵引机理，也是内源化机理。从AI主导的文化产业链的变迁来看，在创意端，AI 深度学习与群智开放为信息与内容生产者提供精准信源，塑造了智能化的创作与想象空间；在运营端，AI 智能识别能力的增强与大数据挖掘的深度应用让文化创意产品个性化、精准化匹配，推动精准传播实现智能化；在营销端，智能算法、人机协同、自主交互与智能化反馈则成为文化产业再生产良性循环的保障。

二是基于 AI 的文化产业科技创新资源集聚的开源交互机理。在 AI 主导的文化产业科技创新生态系统中，创新主体与外界环境之间始终保持着开源创新的姿态，大数据驱动的人、机、物三元协同，不断进行着机器学习、知识循环、开源开发、智能传递以维持创新活动的开展和资源的补给。特别是在大数据技术推动下，网络视听、网络动漫、网络游戏、移动手游等新兴行业蓬勃兴起，数字技术带来了全新的数字创意文化体验方式与数字化展示的载体，开始从内容单一轨道向"技术＋内容"的双轨跨界融合阶段发展。人工智能技术的开源性将满足文化产业在云端训练与终端执行的跨界发展诉求——开源性开发平台、开源性技术平台与开源性社区平台将有助于文化创意企业构建新型产业业态与新型产业生态。此外，AI 赋能时代文化产业的科技创新频出，给文化产业全球价值链也带来颠覆性影响，特别是以智能数字产品与服务交易为核心的国际贸易新通道形成，对数字化文化产品和服务开放性的跨境传播产生重要影响，意味着 AI 将为我国建构全新的文化产业创新价值链提供契机。同时，AI 牵引的科技创新生态系统内各创新主体、创新组织、创新要素之间的产业链、价值链衔接紧密，形成了智能化为主导的科技创新生态的"开放协同"模式。"开放协同"强调 AI 算法为核心的主体依赖、以数据为基础的信息共享、以人机交互资源为保障的协同利用，不仅保证了文化产业科技创新系统内外资源的循环流动，也提高了创新系统内的创新效率，感知识别、深度学习、认知推理等可以确保 AI 创新因子在整个文化产业科技创新系统中高效、持续运作。例如，写稿机器人通过智能化标注、内容聚类和精准匹配大大缩短了文本与视听新闻生产与发布的耗时，其包含多媒体形态的智媒体产品不但打破了时空局限，也重构了新闻内容生产流程。此外，文化产业科技创新主体、智能机器人与文化科技资源之间建立起开放兼容、开源创新的包含数十亿实体规模的跨媒体知识图谱,大数据挖掘、知识推演、可视化交互、智能识别与群智融合等各创新要素被编排到共同的关系网上,通过线上聚合、线下交流的形式实现资源的对接,形成类似生态系统中的"拟态聚合"形态。

三是基于 AI 的文化产业科技创新共生要素聚合的群智多元机理。AI 时代的文化产业科技创新可看成是一个科技创新活动开展、科技创新资源集聚的协同创新综合体,它强调以 AI 指引下的人机协同创新活动为节点,在内部搭建起文化创新资源信息采集网络与自动控制诊断系统,实现创意设计与研发的智能化,实现科技创新资源要素的多元化与创意生产的个性化,提高 AI 对用户需求和用户习惯深度学习,并不断完善和优化创新服务功能的能力。特别是人工智能技术的应用将文化产业科技创新平台在功能上定位为开放、开源式的"全要素""集成化"的服务平台,具有创新效率高、群智感知协同的特点,决定了其在内部功能配备上呈现"群智性""多元性"。换言之,AI 主导下的文化产业科技创新生产运作机制建立在群智知识框架之上,既能动态满足文化产业科技创新过程中的知识获取与要素供给,也能从整体上为文化创意企业科技创新不同阶段发展提供混合增强智能服务。例如,在文化产业应用人工智能的初级阶段,AI 技术实现了大数据的深度运算与智能感知应用,实现了网络广告投放对象的精准定位、投放过程的精准可控、广告效果的精准可估。在创新要素聚合方面,AI 进入文化产业的范畴表现为文化创意与生产智能化、运营平台智能化、文化传播与营销智能化(见图1),形成了 AI 主导的创新要素的系统性与多样性。第一,"人工智能+信息文本编辑",自动写作与提供资讯服务,逐渐形成序列的深度学习,并进行大量阅读与思考;第二,"人工智能+内容信源捕获",基于知识库和传感器应用进行内容的精准匹配,通过信息传播可视化追踪,实现个性化精准生产、内容创意与个性化定制投放;第三,"人工智能+视听资源生产创作",深度学习实现视听资源与信息文本的无缝切换,并进行精准创意与创作;第四,"人工智能+智能分发与传播",通过精密算法找准与缔结网络的结构洞,基于大数据深度挖掘,实现用户文化需求的精准定位,并将内容精准传递到不同文化需求的受众手中。

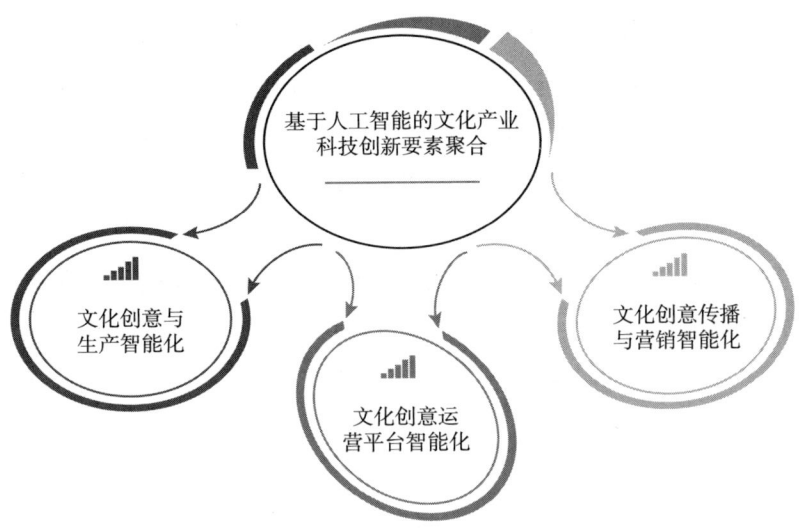

图 1　基于 AI 的文化产业科技创新要素聚合

资料来源：笔者根据资料整理所得。

四是基于 AI 的文化产业科技创新动态优化的跃迁演化机理。AI 推动个性化服务代替标准化服务，进入智能化与精细化社会，并带来整个社会环境乃至文明程度的质的飞跃，也给文化产业科技创新带来跃迁。所谓跃迁（quantum transition）是指事物从低层次或低级别（阶段）向高层次或高级别（阶段）发展的过程或现象。文化产业跃迁特指通过与新科技的协同创新驱动，向现代化、智能化文化创意生产体系跃升的过程。文化产业科技创新系统演化主要表现在两大维度：对内表现为文化产业科技创新主体的壮大、创新功能的提升、创新价值的累积；对外表现在基于互联网的群体智能主导下的文化产业科技创新规模的扩张、创新群落数量的衍生以及自主创新生态环境的优化等。在内外力量的驱动下，AI 在文化产业领域的跃迁发展到最高阶段则是超级智能机器人的集聚，乃至"智能爆炸"在文化产业及其各个领域的无限扩散化。AI 主导的文化产业科技创新生态系统持续演进的过程实质是一个开放、耗散、自组织、自我完善的过程；也是 AI 从传统制造领域向新兴文化产业行业对外扩张、对内不断优化的内外协同、动态演化的过程。AI 的技术演进与技术诱导效应的释放将引发其在文化产业行业的规模不断扩张，带来文化产业创新生态的重构——文本信息、图像、音视频等文化内容的自动搜索与智能拍摄，大数据驱动的群体智能与生产创意决策智能化，网络视听产品与语音服务的智能识别与跨媒体融合传播，VR 与 AR 支撑的人机智能交互的文化终端环节新体验等，不断刷新着文化产业的产品形态与业态；与此同时，智能化深度学习与群智开放促使产业外部生态发生变化，带来资源的集聚并倒逼内部功能的优化与提升，形成 AI 助推的创新升级，以及动态演化的自动升级的协同机制，通过"动态演化""智能升级"的过程实现基于数据驱动、多元融合与人机协同的智能创意经济形态。

三、建构与跃迁：AI 主导的文化产业科技创新能力体系

AI 是引领未来产业转型的战略性技术，全球发达国家把发展人工智能作为提升国家竞争力、维护国家安全的重大战略，我国作为文化大国也应在新一轮国际科技竞争中掌握文化产业人工智能化发展战略的主导权。特别是要立足中国文化自信的构建与新一轮人工智能发展战略布局，积极利用 AI 技术打造我国文化产业科技创新能力，重构全球文化产业价值链，积累 AI 文化竞争优势、拓展发展空间，高效保障 AI 时代的国家文化安全。

（一）AI 赋能的文化产业科技创新能力形成的"三度"

AI 在文化产业的应用聚焦在计算机视觉、虚拟助理、知识图谱、智能推荐、自然语言处理、情感感知计算等方面，作为挑战乃至淘汰旧技术与旧文化生产体系的 AI 成为文化产业科技创新的新引擎，在文化产业细分行业的应用已成为不可逆转的潮流。加快培育与壮大文化产业智能化水平与科技创新能力，促使我国文化产业科技创新跃升成为国家重要战略导向。

AI 在文化产业创新中的应用成为文化产业科技创新能力形成的重要参数，即人工智能在文化产业各细分行业应用的频率和应用能力成为 AI 时

代文化产业科技创新能力的重要评价指标。鉴于此,把基于AI的文化产业科技创新能力归结为"三度":一是广度,即AI进入文化产业细分行业的领域,可以衡量AI进入的广度;二是宽度,AI在文化产业诸行业的应用情况,可以衡量AI进入的宽度;三是深度,AI与文化产业科技创新协同的情况,可以衡量AI进入的深度。在"互联网+"时代,要把AI技术作为实现新一轮文化产业科技创新的核心助推器,释放最新科技创新积蓄的巨大潜能,并将其转化为文化产业发展的新动力,基于AI优势从全球视野重构全球文化产业价值链——重构文化生产、文化分配/交换、文化消费链,形成文化产业各个相关领域的智能化需求,催生出新技术、新文化产品、新文化业态、新商业模式,实现我国现代文化生产力的整体跃升。

(二) AI赋能的文化产业科技创新能力构成的"六要素"

AI赋能时代,文化产业科技创新能力的形成涉及技术创新要素、内容创新要素、人才集聚要素、制度创新要素与创新生态要素等一系列内外部要素与创新主体要素间的良性交互与耦合。

从内部要素来看:一是技术创新要素,即文化产业科技创新源生性助推器。AI时代的文化产业是科技前导型产业,技术创新是文化产业从遮蔽到解蔽过程的必要条件,是激活产业发展的原生性动力,通过推动技术创新与应用创新的双螺旋结构,可以提升文化产业竞争力,凸显技术创新价值实现的本质。一般而言,技术创新分为外生技术创新和内生技术创新。外生技术是指在技术发展进程中出现的新的技术,互联网、大数据、AI、AR、VR等技术都属于此类;内生技术是在已存在技术的基础上进行二次创造,是文化产业科技创新与转型升级的主要动力。二是内容创新要素,这是文化产业科技创新内核与根本。AI赋能时代,文化产业发展主要建立在优质内容上,内容创新是立身之本。内容创新包括两个层面:一方面,对原有文化资源和文化内容的激活,即利用大数据、人工智能技术提高内容创新的高效性与精准性;另一方面是利用文化创新对固有文化模式或范式进行革命性转型,将内容创新与其他要素融合,特别要发挥内容创新与科技创新的交互非线性关系——AI 的应用与用户平台数据信息的挖掘可以反哺内容生产和创意的优化，建立起内容生产、平台分销、用户消费的非线性关联的关系网。三是人才集聚要素，是文化产业创新的创意之本。文化产业是以创意性人才为中心的生产活动，创新人才是文化产业科技创新能力构建的重要因素。技术创新、内容创新归根结底都要回到人才创新。在 AI 赋能时代，文化人才有了 AI 的技术支撑，利用创意能动性作用于文化产业各要素，可以使其产生全新的价值。AI 时代的文创人才是跨学科的复合型人才，既要了解 AI 的理论与方法，也要掌握文化产业的经济性原理；既要了解 AI 的技术与应用，也要熟悉文化产业的创意性与文化性，还要深谙 AI 与文化创意交融的社会性与法律性。复合型 AI 创意人才的集聚决定了文化产业在 AI 赋能时代的发展潜力、未来空间乃至产业发展的高度与层次。

　　从外部要素来看，制度创新要素是驱动与保障文化产业科技创新效益的关键。一方面，制度创新为文化产业科技创新能力的构建提供规范性规约制度与扶持性激励制度；另一方面，AI 打破了原有的价值体系和文化生产与传播体系，为维持文化产业发展的平衡，亟须建立新的制度秩序体系，破解 AI 给文化产业发展带来的文化技术伦理，以及其他新问题、新情况。此外，创新生态要素是推动文化产业科技创新能力持续跃升的重要因子，是 AI 赋能时代文化产业科技创新大环境的改善与优化。一是文化产业集群空间优化，包括众创空间、文化产业园区等物理空间，是文化产业科技创新活动开展与发挥外溢效应的空间载体；二是扁平化、快速回应的文化科技管理体制创新，即推进文化科技管理方式创新与公共文化服务效率提升的善治，营造一个持续激励文化产业科技创新的生态环境；三是 AI 文化伦理生态，形成 AI 应用能力与边界控制能力的平衡，优化 AI 文化伦理生态，合理评价与定位 AI 在文化产业科技创新中的角色和作用，即人类智能提升的助手与最大化人类的价值，而非取代人类；将人的创意和情感发挥到极致，而非由人工智能代替人类创意情感，尤其在文化产业领域更是如此。

　　从创新主体要素来看，创新主体要素是构建文化产业科技创新能力的基础。文化产业科技创新能力的发展是建立在各个创新主体推力基础上的。完整的文化产业科技创新能力体系需要从微观、中观到宏观，依次发挥文化创意企业的主体精神、文化产业园区/众创空间的载体功能、政府的治理与支撑作用、行业协会的桥梁作用、消费主体参与作用，以及智能机器人的合理介入，达到全方位、多层次利用创新主体价值的目标，创建多元主体联动的能力体系。其中，科技创新能力构建的核心主体是文化创意企业，而企业的创新主体则是懂AI与文化创意的综合性人才。从2017年7月美国LinkedIn发布的《全球AI领域人才报告》来看，全球百余国家的人工智能领域核心技术人才约190万人，其中美国拥有85万AI人才，居全球之首；印度与英国居于第二位、第三位，但中国仅有相关人才不足5万人，居于第7位[①]。这仅是单纯从技术人才而言的，而复合型、综合性的AI文创人才更是短缺，我国AI创新人才的储备与培育任重而道远。

（三）AI赋能时代文化产业科技创新能力理论体系

AI赋能时代，文化产业科技创新内部核心因素、外部生态因子、核心创新主体等诸要素形成了一个由内至外三大层次要素组成的文化产业科技创新能力理论体系。从理论体系内部要素的逻辑关系来看：文化产业科技创新过程实质是由一个能级向其他能级跳跃的跃迁过程，带来创新发展方向、范式、领域等方面的非连续性变化。整个理论体系构成要素的逻辑关系是（见图2）：技术创新要素+内容创新要素+人才集聚要素是文化产业科技创新能力的内部核心体系；制度创新要素+创新生态要素是文化产业科技创新能力外部生态体系；创新主体要素则是贯穿于内外部体系的整个产业演进过程，在文化产业生命周期不同阶段，主导科技创新诸要素发挥了促进、支撑和保障作用。此外，AI主导的文化产业科技创新的内外部因素通过诱导、唤起、驱动方式被转化为文化产业科技创新的内外源动力，而非替代。

---

① 领英.《全球AI领域人才报告》揭示全球AI人才图谱［EB/OL］. http://www.sohu.com/a/155097645_283001，2017-07-06.

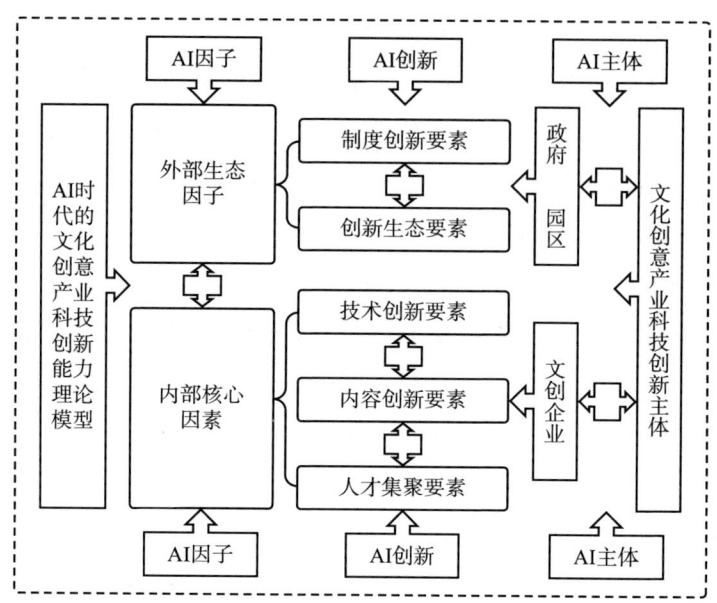

图 2　AI 时代文化产业科技创新能力理论体系

资料来源：笔者根据资料整理所得。

需要强调的是，人工智能的进入对于学界与业界而言，都亟须考虑 AI 赋能时代文化产业创新与人类文化创意之间关系的博弈，考虑科技与艺术、内容与形式的争论，考虑技术的非理性与人的理性交互关系，以及 AI 在文化产业的应用和人文精神应扮演的复杂化角色。特别是要关注 AI 在文化产业创新中的边界问题，既要考虑 AI 应用的价值最大化与人的价值最大化，也要考虑人类创意和价值延伸空间的均衡，考虑 AI 带来的就业结构与社交生态的改变。此外，AI 赋能时代，文化产业创新能力要考虑与制度创新的互动逻辑，实现协同创新，共同高效促进文化产业跃升。试想，如果与 AI 相关的制度创新严重滞后或者偏离了创新轨道，将对 AI 时代的文化产业科技创新形成巨大阻滞。因此，发挥 AI 科技与 AI 制度协同创新的裂变效应是关键。

实际上，AI 赋能时代文化产业科技创新能力的构建与跃升是建立在一系列实现机制上的，具体来说主要包括创新能力构成主体优化机制、创新扩散机制、分类跃迁机制与创新制度支撑机制等方面。一是文化产业科技创新能力构成主体优化机制。AI 赋能时代的文化产业科技创新主体包括文化创意企业、行业协会、网络平台、政府、文化消费者以及智能机器人等多元主体。AI 技术带来的是"创新性破坏",塑造了更高速的虚拟空间与实体空间的交融,挑战着传统的创新主体结构,也弥补了传统创新主体的注意力盲区。二是基于 AI 的文化产业科技创新扩散机制。AI 导向的文化产业科技创新是新模式、新业态与新理念,利用互动循环、优势互补的新媒体融合、大数据事件与结构洞填补达到传播与创新效果的最大化,这是创新扩散的前提条件。如何让大众知晓 AI 给文化产业科技创新与人类生活带来的契机与边界、劝服乃至消除对 AI 的负面情绪与抵触是实现创新扩散的基础。三是基于 AI 的文化产业科技创新分类跃升机制。所谓分类跃升主要基于以下三大维度:第一个维度,基于 AI 进入文化创意行业程度的不同,文化产业科技创新跃升的路径也不同,主要立足实现文化产业科技创新绩效与产业发展绩效可持续性、可延展性的发展目标。第二个维度,基于 AI 赋能时代的文化产业科技创新能力所处的不同阶段匹配其所处阶段的精准化跃升机制。四是基于 AI 的文化产业科技创新制度支撑机制。AI 时代的文化产业管理将基于大数据深度挖掘走向预见性和预警性,强调精准化治理。AI 主导的文化产业科技创新带来的最大风险是 AI 的边界与伦理问题,其影响会在相应的 AI 技术规则中得到体现,推动 AI 不断持续演进。实现人文价值嵌入 AI 系统,推动多元主体参与 AI 伦理治理,这是制度支撑机制关注的第一个重点。第三个维度,创新重点是培养 AI 与人类文化创意良好交互的能力,这需要国家层面出台一系列鼓励与支持 AI 良性应用于文化社会领域的制度设计。

参 考 文 献

[1] 陈长伟. 人工智能 + 内容开启广电智媒体时代 [J]. 有线电视技术, 2017 (11):26 - 29.

[2] 陈静. 科技与伦理走向融合——论人工智能技术的人文化 [J]. 学术界, 2017 (9):102 - 111.

［3］高奇琦. 人工智能驯服赛维坦［M］. 上海：上海交通大学出版社，2018：194.

［4］解学芳，臧志彭. 人工智能在文化创意产业的科技创新能力［J］. 社会科学研究，2019（1）：35-44.

［5］刘雪梅，杨晨熙. 人工智能在新媒体传播中的应用趋势［J］. 当代传播，2017（5）：83-86.

［6］吴军. 智能时代：大数据与智能革命重新定义未来［M］. 北京：中信出版集团，2016：325-330.

［7］肖斌，薛丽敏，李照顺. 对人工智能发展新方向的思考［J］. 信息技术，2009（12）：166-168.

［8］喻国明，兰美娜，李玮. 智能化：未来传播模式创新的核心逻辑——兼论"人工智能+媒体"的基本运作范式［J］. 新闻与写作，2017（3）：41-45.

［9］张超，钟新. 从比特到人工智能：数字新闻生产的算法转向［J］. 编辑之友，2017（11）：61-66.

［10］Arsenijevic J, Andevski M. Media Convergence and Diversification—The Meeting of Old and New Media［J］. Procedia Technology，2015（19）：1149-1155.

［11］Öberg NK. The Role of the Physical Work Environment for Creative Employees a Case Study of Digital Artists［J］. The International Journal of Human Resource Management，2015，26（14）：1889-1906.

［12］Bukovina J. Social Media Big Data and Capital Markets—An Overview［J］. Journal of Behavioral and Experimental Finance，2016，11：18-26.

［13］Čerka P, Grigienè J, Sirbikytè G. Is It Possible to Grant Legal Personality to Artificial Intelligence Software Systems?［J］. Computer Law & Security Review：The International Journal of Technology Law and Practice，2017，33（5）：685-699.

［14］Comunian R., Faggian A., Jewell S. Digital Technology and Creative Arts Career Patterns in the UK Creative Economy［J］. Journal of Education and Work, 2015, 28 (4): 346 - 368.

[15] Downey S, Charles D. Distribution of Artificial Intelligence in Digital Games [J]. International Journal of Intelligent Information Technologies, 2015, 11 (3): 1 - 14.

[16] Fosch E, Kieseberg P, Li T. Humans Forget, Machines Remember: Artificial intelligence and the Right to Be Forgotten [J]. Computer Law and Security Review: The International Journal of Technology Law and Practice, 2017, (8): 1 - 19.

[17] Hansen M., Roca - Sales M., Keegan J., King G. Artificial Intelligence: Practice and Implications for Journalism [R]. Policy Exchange Forum, 2017 - 06 - 13: 1 - 21.

[18] Hervasdrane A. Noam E. Peer-to - Peer File Sharing and Cultural Trade Protectionism [J]. Information Economics and Policy, 2017, 41 (6): 15 - 27.

[19] Irfan M, Koj A, Sedighi M, Thomas H. Design and Development of a Generic Spatial Decision Support System, Based on Artificial Intelligence and Multicriteria decision analysis [J]. GeoResJ, 2017, 14 (14): 47 - 58.

[20] Kumar SPL. State of The Art - Intense Review on Artificial Intelligence Systems Application in Process Planning and Manufacturing [J]. Engineering Applications of Artificial Intelligence, 2017, 65 (65): 294 - 329.

[21] Le PL, Masse D, Paris T. Technological Change at the Heart of the Creative Process: Insights from the Videogame Industry [J]. International Journal of Arts Management, 2013, 15 (2): 45 - 59.

[22] Liboriussen B. (Digital) Tools as Professional and Generational Identity Badges in the Chinese Creative Industries [J]. Convergence: The International Journal of Research into New Media Technologies, 2015, 21 (4): 423 - 436.

[23] Lin HF, Chen CH. An Intelligent Embedded Marketing Service System Based on TV: Design and Implementation Through Product Placement in Idol

Drama [J]. Expert System with Application, 2013, (40): 4127 – 4136.

[24] LisaJo K., Scott VD. The Extension of the Coloniality of Ower into Digital culture [J]. Symbolic Interaction, 2017, 40 (1): 133 – 135.

[25] Parmentier G., Mangematin V. Orchestrating innovation with user communities in the creative industries [J]. Technological Forecasting and Social Change, 2014, 83 (3): 40 – 53.

[26] Richey M, Ravishankar MN. The Role of Frames and Cultural Toolkits in Establishing New Connections for Social Media Innovation [J]. Technological Forecasting and Social Change, 2017 (7).

[27] Safadi F., Fonteneau R., Ernst D., Pasko A. Artificial Intelligence in Video Games: Towards a Unified Framework [J]. International Journal of Computer Games Technology, 2015 (3): 1 – 30.

[28] Shahzad F, Xiu GY, Shahbaz M. Organizational Culture and Innovation Performance in Pakistan's Software Industry [J]. Technology in Society, 2017, 51 (51): 66 – 73.

[29] Spilioti T. Media Convergence and Publicness: Towards a Modular and Iterative Approach to Online Research Ethics [J]. Applied Linguistics Review, 2017, 8 (2 – 3): 191 – 212.

[30] Wagner C. Impact of Digitalization and Convergence on Merger Control in the Media Sector [J]. Computer Law Review International, 2016, 17 (3): 65 – 70.

[31] Williams H, Mcowan PW. Magic in Pieces: An Analysis of Magic Trick Construction Using Artificial Intelligence as a Design Aid [J]. Applied Artificial Intelligence, 2016, 30 (1): 16 – 28.

[32] Zgrzebnicki P. Selected Ethical Issues in Artificial Intelligence, Autonomous System Development and Large Data Set Processing [J]. Studia Humana, 2017, 6 (3): 24 – 33.

创意经济实践与乡村美学重塑

艾 佳[*]

摘 要：创意经济是一个带有城市色彩的概念，随着文化产业的发展，这一经济形态从城市延伸到了乡村当中，模式上也明显存在对城市创意经济方式的诸多借鉴——例如闲置空间改造、博物馆建设、移动应用研发等。来自城市精英阶层的艺术美学理念、产品设计理念与乡村既有的美学逻辑之间既存在契合，也存在差异，在相互融合之后构建了新的文化图景。本文认为，乡村并非在社会进程中边缘化、弱化了，而是在人员、信息的相互流动中，成为一个城乡文化融合、城乡文化对话、乡村美学重塑的开放场域。

关键词：创意经济 乡村美学 文化景观 移动互联网

一、引言

英国创意集团主席约翰·霍金斯认为，"创意经济是一种强调个人意识与思考，并通过创造力产出公共商品、推动社会经济发展的实践方式。"[①] 在文化创意产业正飞速发展的中国，创意经济尚且是一个带有城市化色彩的概念，进行创意经济实践的也大多是有着城市或者海外生活、学习经历的年轻群体，甚至是城市精英阶层。这个群体对文化的洞察力较

---

[*] 作者简介：艾佳（1982— ），云南艺术学院讲师，研究方向为文化产业管理、非物质文化遗产、民间民俗文化等。

① 孔繁任. 创意经济将颠覆传统经营模式 [N]. 民营经济报. 2008 - 02 - 28 (6).

强，对社会发展有着较大的参与积极性，并进行了大量文化创意项目的策划与运作。

从文化、美学的角度看，乡村当中保留着大量具有独特吸引力的资源，比如田园风光、民居建筑、岁时节令、民族服饰、本土餐食、传统工艺、民俗生活等。从事创意经济实践的群体作为传统村落文化与城市消费市场的"传递者"，通过各种方式将当地资源转化为产品推向市场，为当地经济寻求多样化发展的可能性。

根据研究，创意经济在前一时期的发展中，其"城市化"的意味非常浓厚，基本可以认为，创意经济这一形态是从城市当中发展起来的，是基于城市的文化产业发展，在摆脱了低端的文化服务、文化产品生产之后的更高级阶段。由此本文也倾向于认为：美学的运用是创意经济区别于其他文化产品的一个要素。在选择乡村作为创意经济实践场域的时候，乡村美学的传播是当中的一个重要环节。

创意经济这一概念兴起之初，在探索各类经济方式的过程中，创意群体所代表的城市美学与当地民众所代表的乡村美学之间所存在的差异，甚至是矛盾与冲突是广受关注的内容。但经过十余年的发展，创意经济实践的方式、理念，以及乡村社会本身都发生了许多变化。在当下，二者之间已经不再是简单的二元对立的关系。如同戴维·赫尔德提醒的那样："全球化并没有正在取代传统的社会冲突和合作的路线，而是在重新描绘它们。[①]"

在近些年的观察中不难发现，乡村振兴计划经过数年的推行，以及该计划带动的乡村旅游的升温，加上互联网环境的不断成熟，乡村逐渐变成了一个广阔的场域，来自不同区域的人群、消费、产品、生活方式、习惯在此发生交融与对流，以往由当地居民这个相对单一的群体自发创造的乡村美学，在这一时代背景下，已经成为多元、多人、多种方式共同"重塑"的新乡村美学。

本文即基于近年来对创意经济的乡村实践观察，探讨乡村美学"重塑"的几种典型表现。

---

① [英] 戴维·赫尔德. 驯服全球化 [M]. 童新耕译. 上海：上海译文出版社，2005：2.

二、秩序观念的淡出：乡村建筑美学重塑

建筑是中国乡村文化景观中的重要元素，也是创意经济实践的重要资源之一。诸多与文化旅游相结合的民宿改建、美术馆建设、博物馆建设等项目，都以传统建筑作为空间载体。中国乡村的传统建筑有着其独特的美学成因，除了视觉上可见的砖雕、石雕、木雕、彩绘等装饰技艺，还包括传统观念所赋予的文化内涵，比如和谐、秩序、修养、血缘宗族等意识在建筑格局中的体现。

在孔子的思想里，"和"是美的起点，只有在"和"的关系中才能产生美。乡村所遗存的大量合院式建筑中就体现了这一点。合院式建筑讲究以中轴线为中心，格局基本呈现对称分布，北边为正房，由长辈居住，东西两侧为厢房，由晚辈居住。中央通常设置了天井，作为家人享受天伦之乐的公共空间。这种对称中见秩序、相连中有区隔、公共中讲私隐的"和乐""和美""和谐"的布局，加上飞檐、斗拱、雕花、榫卯等营造技艺，就形成了中国传统建筑特有的美感。

流传于福建永定一带的客家土楼也是如此。每一座土楼就是一个小社会，以一个姓氏、一个宗族为单位居住在一起。土楼中祖堂、厅堂、中堂、卧室、厨房等空间的分布与排列也有诸多规矩，不仅要服务于日常起居，也充分考虑了祖先牌位的摆放位置、维系小家庭情感的私密活动空间与维系大家族情感的公共活动空间的有序安排等。可见，土楼之美不单单是俯瞰时的几何图形之美，也不单单是厚重的"三和土"砌成的高墙之美，其中还包含了深藏在客家人心目中的血缘亲情、邻里互助之美。

建筑学家阿摩斯·阿普卜特提到，他在1967年的一篇论文中，便探索过一个基本问题——为谁的意义。并进一步提出，"建筑环境对居住者与使用者有什么意义，或对公众，更确切地说，对不同的公众有什么意义?[①]"

[①] [美]阿摩斯·拉普卜特. 建成环境的意义：非言语表达方法[M]. 黄兰谷译. 北京：中国建筑工业出版社，2003：9.

这个问题在文化创意产业飞速发展的今天尤其具有时代性。创意经济实践当中，比如基于传统建筑的民宿、美术馆、博物馆建造等，非常注重传统木结构营建的技艺传承与保护。云南最大的村史馆——昆明季官社区村史博物馆，本着留住当地居民集体记忆的目的，其营建所使用的材料，以及展厅中陈列的木雕、砖雕、石刻等，就大量来自原来村落中的老建筑部件。云南大墨雨村是一个具有300多年历史的彝族村，村落中有上百个被闲置的彝族传统宅院。自2016年起，大墨雨村的村民陆续向外租赁了60余个院落，承租者是来自于全国各个城市的文化创意领域的创业者，其中包括活动策划师、木工匠人、咖啡师、建筑设计师等。在对租住的院落进行改建时，充分体现了"修旧如旧"这一原则，并且加入了来自国际设计机构的前沿理念与技巧，极为重视保持传统建筑的美感，以及对当地人文景观的尊重。

然而，这些空间在改建之后，并没有特别强调秩序、辈分、血缘等观念的传承与体现。回顾约翰·霍金斯所说，"创意经济可以说是第一种以个人为基础的现代经济。①"例如，大墨雨村中承租的各个租户在修复及改造院落时，不约而同地打破了原有的建筑格局，将天井、主卧、客房、餐厅等进行了重新分配，所遵循的是美观、方便、实用、环保等理念。尤其是在视觉设计上，无论是外观还是内饰，都在传统建筑的基础上融合了多元、现代、时尚的眼光，以适应自身以及城市访客的审美需求。季官社区的村史馆，一楼以当地的大姓——邹姓祠堂为元素，设计了"门中门""馆中馆"，但进入"邹姓祠堂"的"大门"后，是一个既能进行小规模演出，又能作为观景休息厅使用的多功能空间，传统祠堂中讲究的以血缘为中心的宗族色彩被消解了，取而代之的是无差别的公共服务。

曾有学者指出，"木结构建筑体制的传统也折射出中国文化的基本精神：中国文化的伦理本位特质，……着重引导人们注重现实世界的亲亲之爱。②"这种"亲亲之爱"的观念其实并没有发生本质改变，但承载的方

---

① [英]约翰·霍金斯.创意经济是发展的杠杆[J].宗玉译.上海戏剧学院学报，2006（3）：14.

② 万建中.古村落建筑：凝固的传统文化[J].中国政协，2014（14）：22.

式却产生了巨大的差异——过去的建筑中所反映的是通过外显的伦理秩序体现尊重与情感,而创意经济理念下所改造的建筑,是更为强调通过注重个体、平等、交流、对话等原则体现尊重与情感。

三、崇拜习俗的模糊:乡村信仰美学重塑

中国的历史上,一个村落中有四五座庙的情况并不鲜见,供奉的对象从佛教、道教、儒教到各种民间神灵,包罗万象。庞大的信仰体系衍生了许多民间艺术,例如,庙宇建筑、神佛偶像、祭祀用品,以及源自娱神的歌舞活动、庙会祭典等。

云南大理白族地区将中原民俗文化、道教文化与本主崇拜相结合,创造了当地风格的雕版木刻艺术——纸马。纸马的图案有上千个,每个神佛形象都有对应的名称与功能。丽江纳西族地区认为逝者的亡灵会经过地狱、人间、自然界、天堂等,并根据这一信仰观念,用东巴象形文字与图案相组合,创作了纳西族的绘画艺术《神路图》。中国台湾地区围绕着妈祖信俗,建造了数量难以统计的大小庙堂,每至各类庆典之时,各地的"阵头"纷纷扮作神灵或神化的英雄形象进行文艺演出。另外,还有云南德宏地区的大型歌舞活动——目瑙纵歌、石林地区的篾玛舞、祥云地区的哑神节等,都来自当地的原始崇拜、祖先崇拜等。

除了满足精神需求之外,在传统社会的治理模式中,民间信仰还承担着一部分基层社会自治的功能,"民间信仰被看作传统乡村社会公共生活的主要载体,以往几乎每个村落都有一个或多个地方保护神作为集体的象征,公共宗教仪式通常也是社区节日,祭祀、娱乐和宴饮在加强人群之间联系的同时,也规范着地方生活节奏和价值系统。[①]"由此可见,民间信仰所构建的体系是非常庞大的,涉及社区管理、人际关系、身份标识、避害求吉等各个方面的精神服务功能与制度辅助功能。由民间信仰体系衍生出

---

① 李翠玲. 从结构制约到志愿参与:民间信仰公共性的现代转化——以一个珠三角村庄为例[J]. 民俗研究, 2019 (2): 137.

来的，民众自发创造的仪式、工艺、歌舞艺术等，体现的是与民众需求紧密相关的"功能性审美"，而非单纯的视觉性审美。

以民间信仰为资源，进行创意经济实践的现象也十分常见。中国台湾地区位于高雄与台南邻接处的边远山村——内门，当地每年都举办规模盛大的佛祖绕境活动，为配合绕境，"宋江阵"等阵头也会进行丰富的表演。2001年起，在当地文化部门的引导下，开始举办更具创新意义的"内门宋江嘉年华"，并开展了"大专院校学生创意阵头大赛"等面向年轻群体的民俗文化活动。另外，还有艺术院校、文化企业围绕着纸马、年画、门神、对联等文化符号，积极进行的文创产品设计；将目瑙纵歌节等传统节庆打造为当地的民俗文化旅游品牌；将箜玛舞等原始巫舞中的道具、肢体动作运用于其他的舞台表演等。

总的来说，这些实践活动都基于历史悠久的民间崇拜活动，与创意结合之后，进行了产品、节庆、体验方面的探索，也对当地经济起到了明显的推动作用。但如同民俗学家唐家路所言："对于民间艺术来说，物质生活与精神生活、艺术与生活并不是截然分开的，物质生产活动蕴含了人们的审美创造，精神文化的艺术创造许多情况下并不是独立于人们的物质生产活动之外的，艺术创造有时就是物质生产活动本身。[①]"不难理解，民间信仰是一个来源于本地生活，深深扎根于本地传统文化的体系，它以民间性、自发性、精神性、日常性、共同性等为显著特征。在进行创意经济实践时，这些特征其实已经不被强调了，更多的是将民间信仰作为艺术创作的灵感来源与文化基础，在增加对民众精神世界的认知后，将其进行舞台化、艺术化、符号化的改造，保留了其作为文化符号的意义，可以视为以民间信仰为中心的美学"重塑"，而非"重述"。

四、工业文明的扩张：乡村景观美学重塑

雷蒙·威廉斯曾描述城市与乡村的差别："对于乡村，人们形成了这

[①] 唐家路. 民间艺术的文化生态论[M]. 北京：清华大学出版社，2007：77.

样的观念，认为那是一种自然的生活方式：宁静、纯洁、纯真。对于城市，人们认为那是代表成就的中心：智力、交流、知识。①"这句话清晰地描绘了城乡之间不同的社会景观——乡村是以自然、农业为核心的，而城市则是以工业为核心的。

城市与乡村的确在地理环境上存在巨大差异。城市庞杂的人口、拥堵的交通、由于工业文明发展而受到污染的空气，与乡村环境都形成鲜明对比。社会关联方面，城市与乡村也存在着较大不同。相较之下，城市当中对人情的依赖较轻，人与人之间的关联也显得较为疏离。而乡村社会中，人情往来是始终受到重视的部分。老子描述的"甘其食，美其服，安其居，乐其俗"，以及陶渊明所作的《归园田居·其一》中："方宅十余亩，草屋八九间。榆柳荫后檐，桃李罗堂前。"所勾勒的"天人合一、与世无争"的画面迎合了许多人对于乡村的想象，因而，乡村自然成为城市居民寄放"乡愁"的一个符号性载体，这也是近些年来创意群体选择在村落中暂居或运作项目的原因之一。

在对比城乡之间的发展差异时，有许多研究都指出过乡村在保持"原生态""远离城市喧嚣"这类"桃花源式"的生活图景同时，在现代社会中所处的"相对弱势"的境况。此处的"相对弱势"表现为两个方面，一方面，主要是文化交流层面的"自信不足"。曾有学者指出："目前的文化传播现状似乎带给我们这样的印象：来自民间、乡村边寨的原生态文化如果不能融入城市文化工业的商业化运作模式之中，其命运只能是渐趋消亡②。"无可否认，工业文明的主要推动力在于城市，乡村受到的影响是相对缓慢的，当城市以猛烈、强势的信息技术手段快速向全球范围输出自己的文化时，乡村显得如此无力。另一方面，是"文化担纲者"的"角色缺位"。在年轻人纷纷以外出务工的方式获取经济来源的当下，传统的村庄共同体纽带正在弱化甚至消失，这使当地文化的传承产生了极大的阻

---

① [英]雷蒙·威廉斯. 乡村与城市[M]. 韩子满，刘戈，徐珊珊等译. 北京：商务印书馆，2013：1.
② 杨慧，雷建军. 乡村的快手——媒介使用与民俗文化传承[J]. 全球传媒学刊，2018（4）：142.

碍。因而，也有多位学者结合田野调查探讨过，是否应当以"精英输入"的形式构建当地乡村治理的主体。"（万载）在外来社工的带动之下，又不断孵化出本土社工，并通过建立文艺队、卫生队的形式将村民组织起来，使其参与到乡村治理中来，初步形成了多方联动的乡村治理格局，使乡村治理主体缺失的局面得到改善。"①

随着互联网，尤其是移动互联网技术的不断完善，过去乡村地区由于地理位置偏僻，而导致的文化封闭、信息闭塞的状况已经越来越少，取而代之的是另一种现象——乡村居民们极为活跃地使用移动互联网这一工具，热情地回应了来自城市的工业文明召唤，并毫不羞怯地展示自己的日常生活与本土文化。

快手、火山、斗鱼、一直播、bilibili、微信等线上平台的乡村活跃用户不断增加。从内容来看，这些兼顾了社交与展示两大功能的平台上以短视频的形式呈现了大量乡镇、农村生活的片段，比如歌舞、礼俗、赶集、劳作、喊麦、二人转、自制短剧等，充满了平民气息。每天坚持在bilibili上推送赶海抓鱼视频的"玉平赶海"，已经拥有几十万名关注者，视频的点击量多达几十万次。名为"江华小表哥"的微信公众号，主要推送与湖南江华县及下属各乡镇的风土民情相关的原创文章，例如《心疼，江华百年古桥"西佛桥"》《我在江华当农民》《如果可以，再去江华勾挂岭看看那棵树》等。当地居民，以及在外打工、生活的江华读者积极地与之回应，通过互联网，以集体记忆为纽带，构建了一个密切交流的线上场域。如同周由在《中国文化五大层面：村野文化》中指出的："村野文化，也称乡村文化，是一种与朝廷文化相对立的、与市民文化相对应的底层文化，它的创作者是村民。②"

不难发现，这些流动在各大线上平台上的乡村景观既不同于传统观念中"与世隔绝，与世无争"的桃花源式美景，也不同于现实中正在呈现的"空心化"状态，它呈现的是一种热闹的、自信的美，向外界输出自身的

---

① 徐琴. 精英输入：新时代乡村治理主体的路径重构——基于万载农村社会工作本土化实践［J］. 贵阳市委党校学报，2017（6）：54.
② 周由. 中国文化五大层面：村野文化［M］. 沈阳：辽宁教育出版社，1996（3）：3-4.

日常生活时表现出其极强的文化生命力与感染力。积极向互联网贡献着内容的用户，扮演了类似于"文化提纲者"的角色，为本土文化的唤醒与传承起到了强有力的推动作用，而这种能力，是"精英输入"这一模式难以具备的。

五、情感仪式的回归：乡村集市美学重塑

市集是中国传统乡村当中的一个重要组成部分。人们在固定的时间周期中聚集在一起，各类商品都在市集的商业往来中得到流通，是民俗生活得到延续的重要条件。施坚雅曾指出："市场无论是作为在村社中得不到的必要商品和劳务的来源，还是作为地方产品的出口，都被认为是不可缺少的。①"事实上还不止于此，传统的乡村市集还承担了一定的文化与情感的交流功能。"处在集市中的人受到熟人社会的约束，进而发展出基于熟人社会的集市文化，比如，砍价、老主顾等现象。与城市中基于契约精神的会员制不同，乡村集市易受到情感和人际关系的影响。②"总的来说，对于传统乡村的社会文化发展而言，集市是不可或缺的一个部分，如宋代张择端的著名长卷画作《清明上河图》中所反映的那样，铜铺、染铺、药铺、食肆、杂耍、游艺活动等交织在一起，烘托了充满民间生活气息的美感。

一方面，在城市化快速发展的今天，出于总体建设的需求，那些与周边风格显得不协调，或在管理方面有所不足，存在一定隐患的集市逐渐从城市中消失了。以云南昆明为例，近几年来，居民们耳熟能详的东站机械厂菜市、虹山东路菜市、关街菜市、红云菜市，以及已有600年历史的龙头街菜市等，一一进行合法拆除，一代居民关于这些菜市的生活记忆也随之消散。

---

① ［美］施坚雅. 中国农村的市场和社会结构［M］. 史建云，徐秀丽译. 北京：中国社会科学出版社，1998：5.
② 李普. 乡村集市功能转型视角下的农村社会转型［J］. 哈尔滨师范大学社会科学学报，2019（2）：13.

另一方面，随着移动互联网的不断完善，我国农村地区的电子商务发展得非常迅速。国家邮政局发展研究中心指数研究室主任刘江在接受采访时提道："（2019年）前4个月，农村快递业务量同比增速超过30%。"[①] 2019年4月，中国人民银行公布的统计数据显示：2018年，非银行支付机构为农村地区提供网络支付业务共计2898.02亿笔，金额76.99万亿元。其中，互联网支付149.18亿笔，金额2.57万亿元，移动支付2748.83亿笔，金额74.42万亿元。结合这两组数据可以看出，乡村地区已经具备比较完备的电子商务环境，基于移动互联网的消费习惯也在快速养成当中。2019年4月15日，国家邮政局、国家发展和改革委、财政部等部门联合印发了《推进邮政业服务乡村振兴的意见》，当中明确提出"支持邮政企业推进农村电商O2O平台建设，实现自有网点对贫困县、有条件的贫困村全覆盖。"可以预见，在未来几年的发展中，电商平台还将进一步向乡村地区渗透，强大的物流系统将进一步加速传统集市文化的瓦解。

"金方山上农夫街公益改造计划"就是在这样的背景下启动的。云南安宁金方街道上的农夫街子，是一个服务于附近多个村落的传统集市。2019年初，由金方街道办、云南文化发展研究院乡村发展研究中心等联合发起了改造计划，旨在通过设计师对摊位的创意改造，为集市带来新的面貌，同时更清晰地向民众传递集市的民俗美学。

在云南大墨雨村租赁宅院的"新村民"们，自2018年9月开始，固定于每个月最后一个周六，在村里的篮球场上举办新老村民共同参与的集市。在这个集市中，既有"老村民"带来的土猪肉、土鸡蛋、自种的蔬菜瓜果，也有"新村民"在现场售卖自己的手工艺品、咖啡、茶、手工香皂、木雕作品等。在集市的推动下，村落中原本闲置的公共活动空间被再次利用，新老村民之间不同的生活方式、消费习惯、审美倾向也在同一个空间中得以对话与交流，并促进了双方情感的联结。刘祖云曾提出，乡村

[①] 李普. 乡村集市功能转型视角下的农村社会转型[J]. 哈尔滨师范大学社会科学学报，2019（2）：13.

振兴的路径之一,是在村落中构建"情感共同体"。"开展各类乡村公共建设,不仅有利于发挥各主体的优势,更重要的是,通过这种合作,能够提升村民公共参与和责任精神,发展公共精神文化。"[①] 对于年轻人不断流失的村落而言,集市再一次唤起了人们的"公共知觉",在集体记忆的重构当中展现乡村的生活之美。

六、结束语

美国人文地理学家索尔教授在1927年发表的《文化地理的新近发展》一文中,把文化景观定义为"附加在自然景观上的人类活动形态"[②],具体而言,是包括语言、美术、音乐等在内的,一种"感觉到而难以表达出来的'氛围',它像区域个性一样,是一种抽象的感观,是该地宗教信仰、社会观念、政治模式、历史传统、风土人情的综合反映。"[③] 在中国乡村的文化景观之中,深刻地反映了中国独特的文化观念,以及乡村美学理念。中国正经历由农业社会向工业社会过渡的阶段,乡村当中诸多的民俗、建筑、景观都在发生改变,或者也可以认为,某些文化符号正在消逝。以往的民俗规范已经趋于消散,各类文化遗产的存留又为人们提供了一个与工业社会相区别的、充满着人性关怀的场域,创意群体能够以此为基础,构建理想的人文空间并实现其经济价值。本地村民、外来访客、创意经济的实践者们,这些角色既是文化的消费者、体验者,也是创造者、参与者。在这个过程中,与其说是在"重述"乡村美学,不如说是在通过新民俗的构建、新景观的阐释、新空间的打造"重塑"乡村美学。而乡村本身,也正在经历由"传统文化承载者"到"新文化承载者"的转变。

---

① 刘祖云,张诚. 重构乡村共同体:乡村振兴的现实路径 [J]. 甘肃社会科学,2018 (4):47.
② 王星,孙慧民,田克勤. 人类文化的空间组合 [M]. 上海:上海人民出版社,1990:139.
③ 王星,孙慧民,田克勤. 人类文化的空间组合 [M]. 上海:上海人民出版社,1990:140.

参考文献

[1] 陈保志. 从"自然美"到"自然美"——乡村自然美的三重境界 [J]. 美育学刊, 2019 (1).

[2] 高建平. 美学的围城：乡村与城市 [J]. 四川师范大学学报（社会科学版）, 2010 (10).

[3] 郭昭第. 乡村美学的精神寄寓和想象重构 [J]. 美与时代（下）, 2018 (7).

[4] [美] 理查德·E. 凯夫斯. 创意产业经济学——艺术的商业之道 [M]. 北京：新华出版社, 2004.

[5] 刘星烁, 吴靖. 从"快手"短视频社交软件中分析城乡文化认同 [J]. 现代信息科技, 2017 (9).

[6] 毛德胜. 自媒体时代城乡互动传播的社会价值探析 [J]. 传媒论坛, 2019 (6).

[7] [美] 施坚雅. 中国农村的市场和社会结构 [M]. 史建云, 徐秀丽, 译. 北京：中国社会科学出版社, 1998.

[8] 石奕龙. 泥土板筑的城堡——土围楼 [M]. 济南：山东教育出版社, 1999.

[9] 杨慧, 雷建军. 乡村的"快手"媒介使用与民俗文化传承 [J]. 全球传媒学刊, 2018 (12).

[10] 张诚, 刘祖云. 失落与再造：后乡土社会乡村公共空间的构建 [J]. 学习与实践, 2018 (4).

新时代中国对外文化贸易新动向及优化路径*

陈柏福　杨玉飞**

摘　要： 面对新时代出现的新情况、新问题、新目标，我国加快发展对外文化贸易具有时代紧迫性和任务艰巨性。加快发展对外文化贸易有助于推动我国文化产业融入世界文化产业链、价值链，推动我国文化产业结构不断优化升级。本文在介绍世界对外贸易格局的基础上，初步探讨了我国对外文化贸易新动向，最后从政府层面、社会层面和企业层面提出了新时代我国对外文化贸易优化发展的政策建议。

关键词： 新时代　"一带一路"倡议　对外文化贸易　文化品牌

在当前新时代背景下，区域和双边自由贸易成为经济全球化趋势的主要推动力，同时数字技术加快了国际文化贸易交易效率，中国在国际文化贸易上的影响力也日益扩大，这是推动积极参与国际文化贸易的必要性。"十三五"时期加快中国对外文化贸易步伐，不仅要认真贯彻新文化发展

---

* 基金项目：国家社科基金艺术学一般项目：《"一带一路"背景下我国对外文化贸易发展趋势及优化路径研究》（批准号：18BH148）。

** 作者简介：陈柏福（1979—　），男，湖南衡东人，广东金融学院经济贸易学院副教授，硕士生导师，经济学博士、博士后，研究方向：文化服务贸易、文化经济学、文化产业管理、新制度经济学。杨玉飞（1995—　），男，安徽亳州人，昆明理工大学质量发展院硕士研究生，研究方向：质量管理、品牌管理。杨玉飞为本文通信作者。

理念，推动数字化文化产业创新发展，更要认清中国对外文化贸易还存在着供给结构、品牌能力、区域不平衡等多方面问题。因此，政府、社会、企业需要采取应对措施，培养新时代下各方机构对外文化贸易能力，有效保障文化贸易顺利高效实施。

党的十九大报告中明确指出，文化作为一种"软实力"，对国运兴盛、民族富强有着强大的推动力，而文化事业建设和文化产业发展是满足人民日益增长的美好生活需要的重要手段。对外文化贸易作为文化产业发展的关键步骤，能够充分发挥我国国内丰富的文化资源优势，并扩大我国文化企业的生存空间。为具体实施文化"走出去"战略，国务院于2014年印发的《国务院关于加快发展对外文化贸易的意见》中提出，加快发展传统文化产业和新兴文化产业，扩大文化产品和服务出口，到2020年，培育一批具有国际竞争力的外向型文化企业，形成一批具有核心竞争力的文化产品，打造一批具有国际影响力的文化品牌等。值得注意的是，尽管我国文化产品出口具有多元化发展趋势、数量上急剧增长的良好势头，但仍存在着核心文化产品巨大贸易逆差、国内企业在国际上品牌能力不足、对外贸易存在着国内和国外区域发展不平衡等诸多问题。本文旨在通过对世界对外贸易新格局和我国对外贸易政策的分析，探讨当前我国对外文化贸易现状及存在的问题，并据此在政府、社会、企业三个层面上探索我国对外文化贸易发展的新路径。

一、世界对外贸易新格局

（一）国际贸易体制新格局

自《关税与贸易总协定》（简称《关贸总协定》，GATT）签订和世界贸易组织（WTO）建立以来，全球化的对外贸易高速发展，其推崇的自由贸易不断减少成员方之间的贸易壁垒，鼓励一国应平等地给予其贸易伙伴"最惠国待遇"，对于贸易伙伴的产品、服务和人员给予"国民待遇"等，这些原则都极大地推动了世界范围的贸易自由化。但对于对外文化贸易来说，以 GATT、WTO 为代表的多边贸易体制却没有发挥到如同产品货物贸易那样的作用，这是由于各国/地区之间对文化贸易所秉持的态度不同。在 WTO 体制内美国因其强大的文化实力极力推崇对外贸易自由化，而欧盟在 WTO 体制内寻求"文化多元化"原则，主张文化产品并非一般商品，文化产品因其赋有精神价值而不能服从于自由市场；同样的，在欧盟内部也存在着强烈的分歧，法国高举"文化例外"原则，德国坚持对外文化贸易自由化。因此，国际上对外文化贸易体制的重点逐渐转向区域一体化和双边贸易协定。区域经济一体化具有生产要素在优化配置上自由流通的优势，以及有利于维护自身经济，为本国/地区经济发展和综合国力提高创造良好的外部环境。世界范围内影响力较大的区域经济组织有欧洲联盟、北美自由贸易区、亚太经合组织等，区域内国家/地区在对外文化贸易上更易达成自由贸易协定，以区域促进国际文化贸易规则体系正逐渐发生转变，并向自由化方向靠近。

（1）欧洲多元文化政策。欧盟的区域整合程度远远高于世界上任何一个区域组织，自《马斯特里赫特条约》以来，欧盟条约承认文化多样性是欧洲一体化的核心要素。这体现了欧盟强调保护共同文化遗产、提供社会认同感、尊重各国家和地区文化多样性，以及在此基础上促进文化内容传播和发展的文化政策目标。

视听产业在对外文化贸易里扮演着极具重要的角色，20 世纪 80 年代，美国视听产业席卷了欧洲文化市场，欧盟迫于保护欧洲内部文化市场，开始推进文化保护政策。乌拉圭回合谈判之时，美国主张全面开放媒体产品自由贸易，并解除欧盟对媒体产业所提供的补贴，以及对电视产品进出口的限制；而法国认为这些措施会破坏一个国家和地区的文化独立性，必须建立一种能够保护本国文化产业发展的制度。最终，由于服贸协定在视听领域自由化上还有些许不足，欧盟获得了保护视听产业的权利。但在欧洲内部，欧盟主张整合欧洲文化资源市场、克服地域语言障碍以强化欧洲文化产业在国际上的核心竞争力。

（2）北美文化自由贸易。由于美国文化产业的高度发达，北美地区的贸易额度远大于欧盟。《北美自由贸易协定》（NAFTA）是以美国为核心，由美国、墨西哥、加拿大 3 国组成。但 2018 年 12 月 1 日美国总统特朗普表示近期会终止 NAFTA，并敦促国会批准他与墨西哥和加拿大两国首脑签署的《美国—墨西哥—加拿大协定》（USMCA）。其实，NAFTA 和 USMCA 都可以看作为美国—墨西哥、美国—加拿大两条双边贸易协定。在原北美自由贸易协定中，美国与墨西哥之间的文化贸易自由度很高，包括采用负面清单模式、允许与贸易相关的人员临时入境等，这是由于墨西哥对美国所推崇的文化贸易自由化表示认同。在新的美国—墨西哥双边协议中，自由贸易的程度进一步扩大，据《日本经济新闻》报道，美国、墨西哥两国将把本地区零部件的采购比率从 62.5% 提高至 75%，以及墨西哥同意将 NAFTA 中免税货物价值的"最低限度"从 50 美元提高至 100 美元，显然此举会大大提高美国、墨西哥之间货物贸易总量，尤其是数字经济上面。虽然现如今新贸易协议并没有具体对文化贸易领域做出谈判，但货物贸易的增加必然会促使文化产品贸易的增加。值得一提的是，在 NAFTA 体制中，加拿大一直致力于将文化产业排除在经济一体化中，在此次 USMCA 谈判中，特朗普政府一直希望在汽车制造业、奶制品等多行业开放自由贸易，加拿大政府致力于保护本国产业，但两国在细节上面也存在较大的分歧。但迫于美国压力，美国、加拿大、墨西哥 3 国于 2018 年 11 月 30 日签署了《美国—墨西哥—加拿大协定》，此协定是目前世界上涵盖面最广的贸易协定，将数字贸易、国有企业、中小企业等新议题纳入其中，实现了超越原版 NAFTA 的高标准。

（3）亚洲地区自由贸易。亚洲地区大多为发展中国家，存在着贸易实力不强、资源整合程度不高等问题。一直以来，我国一直推动亚洲地区区域一体化进程，例如中国—东盟自由贸易区（CAFTA）、中日韩自由贸易区等。

中国—东盟自由贸易区建立的目的是促进中国、东盟之间的企业对话和合作、产业贸易与投资联系，以不断加强中国和东盟之间的经济联系。在《中国—东盟自贸区投资协议》的 27 个条款中，包括相互给予投资者国民待遇、最惠国待遇和投资公平公正待遇，并为双方投资者创造一个自由、便利、透明、公平的投资环境，并为投资者提供充足的法律保护。以关税来判断贸易自由化程度的话，中国—东盟自贸区成立以来成效显著，中国对原东盟6国（马来西亚、新加坡、印度尼西亚、菲律宾、泰国、文莱）关税逐年下降，最惠国关税税率高于15%的产品，2004年初降到10，2005年初降到5%，2006年初降到0；最惠国关税税率在5%~15%之间的所有产品，2004年初降到5%，2005年初降到0；最惠国关税税率低于5%的所有产品，2004年初降到0。对敏感类的税目数目上下限也作了规定，例如，在2001年贸易统计数据中中国与原东盟6国敏感类数目不应超过400个6位税目，进口总额的10%；高度敏感清单中的税目数量不应超过敏感类税目总数的40%或100个税目，并以低者为限。① 这种区域伙伴关系大大打破了关税壁垒，逐步实现货物和服务贸易自由化，创造双方透明、自由和便利的投资机制。

2018年12月7日，中日韩自贸区第十四轮谈判首席谈判代表会议在北京举行。中日韩自贸区是亚洲最大的区域经济体，其GDP总量占亚洲的70%，是仅次于北美自贸区的全球第二大自贸区，然而其资源整合程度却远不及欧盟。这次建立自贸区可以通过降低关税、减少海关程序来降低3国交易成本，提高3国之间货品贸易的自由化。在服务贸易方面，3国间服务部门的扩大开放和密切合作将促进新一轮消费结构和产业结构的升级。如在电子商务领域开展合作可以在东亚地区建立起更加丰富立体多维的产品分销渠道。更重要的是，服务作为价值链的黏合剂和重要的生产投入，将扩大开放的收益并将渗透其他部门，专业服务、商务服务、通信服务、金融服务、运输服务等领域市场准入放宽和价格降低将进一步提高文化产业的生产效率。从这点上看，建立自贸区不仅意味着更大的市场和更多的出口量，对促进3国产业链的进一步融合、区域生产网络的进一步完善，具有更大意义。

---

① 资料来源：《中华人民共和国政府与东南亚国家联盟成员国政府全面经济合作框架协议货物贸易协议》，文章中东盟6国是指马来西亚、新加坡、印度尼西亚、菲律宾、泰国、文莱；而新东盟成员国是指柬埔寨、老挝人民民主共和国、缅甸和越南。

（二）国际文化贸易交易方式新趋势

近 10 年来，以移动互联网、社交网络、云计算、大数据为特征的新一代信息技术架构蓬勃发展。新一代信息技术发展的热点不是信息领域各个分支技术的纵向升级，而是信息技术横向渗透，并融合到制造、金融等其他行业。新技术使得货品和服务交易方式更加快速便捷，据市场研究机构 eMarketer 统计，全球范围内通过网络交易的产品稳定扩张，就北美地区来说，2017 年北美地区网络零售额为 4868 亿美元，增速为 16.7%。其中，美国市场销售额为 4527.6 亿美元，增速为 15.2%（见表 1）。

表 1　　2016~2021 年全球各地区网络零售额及预测　　单位：亿美元

地区	2016 年	2017 年	2018 年 e	2019 年 e	2020 年 e	2021 年 e
亚太	10290.9	13491.5	17443.8	22027.8	27253.8	32993.6
中东欧	359.9	448.4	540.6	645.3	753.6	860.3
拉美	365.4	445.5	577.2	652.9	716.8	809.8
中东及非洲	186.7	233.3	286.0	346.9	415.6	490.0
北美	4171.9	4868.0	5645.7	6512.7	7460.0	8505.8
西欧	3079.7	3553.8	3976.4	4373.7	4751.7	5119.7

资料来源：eMarketer，其中标 e 年份为预测值。

同样，"互联网 + 文化"让文化产品的生产、流通、消费不再依赖于 CD、图书、手工艺术品等物质载体，文化产品更多以数字化方式或者服务方式进行市场交易。2014 年底 MAVISE 数据库发布的一份报告中显示，虽然传统媒体集团在网络和点播视听市场非常活跃，但是线上企业的高速成长趋势仍然是最引人注目的，据估计，Apple iTunes、亚马逊、YouTube 和 Netflix 业务的全球视听营业额从 2009 年的 138.7 亿美元增加到 2013 年的 390.6 亿美元。而美国经济统计局（BEA）数据显示，图书、CD、媒体设备等物质文化产品进口数目增速缓慢甚至出现负值，2018 年以 CD、音像带为主的记录媒介进口额仅为 6.57 亿美元（见表 2），较 2017 年增长额度为 0.28 亿美元；而乐器、音响设备较 2017 年同比增长仅为 2.47%；另外，电视及视频设备则出现了负增长，2018 年进口数量较 2017 年减少了 8.49 亿美元。可以说，文化领域中的物质产品首先受到了信息技术的猛烈冲击，信息技术迫使传统文化产业在产品设计、服务流程、消费方式等方面转型，以适应高速变化的市场形势，而这种转型就是促使实体文化产品贸易向数字化贸易转向。

表 2　　按最终用途类别和商品分列的货物进口　　单位：亿美元

类别	2018 年	2017 年
艺术品、古董、邮票等	119.44	102.40
记录媒体	6.57	6.29
乐器	15.42	14.22
立体声设备	50.07	49.69
摄影器材	34.49	34.11
书籍、印刷品	33.68	32.02
电视和视频设备	204.70	213.19
玩具、游戏和体育用品	316.38	297.73

资料来源：欧盟统计局。

同样的现象也发生在欧洲区域，欧洲作为世界上第二大文化贸易区域经济体，受到信息技术冲击的程度同样不可小觑。在欧洲内部，以 DVDs、BDs 为主的音像制品实体零售销售额来看，从 2009 年的 10.7 亿欧元下降到 2013 年的 5.1 亿欧元，仅为 2009 年的 48.11%。而与此相对应的是，欧洲在线视频点播服务则从 2009 年的 1.2 亿欧元急剧增长到 2015 年的 29 亿欧元左右；在影视院线上，截至 2015 年 12 月 31 日，95% 的欧洲电影院已经数字化。[①] 在欧洲对外文化贸易上，也表现出以物质产品为载体的文化产品贸易数量下降的趋势，如欧盟统计局（Eurostat）数据显示，

---

① André Lange, "Measuring On-demand Audiovisual Services: The European Experience," Proceedings of the International Symposium on the Measurement of Digital Cultural Products, Montreal, 9–11 May 2016.

2011～2016年报纸期刊、CD、DVD等实体文化产品的进出口贸易增长均为负值。其中，报纸期刊从2011年进出口总额9.77亿欧元下降到2016年的7.05亿欧元，CD、DVD等记录媒介从2011年进出口总额5.11亿欧元下降到2016年的3.88亿欧元，下降24.07%（见表3）；而摄影、电影一项进出口总额则出现了增长情况，这有可能是由于信息技术融入影视产品，使其流通、消费更加迅速、便捷。

表3　　2011年和2016年欧盟主要文化商品贸易　　单位：亿欧元

品类	2011年		2016年	
	出口	进口	出口	进口
艺术品	36.48	23.02	74.03	25.20
珠宝	78.08	43.76	108.12	63.60
图书	25.12	19.10	25.94	17.68
报纸期刊	7.88	1.89	5.89	1.16
建筑设计	0.81	0.04	0.29	0.03
摄影、电影	0.31	0.43	1.43	1.68
视听及互动媒体（电影、游戏机）	21.87	37.40	18.89	33.99
记录媒体及音乐	3.15	1.96	2.91	0.97
乐器	4.82	10.07	5.84	11.13

资料来源：欧盟统计局。

（三）国际文化贸易发展最新情况

当前，全球经济一体化仍然是主流趋势，但是世界经济增长依旧乏力，尤其是近几年以美国为首的贸易保护主义盛行。自唐纳德·特朗普就任美国总统以来，接连做出"退群"（跨太平洋伙伴关系协定、伊核协议、巴黎气候变化协定、联合国教科文组织）、"筑墙"（美国与墨西哥之间的隔离墙）、"驱人"（移民禁令）等决策，这就是特朗普政府奉行的贸易保护主义、现实主义，以及孤立主义的具象化。最近，美国向欧盟、中国、日本、加拿大等主要经济体发起贸易战，曾经的经济全球化"领头羊"摇身一变，成为保护主义践行者，凸显出经济全球化的倒退和回潮。

就中美贸易战来说，2016年，中美双边贸易额超过5200亿美元，占美国外贸总额的14%。同年，中国对美顺差达2500多亿美元。这一金额是中国总顺差的44.23%、美国总逆差的31.63%，而且差额还有继续扩大的趋势。美国不想失去世界经济霸主的地位，但在自由贸易政策的情况下，中国对美国的贸易顺差逐年增长，严重影响了美国经济的发展，引起美国政府的恐慌，是特朗普挑起贸易战的直接原因。而美国所使用的主要手段就是提高关税以加大商品贸易进入壁垒，在美国发布的限制清单中主要包含了零售、装备制造、消费电子、IT及农业等各个行业，沃尔玛、波音、IBM、Facebook、苹果、3M、JPMorgan等大型跨国企业承受的冲击最为严重。显然，在文化逐渐融入各行各业的大背景下，文化产业贸易必然会受到贸易战的影响。讽刺的是，美国仍想以其强大的文化渗透能力来加剧对我国核心文化产品的贸易顺差，美国贸易代表在新一轮的《中美双方电影相关问题谅解备忘录》中提出诉求：增加在中国拍摄的外国电影数量，以及对在中国播放电影的制片厂减轻财务条款。从这种可以看出，美国电影产业对中国的战略意图，是要将整个好莱坞的工业体系渗透中国，在中国形成全产业的输出与冲击，获取更长远的利益。

长期以来，我国文化产品出口总额占据着全球第1的位置，2013年，中国文化产品出口总额已达到601亿美元，高出排名第2位的美国（279亿美元）1倍多。① 并且近年来文化产品进出口仍保持着增长态势，数据显示，2018年上半年，我国文化产品出口总额374.2亿美元，同比增长3.4%，进口总额46.7亿美元，同比增长17.9%，文化产品贸易实现顺差327.5亿美元。但是我国在核心文化贸易，特别是核心文化服务贸易仍存在着巨大的逆差，如2009年中国货物贸易进出口总额为22075.4亿美元，而核心文化产品进出口总额仅为125.0亿美元，占比为0.56%；2012年货物贸易进出口总额为38671.2亿美元，核心文化产品进出口总

---

① 李怀亮. 中国对外文化贸易的新趋势［EB/OL］. http：//www.rmlt.com.cn/2018/0601/520087.shtml，2018-6-1.

额为274.5亿美元，占比为0.71%。虽然3年间核心文化产品进出口总额增长1倍之多，但仍然明显落后于我国对外贸易额的总体增幅，核心文化产品仍然处在竞争力不强的阶段。以核心文化产品要素之一的版权为例，2017年中国引进版权共18120项，输出版权为13816项，值得注意的是中国对美国、欧洲、日本等发达国家版权引进与输出存在着巨大差额（如引进美国6645项、输出1213项；引进英国2991项、输出496项；引进日本2232项、输出330项；见图1），中国对香港地区、台湾地区等文化认同度较高的地区输出版权数目较高（中国香港1177项、中国台湾2035项）。

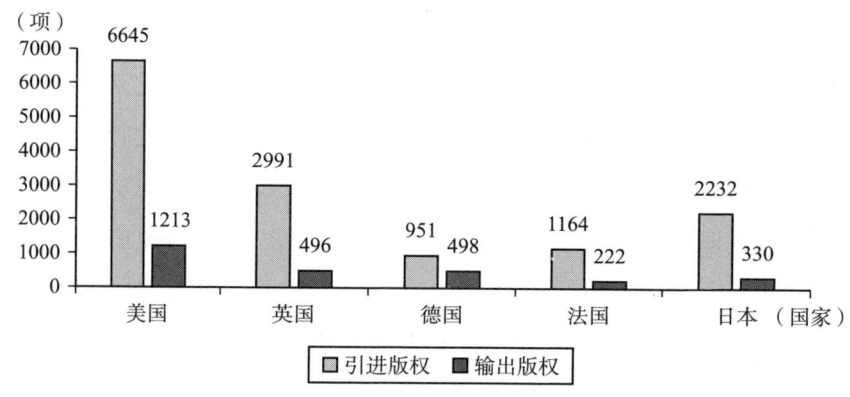

图1　2017年中国引进和输出世界主要国家版权情况

资料来源：笔者根据数据整理。

二、我国对外文化贸易新动向

"十三五"时期是我国全面建成小康社会决胜阶段，全面建成小康社会，迫切需要补齐文化发展短板、实现文化小康，丰富人们精神文化生活，提高国民素质和社会文明程度。当前经济发展进入新常态，我国文化产业发展结构性问题严重，迫切需要推动全面深化改革、树立和贯彻落实创新、协调、绿色、开放、共享的新发展理念。当前，高新技术发展日新月异，社会信息化持续推进，"互联网+文化"发展新趋势也迫切需要拓展文化发展新领域，更好地运用先进技术发展和传播先进文化。另外，发展对外文化贸易需整合传统文化资源,将传统元素与时尚元素、民族特色与世界潮流结合起来,创作生产出更多优秀原创文化创意产品,扩大中高端文化供给。

(一) 新文化发展理念

中共中央办公厅、国务院办公厅印发的《国家"十三五"时期文化发展改革规划纲要》明确提出,要把新发展理念贯穿于文化发展改革全过程。一是以创新激发文化发展动力,创新理念主要体现在理论、实践和制度三个方面。理论创新要求坚持马克思主义思想及中国化理论成果,推动文化发展理论探索;实践创新要求全面推进文化内容形式、方法手段、载体渠道等创新;制度创新要求文化体制机制、政策法规要与社会主义市场经济相适应,健全现代化文化市场体系和现代化文化产业体系。二是以协调平衡文化发展差异。文化发展要力求实现区域平衡、城乡平衡、供求平衡及内外协调等;协调发展理念要求:要正确认识文化产品是一种意识形态商品,具有两重属性,不仅要满足人民群众的物质需求,还要满足人民群众的精神需求。另外,要准确把握社会效益和经济效益的关系,要始终把社会效益放在首位。三是以绿色推动文化健康发展。一方面,经济发展新常态下,文化产业"粗放型"发展模式已经不合时宜,优化文化产业结构、减少环境污染、把绿色发展作为衡量文化产业发展成就的标尺;另一方面,文化消费要健康,通过文化产品的价值引领,形成绿色文化心态以及绿色生活方式。四是以开放力促文化走向世界。"一带一路"为我国文化产业走向世界提供了合作平台、技术平台、市场平台和资源平台,我国企业应在政府指导下,有针对性地生产对口文化产品,减少文化折扣,树立良好品牌形象。[①] 五是以共享推进文化全民受益。共享理念就是要在最大限度、最大范围、最基本要求上满足最广大人民群众的精神文化需求,实现全民受益。当前国内文化发展区域差距、城乡差距明显,政府要做好

---

① 方伟洁. "一带一路"视野下中国对外文化贸易发展与布局研究[J]. 价格月刊, 2018 (7): 69-73.

共享制度建设,确保广大人民群众的文化参与度与获得感。①

(二) 数字化文化产业创新发展

数字技术的发展使其逐渐融进各行各业的转型之中,信息技术咨询公司发布的《2018中国企业数字化发展报告》中显示,近几年,数字经济占GDP比重逐年增加,至2017年已达到32.9%。在整体产业数字化趋势中,文化产业也不可能逃出数字经济的狂潮。2017年4月11日文化部印发的《文化部关于推动数字文化产业创新发展的指导意见》提出大力发展数字文化产品和服务,提高有效供给,培育出具有核心竞争能力的数字文化领军企业,至2020年形成导向正确、技术先进、消费活跃、效益良好的数字文化产业发展格局,实现在数字文化产业领域处于国际领先地位等目标。

1. 正确引导数字文化产业发展方向。首先,供给侧结构性问题作为改革的主线,而数字化作为产业转型、改善供给侧结构问题的重要力量,应助力文化产业内涵、技术水平、产品质量的提升。通过大数据、云计算、人工智能等科技创新成果的应用,创作生产出优质、多样、个性的数字文化内容产品,以寻求多种文化需求的满足;大力推动文艺演出、旅游、艺术品、会展等文化产业数字化升级,以寻求结构优化改善。其次,我国历史悠久,有着丰富的传统文化资源,特别是西部地区传统文化、民族文化浓郁,但由于经济水平落后,文化产品"走出去"困难。而通过促进文化旅游、馆藏文化资源、民族文化产品等与数字技术相融合,使现代化技术与传统工艺对接,减小偏远地区文化走出去的障碍,创新文化产品交互体验。最后,推进文化产业与传统产业、高新产业相融合发展,特别是旅游业、信息业、广告业、电子商务、教育、公共事业等与文化密切相关的产业更应将文化内涵融入其中,以提高其附加价值。

2. 建设数字文化产业创新生态体系。相比美国、日本、欧盟来说,我国严重缺少具有国际竞争力的大型跨国文化企业,而中小型企业又表现出

---

① 沈壮海,史君. 把五大发展理念贯穿于文化发展改革全过程[J]. 党建,2017(7):43-46.

核心竞争力不足等问题。以上海为例，上海作为我国文化产业最为发达的地区之一，这种现象尤为明显。据地方《国有文化企业发展报告》数据显示，截至 2014 年底，上海共有 948 户国有文化企业，年末资产总额共计 2162 亿元，净利润共计 103 亿元；户均资产总额约为 2 亿元，户均净利润约为 1000 万元，国有企业文化产品出口总额也出现了负增长的现象。① 这表现出国有文化企业外向型能力不足的问题，相比之下中小私营企业这方面优势明显，但因缺乏规模能力难以与国外大型文化企业相抗衡。

首先，鼓励数字文化企业通过对中小型数字文化企业进行收购、兼并，成为具有核心竞争能力的大型文创企业，大型企业作为行业"领头羊"，联合中小企业加强关键技术研发、产业融合探索、商业模式创新，尽快赶超国外同行业的文创企业。其次，政府主导建立文化产业示范园区、文化产业创新实验区、文化与科技融合示范基地等，以国内去发展促进国外区域同步进步。如上海国家对外文化贸易基地就发挥了国际交流、投资与合作的重要作用，改善了我国文化贸易的结构性问题。② 最后，优化司法、行政、投资、标准等环境，鼓励数字文化企业参与国际分工与合作，整合国内外文化市场和资源，增强我国文化产品渗透能力。鼓励大型数字文化企业投资并购国外文化企业，实现快速突破海外市场。如 2012 年斥资 26 亿美元收购美国第二大院线集团 AMC 娱乐控股公司，使万达快速进入全球影院市场，并融入欧美成熟影院市场的运营商关系之中。

（三）我国当前对外文化贸易现状

据《国际文化市场报告 2018》数据显示，全球文化市场整体上呈现出高增长趋势，例如在游戏、电视行业，2018 年全球游戏市场总收入达 1379 亿美元，同比增长 13.3%；2018 年全球电视收入约 5244 亿美元（包括付费电视收入、公共基金和电视广告），居行业之首。我国自 21 世

---

① 赵阳，徐德云. "一带一路"战略下上海对外文化市场有效开拓的贸易路径 [J]. 重庆科技学院学报（社会科学版），2017 (5)：36 – 38.
② 上海市发展改革研究院课题组. 上海国家对外文化贸易基地加速发展的思路和举措 [J]. 科学发展，2013 (9)：26 – 38.

纪初第一次明确提出要实施文化"走出去"战略之后，我国对外文化贸易开始进入繁荣发展期，在 2010 年始已成为世界第一文化产品贸易大国，并仍具有高速发展的趋势，据《文化贸易蓝皮书：中国国际文化贸易发展报告（2018）》（以下简称《蓝皮书》）统计数据显示，2017 年，中国文化产品和服务进出口总额为 1265.1 亿美元，同比增长 11.1%。其中，文化产品进出口总额为 971.2 亿美元，同比增长 10.2%；文化服务进出口总额为 293.9 亿美元，同比增长 14.4%。但不置可否的是，当前我国文化贸易还存在着以下主要问题亟待解决。

1. 总体上顺差，结构上逆差

《蓝皮书》数据显示，2008～2015 年文化货物贸易总体上表现出顺差高速增长的趋势。其中，2008 年文化货物贸易顺差为 3606 亿美元，2015 年文化货物顺差为 5670 亿美元，值得注意的是，由于 2008 年受金融危机的影响，2011 年货物顺差降至谷底，为 2287 亿美元，说明 2011～2015 年这 4 年间，货物贸易总顺差为 3383 亿美元，涨幅近 150%。另外，在文化货物贸易方面视觉艺术品出口占据 50% 以上，其次是音像制品、音响等视听媒介产品，而具有高附加价值的出版物、视听产品等占据文化产品出口份额的比率极小。反观文化服务贸易方面，中国文化服务的进出口额都不大，但进出口额总体上呈上升趋势，并表现出严重的逆差问题，2008 年文化服务逆差总额为 118 亿美元，至 2015 年逆差总额已增长到 1824 亿美元。这说明我国虽具有丰富的传统文化资源，但并没有高速有效地将这种天然优势转化为文化内容，如《功夫熊猫》《花木兰》等题材电影都具有浓厚的中华文化，但却成为好莱坞宣扬美国个人主义的优秀影片，并在国内获得高额的票房。

2. 品牌能力不足

品牌是企业自主创新能力和市场竞争力的象征和重要标志，也是其具有高品质和产品或服务高附加值的重要载体。[①] 我国文化产品出口额很大，

---

① 冯晓青. 企业品牌建设及其战略运用研究 [J]. 湖南大学学报（社会科学版），2015 (7)：142-149.

但是自有品牌所占比例却不高，往往是以外方品牌的加工贸易或者是以贴牌为主的订单贸易，以此出口的文化产品很少存在品牌溢价甚至没有品牌溢价。而文化产品应更注意其内在的知识性，若没有自主创新能力的支撑，难以形成高知名度的品牌形象。当前文化私营企业更能表现出自主创新能力，但由于受到自身规模、资金等方面的限制，难以将自身品牌打入国外市场。就广告费用来说，在美国ABC、NBC等电视台的黄金时段播出30秒的费用就高达20万美元以上，私营企业又缺乏国际经营经验，因此不愿承担风险。另外，产权保护意识不强也是企业一大通病。很多企业认为自身品牌在国内知名度不高，更遑论国外市场，因此并未在国外办理商标注册手续等。据国家工商总局不完全统计，国内有15%的知名商标在国外被抢先注册，那么要进驻国外市场就必须缴纳巨额品牌使用费或者放弃该国外市场。

3. 国内外文化贸易市场区域集中

《蓝皮书》数据显示，在对外文化贸易地理方向上，美国、荷兰、英国和日本为中国文化产品进出口前几大市场，合计占比为59.4%。这些发达国家和地区文化消费市场容量大，文化进口需求旺盛，但文化市场接近饱和。以美国为首的北美市场是最为典型的例子，2017年，美国电影票房（含加拿大）总计111亿美元，仍然是世界第一大电影市场。2017年，美国电影在欧盟电影市场上的份额达到了66.2%，在其他大多数国家的市场份额也都在50%以上。相比之下，"一带一路"沿线发展中国家更多地表现出文化市场的活力，2017年中国与"一带一路"沿线国家进出口额仅176.2亿美元，与"金砖国家"进出口额为43亿美元。"一带一路"沿线53个国家，覆盖人口达44亿人，占世界人口的3/5以上，具有巨大的文化市场和丰富的文化资源。同时，"一带一路"沿线发展中国家经济水平会随着"一带一路"进程的推进逐步改善，而文化产品作为一种精神产品，其需求会随着物质生活的改善逐渐旺盛，这就会出现文化产品供不应求的情况，我国作为"一带一路"的倡导国，更应借助"一带一路"带来的重大机遇，加快进入全球文化贸易核心市场。

《蓝皮书》数据显示，我国文化产品出口省份主要集中在东部地区，占全国文化出口总额的 93.4%，同比增长 10.8%；中西部地区出口增长势头迅猛，增速达 43.5%，但占比仍然很小。其中，广东省、浙江省、江苏省为全国文化产品出口的前 3 位，合计占文化产品出口总额的 79.4%。文化服务贸易方面仍然集中在我国东部地区，2017 年东部地区文化服务出口占比为 95.9%，中西部地区虽然出口增长达 39.1%，但总量占比只有 4.1%，其中上海市、广东省、北京市为文化服务出口的前 3 位，合计占全国文化服务贸易出口总额的 87.2%。这说明我国文化贸易主要集中在环渤海地区的北京市，泛长三角地区的江苏省、浙江省和上海市，以及泛珠三角地区的广东省。虽然内陆地区及西部地区文化资源丰富，但与我国沿海区域相比，文化产业发展缓慢，优秀的文化资源实现"走出去"较为困难。由此可见，我国国内地区间文化产业发展存在着严重不平衡的问题。

三、新时代对外文化贸易路径优化

（一）政府层面

政府在对外文化贸易中起着重要的作用，"酷日本"理念的推行很大程度上依靠了日本政府，包括建立交流平台，促进海外日本文化热潮的形成；完善金融体系，支持中小企业的产品研发和品牌建设；大力推动"酷日本"文化产品国内消费等[①]。可以说政府在文化贸易上起着基础性的作用，完善有利于文化贸易的体制机制、建立有利于文化交流的合作平台、健全文化产业发展必要的金融体系、制定严密公正的知识产权保护制度。

1. 完善对外文化贸易体制机制

文化贸易一体化是全球区域经济一体化的必然结果。近年来，政府不断推进体制机制改革，但改革的长期性导致政府在文化贸易中仍然处于主导地位，企业对政策的依赖程度依然居高不下。就动画产业来说，政府在相关税收、财政、土地、人才及市场准入等方面的优惠政策，以及对海外

---

① 刘鑫. 国家品牌建构下我国对外文化贸易的路径优化——基于"酷日本"战略的启示[J]. 对外经贸实务，2017（12）：90-93.

动画节目进入国内市场的限制，使动画产业率先实现了贸易顺差，但这种政策扶持模式并没有达到培育国际市场竞争力的目的。我国文化贸易政策还处于保守阶段，缺乏健全性、透明性，文化企业并未完全进入国际文化市场竞争中，难以形成核心竞争力。因此，在体制机制上应逐步扩大开放，鼓励企业积极参与国际市场竞争，优胜劣汰，筛选出具有核心竞争力的企业，并给予扶持。在扩大开放的同时要考虑国内文化安全问题，法国、加拿大的"文化例外"原则就是为了抵制美国文化产品强大的影响力和渗透力而制定。因此，在扩大文化开放的同时要以政府主导保护民族文化产业，维护国家文化主权，确保民族文化安全。

2. 创建对外文化贸易合作交流平台

一是国内服务平台建设，我国行政区域的划分割裂了优秀文化资源的整合，省市区域之间不能形成有效的文化交流。如中西部地区的优秀民族文化资源，难以依靠东部沿海城市的交流平台实现民族产品走向世界。因此，国内整合资源平台的建设是十分必要的，跨省市的文化项目服务平台、文化消费平台、人才培养平台、文化产业园区基地平台等都有利于提高区域文化资源的整合。二是国外文化交流平台建设，截至2018年，我国已经与24个国家和地区签署了16个自由贸易协定，可以说是立足周边、辐射"一带一路"、面向全球。在这些国家和地区建立中国文化中心，举办各类艺术节、博览会、交易会、论坛等文化活动，增加贸易国对中国文化的认同感，减少文化折扣。在国内完善国家对外文化贸易基地网络，邀请国外媒体参观考察。目前，我国已经建立了北京市、上海市、深圳市3家国家对外文化贸易基地，发挥了积极作用。例如，上海市国家对外文化贸易基地已经建成文化产权交易区、文化会议服务区、文化企业办公区等相应的配套基础设施，为企业在商标注册、报税、进出口商检等方面提供服务支持，并提供咨询与战略指导。

3. 健全对外文化贸易金融支持体系

统计数据显示，私营企业在文化产品进出口方面比国有企业更加有活力，文化产品出口增长量最大的也是私营企业，国有文化企业的出口份额正在逐年下滑，给予私营企业更大的金融支持和政策优惠是未来需要强化的一个领域。积极与社会金融机构建立合作关系，鼓励金融机构针对文化产业特点创新产品和服务，推广无形资产评估和质押融资，逐步健全文化企业征信体系、融资风险补偿机制和信用担保体系。另外，扩大帮助私营企业开拓海外市场的专项资金，实现资金运转常态化、制度化，并委托第三方对使用后的资金进行价值评估，找出不合理成分并进行优化，提高资金使用效率。

4. 制定系统的知识产权保护制度

美国自 1790 年开始颁布实施第一部《版权法》，如今美国不仅在国内形成了一套严密公正的知识产权保护体系，更积极在国际上推动国际版权立法。而我国在 2005 年才正式启动了国家知识产权战略制定工作，通过 10 多年的发展，我国知识产权法律基本与国际要求相一致，但必须清醒地认识到，我国知识产权工作总体状况还存在着与国家经济、科技和社会发展要求不相适应，以及与面临的国际新形势的发展要求不相适应的问题。一是知识产权意识薄弱，广东省作为中国文化产品出口的第一省，2015 年自有品牌出口量占总出口量的比重不到 20%；二是我国知识产权基本法律体系存在局部缺失，需要完善和修改；三是国家知识产权管理系统凌乱，部门之间缺少沟通，协调性差；四是大部分企业知识产权管理制度不健全，没有建立知识产权战略或者运用知识产权战略的层次较低。因此，必须在正视自身不足的基础上，着力提高知识产权意识，营造有利于知识产权保护的环境氛围，加快知识产权体制改革，积极推进企业建立和完善知识产权管理制度。

（二）社会层面

社会机构是对外文化贸易的中坚力量，高等学校、社会培训机构等是人才供给的重要源泉，商会、行业协会利于引导非公有制文化企业实行行业自律、加强区域资源整合。

1. 高端复合型人才供给

文化产业是典型融合多种产业的复合型产业，高端人才须掌握内容创作、创意设计、经营管理、投资运营、互联网技术、金融等各学科知识，并拥有丰富的实践经验。目前,高等学校、培训机构等教育部门专注于专业化人才培养,更为严峻的问题是国内很多高等学校、中等职业学校和其他教育机构并未开设文化产业相关课程。因此,文化产业复合型人才极为短缺。人才建设是一个长期工程,需要社会各级机构充分参与、分级负责推进人才建设。高等学校、职业学院积极开展文化产业相关知识教学,并与社会企业合作交流让知识融入实践;研究机构培育具有较大影响力的、服务文化领域的高端智库;县镇级图书馆、博物馆积极开展基层文化产业人才培训,增强基层人员文化保护意识。

2. 利用社会机构推进区域整合

近年来,我国珠三角、京津冀、长江经济带等区域整合都是由政府发挥主导作用,没有充分发挥工商联、商会、行业协会等社会团体和中介组织在引导文化企业发展中的作用。一是鼓励商会、行业协会参政议政,及时向政府及其相关部门反应文化企业发展中的困难和问题,并参与制定发展规划;二是商会、行业协会与政府相关部门协调沟通,制定文化产业标准,统一质量标准、质量检测等,并认真贯彻落实;三是利用商会、行业协会协调区域内企业之间的关系,协调文化产业内企业与业外企业,甚至外地企业之间的关系与纠纷,整合不同区域内文化资源;四是通过文化产业组织达成区域内结盟,形成共同的区域品牌,合力进军海外市场。

(三)企业层面

企业是对外文化贸易的核心市场主体,一切文化产品都是经过企业进行生产、流通、消费,文化企业产品和服务的个性化、多元化必然会引起进出口结构的多元化。中国要加大对外文化贸易总量,就要培育出一批具有自主创新能力、自主品牌建设能力的外向型骨干企业。

1. 重视创新能力建设

文化企业是文化产业创新的重要主体,企业创新不能只孤立地考虑某一方面的创新,而是要全盘考虑整个企业的发展,本文主要提出文化企业在文化资源、科学技术、组织管理、产业融合四个方面的创新模式。一是文化资源创新,文化资源拥有其他资源未具有的时效性价值,企业开发文化资源的敏感度低，可能造成国外企业捷足先登。2018年初，迪士尼决定拍摄《花木兰》真人电影，宣告我国又一传统文化资源被海外企业转化为文化生产力。二是科学技术创新，文化产业寄生于知识社会的大环境之下，科技创新实质就是发明与创造的价值实现，以推动文化产业生产力水平。以视听产业为例，内容设计环节成为文化产业生产价值链中附加价值最高的一环，科学技术是内容设计的技术支撑。三是组织管理创新，新时代下文化企业面临的内外部环境更加复杂多变，组织结构和管理方法必须随着外部环境和内部条件的变化而不断进行调整和变革，从而提高企业活动效率和效益。四是产业融合创新，新时代下科技进步加快了文化产业与相关产业融合的步伐。一方面，是文化产业内融合，"数字+"使得图书、电视、广播以互联网为平台进行产业内融合；另一方面，是文化产业间的融合，传统文化产业融入互联网技术形成新兴文化产业，例如，动漫、信息化旅游等新型产业业态①。

2. 加强外向型能力建设

民营企业在对外文化贸易交往中发挥着重要的作用，不少企业也具备了"走出去"的生产条件，在当前中美贸易战的背景下，企业还是为减少风险将产品在本国销售。因此，企业培育外向型能力以应对国际环境变化十分重要。一是供应销售多渠道化，外向型企业的资源、经验和供应链大都在国外市场，国外政策的变化会大大提高企业外在环境风险，多种渠道可以最大限度地降低外在环境风险所带来的损失；二是降低成本增加效率，借助互联网技术实现转型升级，文化企业在生产、销售、售后、管理等过程引入人工智能与大数据技术，最大限度地提高企业生产及管理效率，降低成本。企业外向型能力建设应根据自身所需择优而从之，进而融汇创新，在转型关键阶段作出适应环境的改变并辅之以合理有效的战略和方法。

3. 品牌塑造及产业核心竞争力提升

一方面，品牌塑造是一个系统长期的工程，首先，文化产业作为科

---

① 周锦，吴建军. 我国文化产业的创新模式分析——以传媒类文化产业为例 [J]. 阅江学刊（南京），2014（5）：62-68+106.

技、创造等多元素融合一体的综合边缘产业，不同于其他产业的科学管理方法对品牌塑造是至关重要的；其次，文化产品蕴含的精神产品决定了其具有个性、独特的产品特性，品牌塑造必须着重体现文化产品的这一特性。因此，品牌意识提升、品牌定位、品牌创立、品牌控制、品牌传播等品牌塑造的全过程中融入科学的管理方法、产品特性、企业文化是必要的。另一方面，核心竞争力提升是一个循序渐进的过程，它的形成需要科技、创意、管理、环境、人力等各种资源的支持，文化企业必须与国际大市场环境接触，吸收国际领先高新技术、学习科学管理方法、吸纳高端复合型人才，积极参与国际竞争，以适应国际复杂多变的外部环境，形成以创意为主的产业核心竞争力。

版权保护、文化产业发展与经济增长

——基于2005～2016年中国省际面板数据的实证研究[*]

陈能军　史占中[**]

摘　要：版权保护、文化产业发展与经济增长之间有着重要的关联性。本文首先从理论上阐释了版权保护促进经济增长的作用机制，指出版权既可以作为一种高级生产要素直接推动经济增长，也可以通过促进文化产业发展这一中介变量间接推动经济发展。利用2005～2016年全国31个省区市面板数据，以及中介效应检验模型，研究发现：第一，版权保护对经济增长存在直接推动作用，两者之间存在显著的正相关关系；第二，版权保护对经济增长存在间接推动作用，版权保护通过促进文化产业发展的方式推动了经济增长，且这种中介效应占总效应的比例为40.11%。本文的研究表明，现阶段推动经济发展，不仅需要重视版权理论研究和加强版权保护力度，还需要加大对文化类企业的扶持力度。

关键词：版权保护　文化产业经济发展　中介效应

---

[*] 基金项目：本文系国家社科基金艺术学重大项目"文化产业的金融支持体系研究"（项目编号：16ZD08）研究成果之一。

[**] 作者简介：陈能军，中国人民大学经济学博士，博士后，研究领域为版权经济、数字创意产业、国际经济。史占中，上海交通大学安泰经济与管理学院教授，博士生导师，研究领域为产业经济、文化金融。

习近平总书记在党的十九大报告中强调,"完善文化经济政策,培育新型文化业态"[①]。可以看出,党中央对文化产业的发展重视程度明显提高,对文化产业发展的实施路径作出了战略性安排。在推动文化产业发展中,版权产业作为文化产业实现市场价值的核心,在促进文化产业发展和推动国民经济增长的过程中起到了重要的作用。

鉴于版权保护在中国经济发展中的重要性日益凸显,而当前相关研究实证分析较少。本文利用2005~2016年中国31个省区市的数据实证检验版权保护、文化产业与经济增长的关系。本文的主要创新点体现在:理论上探讨了版权保护对经济增长的双重作用机制;实证上运用中介效应检验模型验证了中介效应的存在,并且计算出现阶段版权保护对经济增长的直接作用要大于间接作用;现实指导上提出了重视版权理论研究、加大版权保护力度、培育和扶持数字文化产业发展的对策建议。

一、文献综述

版权保护主要指政府和社会对文学、艺术、科学作品的创作者及其作品享有占有、使用、收益和处分的排他性权利的保护力度[②]。狭义来讲,版权保护主要指对文化类著作作品的保护;广义来说,版权保护的范围除了对文化类著作作品的保护外,也包括对专利和商标等知识产权的保护,因为这些都是具有非排他性和非竞用性的人力资源要素[③]。

版权保护或版权资源与经济增长之间的关系,长期以来一直备受中外学者关注。泰金和格罗斯曼(Chin and Grossman,1988)[④]认为,发展中国家过强的版权保护政策会阻碍发展中国家学习发达国家的技术,阻碍发

[①] 习近平. 在中国共产党第十九次全国代表大会上的报告 [EB/OL]. http://cpc.people.com.cn/n1/2017/1028/c64094-29613660-9.html,2017-10-28.

[②] 钟庆财. 版权经济学:构建与框架 [J]. 广东社会科学,2016(4):5-14.

[③] 张苏秋. 版权资源的经济增长效应及其作用路径——基于版权经济解释的定量分析 [J]. 广东财经大学学报,2016(1):60-69.

[④] Chin J C, Grossman G M. Intellectual Property Rights and North-South Trade [J]. Social Science Electronic Publishing,1988(13).

展中国家全要素生产率的提高，进而影响本国经济发展。格拉斯和吴（Glass and Wu, 2007）[1]认为，发展中国家的版权保护政策会影响本国可以享受的福利，弱版权保护力度可以提高产品质量，而强版权保护力度可以丰富产品的种类。铃木（Suzuki, 2015）[2]认为，过强的版权保护力度有利也有弊，"利"体现在可以增加被保护企业的利润，鼓励被保护企业创新；"弊"体现在阻碍了知识在全行业的扩散，降低整个行业研发部门的生产率。对不同国家来说，要看知识产权保护政策对经济的增长作用是利大于弊还是弊大于利。

我国正处于经济转型期间，建立符合我国国情的版权保护制度非常必要。陈凤仙、王琛伟（2015）[3]通过构建双寡头垄断模型，研究不同发展阶段国家的最优知识产权保护力度，指出中国目前处于初级阶段、过渡阶段和高级阶段三个阶段中的过渡阶段，应加强对知识产权的保护。曾鹏、赵聪（2016）[4]利用2000~2013年中国省际面板数据，实证检验了版权数量对经济增长的影响，发现版权数量虽然能够促进经济增长，但数量并不是越多越好。黄卫平、陈能军等（2014）[5]利用1998~2010年中国省际面板数据，实证研究了版权贸易对经济增长的影响，将版权贸易分为版权输入及输出，研究发现版权输入和输出都对经济增长发挥了正向作用。

目前，研究版权保护与经济增长之间影响机制的文章较少。理论分析主要集中在，把版权资源作为一种生产要素带进模型来研究版权保护对经济增长，以及社会福利的影响，包括韩玉雄和李怀祖（2005）[6]、董雪兵

---

[1] Glass A J, Wu X. Intellectual Property Rights and Quality Improvement [J]. Journal of Development Economics, 2006 (2): 393-415.

[2] Suzuki K. Economic Growth Under Two Forms of Intellectual Property Rights Protection: Patents and Trade Secrets [J]. Journal of Economics, 2015 (1): 49-71.

[3] 陈凤仙, 王琛伟. 从模仿到创新——中国创新型国家建设中的最优知识产权保护 [J]. 财贸经济, 2015 (1): 143-156.

[4] 曾鹏, 赵聪. 知识产权对经济增长的影响——以专利和版权为例 [J]. 统计与信息论坛, 2016 (4): 58-66.

[5] 黄卫平, 陈能军, 钟表. 版权贸易对经济增长的影响——基于1998~2010年中国省际面板数据的实证研究 [J]. 河北经贸大学学报, 2014 (3): 121-125.

[6] 韩玉雄, 李怀祖. 关于中国知识产权保护水平的定量分析 [J]. 科学学研究, 2005 (3): 377-382.

和朱慧（2012）①、屈晓娟（2016）② 等。除此之外，有少数学者也在从文化产业发展的角度研究版权保护对经济发展的机理，如文小勇（2016）③，但偏重于描述性分析。现有版权经济的文献，定性分析主要集中在检验知识产权保护与经济增长的关系，并没有分析其作用机制，且主要考虑版权保护对经济增长的直接作用，忽视了版权保护通过促进文化产业发展这一中介效应，对经济增长的间接作用机制。因此，本文拟在借鉴现有研究的基础上，进一步分析版权促进经济增长的效应机制，并通过构建相关模型对版权保护、文化产业发展，以及经济增长这三者之间的关系进行定量分析。

二、版权保护促进经济增长的效应机制研究

版权保护对经济增长的推动作用可以分解为两个方面。第一个方面是直接推动作用，这是从宏观的国民经济出发，即全社会经济产出与投入的角度考察的，也是从版权的创新性角度考察的。版权在本质上就是创新的结果，保护版权就是保护创新，通过创新提高全要素生产率，增加经济产出总量是经济增长最有效的选择路径。

然而，版权又是一种特殊的创新结果，可以通过版权交易、版权分割、版权保护等产权运行机制，达到社会创新的分享（即使是有偿性分享），降低社会创新成本和缩短创新进程，加快社会创新的分工和持续深入。版权保护对经济增长的第二个方面的推动作用，则是从具体产业发展角度考察的，版权在促进包括文化、教育、旅游、信息、制造等多个产业的发展中都能发挥重要的作用，本文主要是以文化产业为例，深入分析版权在文化产业的生产环节、流通环节和消费环节中的效应，探讨版权如何

---

① 董雪兵，朱慧等．转型期知识产权保护制度的增长效应研究［J］．经济研究，2012（8）：4－17．
② 屈晓娟．知识产权保护、技术差距与后发地区经济增长：一个分析框架［J］．华东经济管理，2016（10）：50－56．
③ 文小勇．版权经济：版权产业发展的一个解释框架——基于2014年广东省版权产业调查统计分析［J］．广东社会科学，2016（4）：25－36．

通过促进文化产业的发展推进整个社会经济的增长。

（一）版权保护对经济增长的直接效应

首先，版权的创新性是促进经济增长的内在动力。版权具有显著的创新属性，但不同于通常意义上的技术创新、管理创新、制度创新等生产或者管理手段（形式）上的创新，版权的创新性实质上是指文化、艺术或者计算机程序、科学作品等生产领域中内容上的创新，与科学理论创新一样属于内容创新，对于人类社会的发展具有更加本质的意义。版权保护就是对于创新的保护和激励，通过版权保护鼓励作者进行创作和创新，促进作品的传播，极大推进科学与文化事业的发展。就生产要素理论而言，版权已经逐步发展成为知识密集型的、高级形态的生产要素了，它是高度的智力创新活动的结果。[①] 通过版权保护实现创新驱动，可以提高全要素生产率，增加社会经济产出的总量，这是促进经济增长最有效的方式，也是保障经济增长具备可持续发展和高质量发展的强劲动力。

其次，版权在形成了一定的运行机制之后，对于经济增长的推动作用还体现在降低社会生产的投入成本上，尤其是社会创新的成本。版权保护与其他的知识产权保护是一致的，版权保护的最终指向不是垄断和限制，而是有序、适当和有条件地分享和传播。这种分享和传播，必须是建立在一定的版权运行机制的基础上的，即通过版权交易、版权分割和版权保护等完善的制度体系的构建，通过版权组织机构和版权专业人才的实际运作与管理而达成。

这种分享和传播，在社会经济增长中起到了十分重要的作用，它使知识内容的扩散成为必然，大大降低了后发型地区和组织的社会创新成本（全社会通过交易付出的成本总是远远小于各个地区、组织分别再创新的成本之和）。并且，它使社会创新能够立刻向更宽的横向分工和更深的专业领域发展，换句话说，即是它促进了全新的社会创新分工革命。通过获

---

① 波特提出生产要素的分级，将资金、原材料、生产设备、非技术工人等分为初级生产要素，将现代信息技术、高级人力资源等分为高级生产要素。

得版权所有者的授权或者交易获得版权所有者的分享，有利于降低各类社会创新主体的研发成本和失败概率，使他们更加聚焦于自身优势的生产和销售环节。

（二）版权保护对经济增长的间接效应

从具体产业发展的角度看，版权保护对于包括文化创意产业、旅游业、教育产业、信息产业以及服装、玩具、家居等相关制造业的发展都具有巨大的推动作用。上述产业都是版权保护推动整个社会经济增长的中介，而在文化创意产业的发展过程中，版权保护的推动效应是更加突出的。

第一，版权保护是文化产业核心内容生产的基础。文化产业是个极具广泛性意义的大产业概念，但是其核心永远都是内容的生产抑或称为IP的生产，只有保障核心层的生产，通过强化IP的原创版权保护机制，以产权边界确定收益边界，才能为外围层各类衍生品的生产提供不竭的源泉。这里的版权保护对于文化产业的推动效应，是通过版权保护机制在文化产业的生产环节中，对于内容生产的产权激励体现出来的。

第二，版权保护是文化产品市场秩序保障的基础。市场体系是连通生产者与消费者的桥梁，保障市场秩序是任何产业发展都必须面临的。对于文化产业而言，一方面，随着复刻技术的发展升级，文化产品可复制性的特点更加显著；另一方面，文化版权的确权、维权机制都存在一定的模糊性。因而，文化产品在市场中的流通存在较大的无序性，盗版、侵权等现象层出不穷，严重抑制了版权所有者的生产积极性，扰乱了市场秩序。通过源头上严格的版权保护机制，可以很大程度上保障文化产品的市场环境，使市场秩序得到有序、健康发展。

第三，版权保护是文化消费潜能激发与升级的基础。文化消费的潜能激发很大程度上取决于文化产品质量的提升和新的文化消费业态升级。文化产品质量的提升同时意味着超额利润的增加，版权保护作为文化产品质量提升和新的文化消费业态形成的关键因素，对于文化产业的消费环节具有积极的推动意义，主要表现在：版权保护通过产品升级，激发文化消费潜能和升级文化消费模式。

三、版权保护、文化产业发展与经济增长的实证研究

(一) 研究样本和数据来源

本文采用了我国 31 个省区市 12 年（2005~2016 年）的面板数据。其中，版权保护程度用自愿登记作品数量来衡量，数据来源于中华人民共和国国家版权局网站（http://www.ncac.gov.cn）；文化产业发展用文化产业收入来测度，数据来源于 2006~2017 年《中国文化文物统计年鉴》；GDP、固定资产投资、消费、普通高等学校招生人数等数据来源于国家统计局网站（http://www.ststs.gov.cn/），变量的描述性统计如表 1 所示。

表 1　　变量的描述性统计

变量名	样本数	均值	方差	最小值	最大值
GDP	372	15502.66	14390.62	248.8	80854.91
版权保护	372	19520.81	87726.51	0	1004877
文化产业发展	372	2804035	3005288	92945	31300007
固定资产投资	372	10127.86	9399.291	181.39	53322.94
消费	372	5900.18	5910.19	73.2	34739.1
人口	372	4304.965	2720.12	280	10999

资料来源：国家统计局网站（http://www.ststs.gov.cn/）。

(二) 模型的设定

实证考察版权保护的经济增长效应机制，本文构造了以下两个实证模型。

首先，为考察版权保护对经济增长的直接效应，在控制劳动力、资本、教育等变量的基础上，检验版权与经济增长之间的关系，具体模型如 (1) 式所示。

$$\ln gdp_{it} = \alpha + \beta_1 \ln bq_{it} + \beta_2 \ln control_{it} + \varepsilon_{it} \quad (1)$$

其次，为了进一步研究版权保护是否通过促进文化产业发展这一中间

变量来推动经济发展，本文使用中介效应模型来进行检验，具体检验方程如式（2）~式（4）所示。

$$\ln gdp_{it} = \alpha + \gamma \ln bqb_{it} + \mu 1_{it} \qquad (2)$$

$$\ln wcy_{it} = \alpha + \beta \ln bqb_{it} + \mu 2_{it} \qquad (3)$$

$$\ln gdp_{it} = \alpha + \gamma^* \ln bqb_{it} + \delta \ln wcy_{it} + \mu 3_{it} \qquad (4)$$

鉴于中介效应的检验方法比较多，且统计检验错误的概率和检验功效方面各有优劣，单一方法的可靠性较低[1]。温忠麟（2004）[2] 在结合 Judd 和 Kenny（1981）[3]、Sobel（1982）[4]、Baron 和 Kenny（1986）[5] 等提出的不同检验方法的基础上，构造了一个综合的中介效应检验程序，能在较高统计功效的基础上控制第一类和第二类错误的概率。因此，本文将采用该检验程序进行中介效应检验。具体检验程序见图 1。

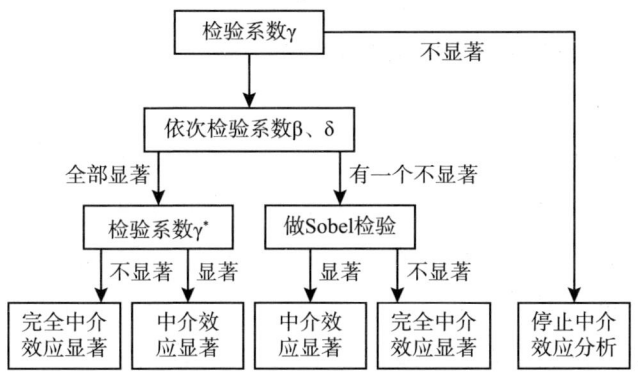

图 1　中介效应检验流程图

资料来源：笔者根据相关资料整理绘制。

---

① Mackinnon D P, Lockwood C M, Hoffman J M, et al. A Comparison of Methods to Test Mediation and Other Intervening Variable Effects [J]. Psychol Methods, 2002（1）：83 – 104.

② 温忠麟，张雷，侯杰泰，刘红云．中介效应检验程序及其应用［J］．心理学报，2004，36（5）：614 – 620.

③ Judd CM, Kenny DA. Process Analysis [J]. Evaluation Review, 1981（5）：602 – 619.

④ Sobel ME. Asymptotic Confidence Intervals for Indirect Effects in Structural Equation Models [J]. Sociological Methodology, 1982（13）：290 – 312.

⑤ Baron RM, Kenny DA. The Moderator – Mediator Variable Distinction in Social Psychological Research：Conceptual, Strategic and Statistical Considerations [J]. Journal of Personality and Social Psychology：1986（6）．

其中，t 代表时间，i 代表各省级行政单位，lngdp$_{it}$ 是各省份不同年份的地区生产总值的对数，lnbqb$_{it}$ 是各省份不同年份版权保护指数的对数，lnwcy$_{it}$ 是各省份不同年份文化产业发展指数的对数，lncontrol$_{it}$ 表示控制变量，α 是不可观测的固定效应 μ$_{it}$、ε$_{it}$ 是随机误差项。

按照这一检验程序，需要对 γ、β、δ、γ* 等系数进行显著性检验，其中，中介效应由 β × δ = γ* − γ 来衡量，Sobel 检验统计量为 Z = β × δ $\sqrt{\beta^2 S_\delta^2 + \delta^2 S_\beta^2}$（$S_\delta^2$、$S_\beta^2$ 为 δ、β 估计值的方差）。

（三）变量的选择

1. 被解释变量

该指标采用国内生产总值（GDP）来衡量。国内生产总值指在一定时期内常住单位生产的所有商品和服务的价值总和，既包括新增价值，也包括转移价值。它反映常住单位生产活动的总规模。

2. 解释变量

（1）版权保护。本文用自愿登记作品数量来衡量版权保护程度，主要原因如下：首先，版权保护程度决定了版权登记方的登记意愿，由于是自愿登记，如果登记与不登记的效果一样，企业通常没有理由选择登记。其次，在中国，企业可以做到自主选择登记省份，如果某地对版权的保护力度不够，盗版、复制猖獗，企业可以通过更换地址的方式迁移到对版权保护严格的地方，用以实现利益最大化。地方对版权保护的重视程度越深，企业越有动力在该地登记作品，保护自己的合法权益。自愿登记作品数量数据来源于国家版权局。

（2）文化产业发展。本文使用文化产业收入衡量文化产业发展，主要有两个原因。第一，文化产业的规模决定了文化产业收入，一般情况下，企业的规模越大，企业的收入往往越大，对于文化产业来说，在单个企业规模一定的情况下，文化产业里的企业数量越多，文化产业收入越大，文化产业的发展越好。基于此，从文化产业规模的角度来说，文化产业收入可以用来衡量文化产业发展程度。第二，文化产业内企业的发展质量决定了文化产业的收入，进而决定了文化产业的发展状况。对于文化产业里的单个企业来说，效率高的企业通常效益好，反言之，一家企业能赚钱，发展质量一定不会差，文化产业里的企业数量保持不变的情况下，整个行业收入越高，行业的发展就会越好。

3. 控制变量

（1）固定资产投资。固定资产是投资推动 GDP 增长的重要力量。首先，就支出法核算 GDP 的公式来说，作为 GDP 的组成部分，每增加一定量的投资，GDP 总量就会相应增加，形成投资对经济增长的直接推动作用。其次，投资具有乘数效应，对于微观个体企业来说，一家企业的一笔投资会增加其他企业的产品需求，而其他企业产品需求的增加也会引起这些企业扩大投资，如此循环传递，投资需求会不断扩大。最后，投资于新兴技术行业的固定资产投资，可以通过提升技术水平的方式，提高未来生产商品和服务的能力。按照马克思的生产理论，固定资产投资，一方面可以维持简单再生产，即弥补和消费对产出的消耗，另一方面也可以扩大再生产，即增加未来时期社会财富的创造能力。

（2）消费。消费按消费主体和消费活动，可以划分为政府消费和居民消费。居民消费主要是指居民个人用于生活的各项支出消费，既包括居民用于日常生活中的衣食住行等各项物质方面的消费支出，也包括教育医疗文化等各项服务消费支出。政府消费指政府部门为全社会提供公共服务的消费支出，以及免费或以较低价格向住户提供的货物和服务的净支出。不论政府消费和居民消费，都对经济增长有重要影响。消费既是社会生产过程的终点也是生产的起点。消费作为一种需求，决定了生产者的生产水平，消费增加，生产增加；消费减少，生产减少。正是人类为了满足不断提高的消费水平的愿望，才解放且发展了生产力，极大地推动了经济发展。

（3）劳动力。人口与经济发展之间的关系不只是简单的正负关系，人口对经济的影响具有多方面的影响，一方面，人口的增加给经济发展带来阻碍，会影响人均资本积累；另一方面，又给经济的发展提供动力，人力资本给经济发展以巨大的推动力，人口发展带来规模经济等。总体而言，在现阶段的中国，人口也即劳动力的多少，是经济发展的重要推动力量。一定数量的人口是社会存在和发展的必要前提，人既是生产者，又是消费者。人口状况对社会的发展可以起加速或延缓的作用，与物质生产相适应的人口状况，有利于促进社会发展。

（四）实证结果及分析

本文的实证检验顺序是，首先，在控制投资等其他相关变量的基础上，考察版权保护对各省的地区生产总值的影响；其次，利用温忠麟（2004）提出的中介效应检验方法，检验版权保护是否通过影响文化产业的发展而对经济增长施加了作用（见表2）。

表2　　　　　　　　　版权保护对经济增长直接影响

变量	模型一	模型二	模型三	模型四
常数项	7.2628*** (0.1130)	1.6478*** (0.1311)	0.5379*** (0.1244)	1.4519*** (0.0707)
版权保护	0.3042*** (0.0161)	0.1012*** (0.0076)	0.1059*** (0.0059)	0.0086** (0.0043)
投资		0.7885*** (0.0173)	0.6010*** (0.0181)	0.1217*** (0.0180)
劳动力			0.3344*** (0.0217)	0.0545 (0.1439)
消费				0.7581*** (0.0244)
调整 R^2	0.4993	0.9266	0.9561	0.9883

注：**、*** 分别表示在5%和1%的水平下显著。

表2是根据方程（1）式所得出的实证结果。从表2的结果中可以看出，版权保护与经济增长之间存在显著的正向相关关系，四个模型都在5%的显著性水平内显著。这与本文的理论分析相一致，版权保护作为一种高级生产要素，通过促进创新、提高全要素生产率的方式直接促进了经济增长，这也与张苏秋（2016）等人的研究保持一致。版权保护的系数，

可以表示为版权保护的经济增长弹性。在模型三中，版权保护的经济增长弹性为0.1059，也即版权保护所带动的版权资源每增长1%，经济增长将增加0.1059%，且在1%的显著性水平内显著；在模型四中，版权保护的经济增长弹性为0.0086，也即版权保护所带动的版权资源每增长1%，经济增长将增加0.0086%，弹性相比较模型三来说有所降低，但是显著性水平在5%的显著性水平内显著，有所降低。表2的结果说明，版权作为一种高级生产要素确实对经济发展有着直接的促进作用；实证结果同时表明投资、消费以及劳动力的释放同样是促进国内经济增长的重要推动力。

表3是根据式（2）~式（4）所得出的实证结果。表3第一列进一步强化了版权保护对经济增长有直接的促进作用，在不添加其他控制变量前提下，版权保护对经济增长的弹性为0.3042，且在1%的显著性水平内显著；由第二列可以得知，版权保护也能够促进文化产业的发展，版权保护对文化产业发展的弹性为0.1012，即版权保护带动的版权资源每增加1%，经济增长增加0.1012%，弹性系数在1%的显著性水平内显著。由表3第三列可知，版权保护和文化产业发展与经济增长之间都为正相关，且系数都在1%的显著性水平内显著。根据中介效应检验流程图，当β、δ、γ*系数全部显著时，中介效应显著，这说明版权保护确实通过促进文化产业发展的方式推动了经济发展。为了进一步验证中介效应的显著性水平，可以进行Z统计检验。

表3　　　　　版权保护通过文化产业促进经济增长的中介效应

变量	（1）	（2）	（3）
	lngdp	lnwhcy	lngdp
常数项	7.2628*** （0.1130）	12.6647*** （0.1075）	0.5379*** （0.1244）
版权保护	0.3042*** （0.0161）	0.1012*** （0.0076）	0.1083*** （0.0161）
文化产业			0.7199*** （0.0407）

注：***表示在1%的水平下显著。

巴伦和肯尼（Baron and Kenny，1986），索贝尔（Sobel，1982），古德曼（Goodman，1960）① 以及麦金农、沃西和德威尔（MacKinnon，Warsi and Dwyer，1995）② 等各自提出过检验中介效应显著性水平的方法，如表4所示，P值都为0，Z统计量在1%的显著性水平内显著，也即中介效应显著。

表4　　　　　　　　　　Z统计检验

检验方法	T值	标准差	P值
Sobel 检验	-10.6382	0.0068	0
Aroian 检验	-10.6273	0.0068	0
Goodman 检验	-10.6491	0.0068	0

为了验证版权保护对经济增长的直接效应和中介效应哪一个对经济增长的推动作用更强，本文尝试计算中介效应占总效应的比值，按照麦金农等（1995）提出的方法，通过计算 $\beta \times \delta$ 的方式计算中介效应占总效应的比例，计算结果为40.11%，表明版权保护对经济增长的贡献当中，有40.11%是通过促进文化产业发展的方式推动经济发展的。

四、结论与建议

（一）结论

版权保护对于文化产业发展，以及经济增长具有重要推动作用，本文首先从理论上分析了版权保护促进经济增长的作用机制，指出版权作为一种高级生产要素不仅可以直接推动经济发展，也可以通过促进文化产业发

---

① Goodman LA. On the Exact Variance of Products [J]. Publications of the American Statistical Association, 1960 (292): 708 - 713.
② Mackinnon DP, Warsi G, Dwyer JH. A Simulation Study of Mediated Effect Measures [J]. Multivariate Behav Res, 1995 (1): 41.

展这一中介变量间接推动经济发展。在此基础上，利用 2005~2016 年的全国 31 省（市）的面板数据，以及中介效应检验模型，本文实证检验了版权保护、文化产业发展以及经济增长这三者之间的关系，研究发现，版权保护确实通过促进文化产业发展的方式推动了经济发展，且这种中介效应占总效应的比例为 40.11%。本文不仅在边际上拓展了对我国版权经济传导机制的研究文献，而且对思考版权强国背景下文化产业发展有一定启示意义。

（二）政策建议

（1）重视版权理论研究。版权产业作为新型文化业态的一个呈现，要想取得可持续的长远发展，离不开理论的不断研究探索。因此，建议以学术研究机构为主体，结合政府、版权相关、行业、企业、金融机构平台等多方联合参与模式，共同对版权领域进行深入的探索研究。此外，也应该注重版权人才的培养。基础版权产业的深度发展以及融合，核心要素还是人才，目前既懂版权又深谙产业思维的专业人才尤为匮乏。因此，建议各高等院校开设相关专业课程，同时也希望社会上加强对版权专业从业人员的培训教育，通过多种方式培养和提高版权领域的综合性、复合型人才素质。

（2）加大版权保护力度。具体来说，一方面，加强对知识产权的保护力度和版权运营的宣传力度。版权部门可以利用相关资助政策鼓励原创企业积极将作品的版权进行保护，政府相关部门可以将常规化的版权知识宣传和不定期的版权讲座及培训结合起来，将强制性学习和自愿性选修结合起来，普及社会大众版权意识。另一方面，加大执法力度，维护好原创文化企业的合法利益。要彻底解决"劣币驱逐良币"的市场恶性循环，主管部门一定要加大对于侵犯版权事件的执法和查处力度，要进一步净化文化产业市场，实现文化产业的优化发展。

（3）培育和扶持数字文化产业的发展。如前所述，版权保护通过文化产业这一中介效应，能够间接促进经济发展。党的十九大报告指出，要推动文化事业和文化产业发展。为此，不仅要鼓励发展电影、音乐、旅游、艺术等传统文化产业，也要培育和扶持创意园区、主题公园等新型文化业态，尤其要重视数字文化产业培育与扶持，数字文化产业因其创新内容和创新技术的融合，已经成为整个文化产业中的创新链和价值链的核心所在。因此，新时代要进一步重视并通过"文化+科技+金融"融合发展数字文化产业。

参考文献

[1] 陈凤仙，王琛伟．从模仿到创新——中国创新型国家建设中的最优知识产权保护 [J]．财贸经济，2015（1）：143-156．

[2] 董雪兵，朱慧，康继军，等．转型期知识产权保护制度的增长效应研究 [J]．经济研究，2012（8）：4-17．

[3] 韩玉雄，李怀祖．关于中国知识产权保护水平的定量分析 [J]．科学学研究，2005（3）：377-382．

[4] 黄卫平，陈能军，钟表．版权贸易对经济增长的影响——基于1998—2010年中国省际面板数据的实证研究 [J]．河北经贸大学学报，2014（3）：121-125．

[5] 屈晓娟．知识产权保护、技术差距与后发地区经济增长：一个分析框架 [J]．华东经济管理，2016（10）：50-56．

[6] 温忠麟，张雷，侯杰泰，等．中介效应检验程序及其应用 [J]．心理学报，2004，36（5）：614-620．

[7] 文小勇．版权经济：版权产业发展的一个解释框架——基于2014年广东省版权产业调查统计分析 [J]．广东社会科学，2016（4）：25-36．

[8] 曾鹏，赵聪．知识产权对经济增长的影响——以专利和版权为例 [J]．统计与信息论坛，2016（4）：58-66．

[9] 张苏秋．版权资源的经济增长效应及其作用路径——基于版权经济解释的定量分析 [J]．广东财经大学学报，2016（1）：60-69．

[10] 钟庆财．版权经济学：构建与框架 [J]．广东社会科学，2016（4）：5-14．

[11] Baron R M, Kenny D A. The Moderator-Mediator Variable Distinction in Social Psychological Research: Conceptual, Strategic and Statistical Considerations [J]. Journal of Personality and Social Psychology, 1986 (6): 1173-1182.

[12] Chin JC, Grossman GM. Intellectual Property Rights and North-South Trade [J]. Social Science Electronic Publishing, 1988 (11): 2769.

[13] Glass AJ, Wu X. Intellectual Property Rights and Quality Improvement [J]. Journal of Development Economics, 2006 (2): 393-415.

[14] Goodman LA. On the Exact Variance of Products [J]. Publications of the American Statistical Association, 1960 (292): 708-713.

[15] Judd CM, Kenny DA. Process Analysis [J]. Evaluation Review, 1981 (5): 602-619.

[16] Mackinnon DP, Lockwood CM, Hoffman JM et al. A Comparison of Methods to Test Mediation and Other Intervening Variable Effects [J]. Psychol Methods, 2002 (1): 83-104.

[17] Mackinnon DP, Warsi G, Dwyer JH. A Simulation Study of Mediated Effect Measures [J]. Multivariate Behav Res, 1995 (1): 41.

[18] Sobel ME. Asymptotic Confidence Intervals for Indirect Effects in Structural Equation Models [J]. Sociological Methodology, 1982 (13): 290-312.

[19] Suzuki K. Economic Growth Under Two Forms of Intellectual Property Rights Protection: Patents and Trade Secrets [J]. Journal of Economics, 2015 (1): 49-71.

基于 OBE 理念的文化营销专业范式改革研究[*]

陈 颖 祝振华[**]

摘 要：基于 OBE 理念的文化营销专业改革，是在明确专业培养目标，细化毕业要求，确定课程体系设置，根据不同课程教学内容、知识和能力要求，确定课程教学方法，建立评价和持续改进机制的一整套改革。依据"以学生能力导向""回溯式设计""面向企业需求"的原则，对文化营销专业的培养目标、毕业要求、课堂教学、专业教学质量的每一个环节设计关系矩阵。尤其在教学范式改革上，对课程目标、课程知识、教学方法、质量体系四个方面应用 OBE 理念进行创新性设计。

关键词：学习产出 能力导向 文化营销 关系矩阵

---

* 基金项目：浙江省高等教育"十三五"第一批教学改革研究项目（JG20180196）市场营销专业"职业经理人"教育教学实践体系改革；浙江财经大学"翻转课堂"教学改革项目（JF201815）"市场营销（双语）"；浙江财经大学 2016 年度通识教育课程（TS201613）。新疆大学科学技术学院教改项目（2017020301001）"基于学生视角的本科课堂教学效果影响因素研究——以新疆大学科学技术学院阿克苏校区经贸系为例"。

** 作者简介：陈颖，浙江财经大学营销系主任，副教授，硕士生导师，主要从事文化创意产业研究；祝振华，新疆大学科学技术学院，讲师，主要从事经管类专业教学改革和教学管理研究。

一、OBE 教育模式的内涵与意义

1. OBE 教育模式的内涵

根据《国家中长期教育改革和发展规划纲要（2010～2020年）》，国内高校将人格养成、知识传授、能力培养相融合，进一步明确人才培养目标，细化毕业要求，确定课程体系设置，根据不同课程教学内容、知识和能力要求，确定课程教学方法，建立评价和持续改进机制。这是一种基于学习产出为核心的教育模式（outcomes-based education，OBE）。教育者首先清楚地构想学生的终极能力水平，然后选用合适的教育手段和方法来确保学生实现目标。它颠覆了以教师经验、教学内容、资源投入为主要驱动力的教育结构模式，转向以产出反推教学过程的理念革新。美国学者斯派帝，认为，学生真正掌握的知识和技能，以及是否成功，远比如何学习以及何时学习，显得重要。由此，他把 OBE 教育模式界定为"对教育系统进行清晰地组织和评价，保障学生获得如何成功的知识、经验、能力、素养。"西澳大利亚教育部门提出，如果教学方式和课程内容无法为培养学生特定能力做出贡献，那么这些方式和内容就面临重建或重构，因此，OBE 教育模式是一种基于实现学生特定学习产出的教育过程。阿查亚（Acharya，2003）进一步将"定义（defining）、实现（realizing）、评估（assessing）和使用（using）"设计为 OBE 教育模式的四步骤。

2. OBE 教育模式的意义

明确专业培养目标，细化毕业要求，确定课程体系设置，根据不同课程教学内容、知识和能力要求，确定课程教学方法，建立评价和持续改进机制，OBE 教育模式始终贯彻目标及能力导向的原则，因此，实施 OBE 教育理念的意义主要有以下三个方面：

第一，实现"以学生能力导向"的教育范式转变。教学目标预先设计，教学内容、实践开发、学生辅导等活动紧密围绕学生预期学习产出而展开，这与传统教学范式下，教学内容占据核心位置，先于教学目标而设定的范式，有了本质的改变。因此，在新教学范式中，充分利用"课程目标——学生能力"矩阵、"课程知识——学生能力"矩阵、"教学方法——学生能力"矩阵,使学生真正成为教学活动的中心。

第二,实现"回溯式设计"的教学过程转变。OBE 教育理念遵循"回溯式设计"原则,实现培养计划、课程目标、章节内容的匹配矩阵,依据学生能力产出,反推教学过程的目标达成度,建立富有弹性、有据可依的教学手段集合。教育者通过及时考核学生阶段性教学目标的达成度,来及时匹配和调整教师、辅导及资源配置等工作。

第三,实现"面向企业需求"的人才培养方式转变。为了更加准确地设定学生能力,以及由此衍生出一系列对应的教学过程,人才培养方式已经从单纯教师与学生的两大参与主体转变为教师、学生、校友、企业、产业等相关利益者全面参与的成长共同体,使得教学结果更加贴近市场实际,学生应用型能力全面提高。

二、OBE 教育理念的国际化应用

1. 美国、加拿大、英国、欧洲模式

越来越多的国家和地区接受 OBE 教育理念来重构教与学。美国高校构建并运用了基于成果导向的评估模型,从学生的学习成果出发,反推学校课程以及相关制度的建立,并且对学习成果进行过程式追踪,从而有效改进教学,保证教学质量。该模型基于可测量的学习成果设计教学项目,并辅以调查毕业生的就业表现,从内部教育管理者的设计考核和外部人才市场的使用检验两个方面不断提升学生的技能。2008 年,美国成立"国家学习产出评估机构(National Institute For Learning Outcomes Assessment,NILOA)"。

加拿大高校将"学习产出"和"最终成果"以重要组成部分设置在高等教育的质量评价框架中,由此它将高等教育质量评价内容、评价标准、评价方法的焦点都引向了价值增值的视角。以安大略省为例,2012 年 12 月,该省高等教育质量委员会成立了学习成果评价联盟,针对 6 所试点高校,比如多伦多大学、女王大学等,针对学习成果评价进展情况进行了阶

段性总结。加拿大总理于 2014 年在写给安大略省培训、学院和大学（OMTCU）新任部长的委托书中，提到应将学习成果评价设立为该部门的首要任务。

英国高等教育保证委员会（The Quality Assurance Agency for Higher Education，QAA）构建了由高等教育资格框架（framework for higher education qualification）、学科基准（Subject benchmark statements）、课程规格（program specifications）、实施规则（The code of practice）四个部分构成的学术基本规范，自上而下地将"学位—学科—课程—教学"进行了统筹规范。以邓迪大学为例，该校以高质量的医学教育闻名于世，构建从内到外的"任务环—态度环—职业特征环"三环结构，要求合适的人用正确的态度和方法去做正确的事。以任务环为例，从临床诊断、实际操作、检查病人、管理病人、疾病预防、沟通交流获取和处理信息等方面综合考核"医生是否有能力完成任务"，并由此构建了由 12 项最终学习成果构成的培养目标。

2. 国内高校应用实例

国内的工程教育都在积极地采用"基于产出模式"，推进工程教育的《华盛顿协议》认证标准范式的变迁。汕头大学应用开放式、弹性化、可持续的 OBE 工程教育模式，包括"什么是基于产出的教学评价""国际实质等效的含义""中国工程教育专业认证标准体现基于产出的原则""如何证明毕业要求项的达成""接受认证专业的准备工作"等，成为国内工程教育的典范。

南京大学"三三制"本科人才培养改革采用以"学生为中心""结果导向教育""持续质量改进"等理念，将通识教育、专业教育、职业教育做到实处。同时，将全校专业分别对标国际一流大学，引入讨论式、启发式、探究式学习方法和注重学生综合运用知识能力的实用性、灵活性的考核方式，最终使学生培养质量满足要求。

在人才培养上，中国香港高等教育推行"成效为本"的教学方法，贯彻前提（presage）；过程（process）；产物（product）的"3P"模型。中国香港高校的育人目标主要关注培养学生的专业知识、积极情感和人文素养三个方面的内容，高校教育者通过分层引导，将设计规划的育人总目标和学生应具备的具体能力贯穿于专业目标、课程目标和课堂目标；而学科的逻辑、学生的发展及社会行业的要求也深刻融入课堂、课程、专业各层级中。教师通过层层引导，将育人目标直接落实到专业、课程及课堂中，通过层层推进，达到社会、学校规定的成效，最终达成育人目标。比如香港理工大学设计了OBE教学四元模式，包括确立预期成果、设计对应课程、评价学习成果、改善课程环节，以此推动学生学习成果质量的提升。

近些年，中国的商学院纷纷参与全球认证，作为学术质量和专业执行方面的权威评估，包括国际精英商学院协会（The Association to Advance Collegiate Schools of Business）推出的AACSB认证体系、欧洲管理发展基金会（European Foundation for Management Development）推出的EQUIS认证体系、工商管理硕士协会（Master of Business Administration）推出的硕士以上管理课程的AMBA认证体系。三大认证体系的共同点之一就是对商学院的资源、教授、课程，以及学生学习能力设定了清晰的要求，并通过指标论证商学院在国际化的投入和产出，其实质也是一种基于学习产出的教育模式评价。

三、OBE教育理念的实施——以文化营销专业为例

1. 培养目标改革

本专业根据"宽口径、厚基础、强应用、个性化"的基本原则，着力于培育践行社会主义核心价值观，满足国家经济建设需要，具备较强公共意识、社会责任感及创新意识，具有一定科学素养与人文精神，掌握相关文化市场营销基本理念与手段，了解本专业及相关领域最新动态和发展趋势，具有现代管理、市场经济、财务运作、商务统计等多学科的基本理论素养、专业知识和能力，拥有在政府部门及企事业单位等地完成教学、科研、管理等任务的能力水平，并具备营销思维活跃、沟通技能高效、组织能力良好等优质能力，同时积极发展创新创业精神，自主培养本土人文情

怀、开阔国际视野的应用型、创新型、创业型、复合型高级文化营销管理专业人才。本专业毕业生预期达到以下目标：

目标1，职业素养。具备职业道德、职业忠诚、人文素养、社会责任和工匠精神。

目标2，专业知识。通晓现代管理理论，掌握扎实的文化营销学科基础知识，能够运用批判性思维来处理问题并提高工作绩效。

目标3，实践应用。具备分析问题、解决问题的文化营销的科学方法和数据处理能力，具备较强的文化营销策划、商务沟通和市场推广能力。

目标4，创新精神。明晰经典文化营销理论和前沿文化营销思想，具备开阔的知识广度和自主学习深度，培养创造思维和创新创业能力。

目标5，国际视野。具备国际化视野和跨文化交流能力，掌握参与国际文化市场营销活动的技能。

2. 毕业要求改革

基于OBE理念，清晰定义人才培养目标和能力模型，构建能力导向的课程和教学方法体系，促进产教合作，通过打通课内与课外、校内与校外，构建"理论学习、模拟演练、管理实操、创业实作融合"的应用型人才培养体系。主要体现在：

第一，清晰定义人才能力模型。为使学生适应文化社会的需求，确定学生应达到以下八项能力：（1）道德伦理；（2）逻辑思维；（3）批判思维；（4）信息技能；（5）综合分析；（6）团队协作；（7）沟通表达；（8）自主学习。第二，以能力培养为导向，加大课程体系和教学改革力度。每一课程均明确自身的能力培养目标和教学方法，通过课程体系支撑能力培养，课程教学与能力培养紧密配合。通过"互联网+"教学、翻转课堂等改革，强化课内与课外的融合。加强实践课程建设，通过实验、实训、模拟、案例教学、调查实习等，强化课程学习、模拟演练、创业实作之间的融合。第三，以能力培养为导向，强化产教融合机制。通过实践实习基地、企业调研、企业精英进课堂、专业建设指导委员会等多种形式，加强产教融合，吸引社会力量办学，构建协同育人机制，强化理论学习与管理实践之间的融合。第四，加强创新创业教育，突出创业意识和创新精神教育。开设了《创业管理》《大学生就业创业指导》等课程，培养学生创业意识，激发创新与创业潜能。《市场营销》《战略管理》等专业课程强化创新创业培养特色，强化专业教育与创业教育的融合。

文化市场营销专业全面引入美方国际精英商学院协会（AACSB）认证的营销教育体系，对包括《国际文化营销学》在内的18门课程的学生，就团队协作、道德伦理、自主学习、批判思维、分析技巧、逻辑思维、沟通能力、技术能力等八项能力做出评价。AACSB认证是从学生能力反推教育过程，与OBE模式中的从学习产出反推教育过程的方式高度吻合。

为实现专业培养目标，经过系统的课程教学、课外实践、情景模拟、自主学习，本专业的毕业生应达到以下要求：

毕业要求1，伦理道德。具备较强的社会责任感、职业素养，以及较高的岗位忠诚度，严加遵守职业道德，富于科学精神与人文素养。

毕业要求2，逻辑思维。可以识别、判断、评估营销问题，灵活运用归纳和演绎、分析和综合，以及从具体到抽象的思维方法。

毕业要求3，批判思维。能够发现、辨析、质疑、评价营销领域的现象和问题，表达个人见解。

毕业要求4，信息技能。掌握信息技术、商务智能和大数据在营销领域的定性、定量分析方法。

毕业要求5，综合分析。具备扎实的市场营销基础知识和专业知识，对营销领域的复杂问题进行分析并提出整体解决方案。

毕业要求6，团队协作。有效管理团队、凝结团队，与团队成员和谐相处、协作共事。

毕业要求7，沟通表达。具备商务礼仪、人际沟通、跨文化交流技能，达到有效沟通。

毕业要求8，自主学习。养成课内课外、线上线下自主学习和终身学习的态度与习惯。

因此，文化市场营销专业毕业生培养目标与毕业要求的对应关系矩阵见表1，毕业要求与课程设置的关系矩阵见表2。

表1　文化市场营销专业培养目标与毕业要求的关系矩阵

毕业要求	培养目标				
	职业素养	专业知识	实践应用	创新精神	国际视野
1. 道德伦理	●				●
2. 逻辑思维		●	●		
3. 批判思维		●		●	
4. 信息技能		●	●	●	
5. 综合分析		●	●	●	
6. 团队协作	●				
7. 沟通表达	●				●
8. 自主学习	●			●	●

表2　文化市场营销专业毕业要求与课程设置的关系矩阵

平台	课程名称		毕业要求							
			道德伦理	逻辑思维	批判思维	信息技能	综合分析	团队协作	沟通表达	自主学习
通识教学平台	通识基础必修、选修		●	●	●					●
	通识分层	英语							●	●
		数学		●			●			
		计算机				●	●			
学科教学平台必修	微观经济学					●	●			
	宏观经济学						●			
	基础会计						●			
	文化管理学						●	●		
	文化营销学						●	●		
	组织行为学						●	●		
	财务管理						●			
	商务统计学					●	●			
	文化创业管理						●	●		●

续表

平台	课程名称	毕业要求							
		道德伦理	逻辑思维	批判思维	信息技能	综合分析	团队协作	沟通表达	自主学习
专业教学平台必修	市场调研				●	●			
	消费行为学			●		●			
	销售管理					●		●	
	文化网络营销				●	●			
	整合营销传播					●		●	
	国际文化营销（双语）					●		●	
	服务营销	●				●			
	文化品牌管理					●			●
	文化战略管理		●		●				
	新媒体营销				●				
	文化营销策划			●	●				
	运营管理				●	●	●		
	文化营销管理前沿	●				●			●
个性化教学平台	大学生生涯规划	●	●		●	●	●	●	
	公共关系学					●		●	
	商务谈判			●					
	文化金融营销					●			●
实践课程	第二课堂实践	●			●	●		●	●
	第三课堂实践		●	●	●	●	●	●	●
	短学期实践		●	●	●	●	●	●	●
	毕业实践	●	●	●	●	●	●	●	●

3. 课程课堂教学的新范式

课程改革重点从以下三个方面进行：第一，课程目标改革。课程目标的表述将更加详细，做到与 AACSB 体系的团队协作、道德伦理、自主学习、批判思维、分析技巧、逻辑思维、沟通能力、技术能力相呼应。第二，课程知识改革。课程章节的每一个知识点都呼应课程目标，最终对应学生能力，让学生清楚地知晓，为什么学，学了之后有什么用。第三，教学方法改革。设计22项支撑学生能力培养的教学方法列表，包括案例分析、课程项目、小组作业、小微论文等，提升教学方法与学生能力达成的匹配性。

以《国际文化营销学》课程为例，通过围绕AACSB《商科学生能力评价体系》的教学目标，从教学目标、章节内容、教学方法、实训手段、评价体系等方面进行系统设计，最终构建该课程课堂教学的新范式。

第一，构建"课程目标——学生能力"矩阵（见表3）。教学目标的设计与学生能力紧密结合，目标与能力的确定分别通过教师走访企业，营销校友参与教学目标的讨论，学期初召开文化营销专业企业指导委员会会议，结合企业真实需求设计专业培养计划、培养目标、课程知识点以及教学方法。

表3　《国际文化营销学》"课程目标——学生能力"矩阵举例

课程目标	AACSB能力体系
课程目标1：了解研究前沿与发展趋势，熟知国际文化营销学科的研究现状与发展趋势，以及营销知识对现代企业发展的作用	自主学习
课程目标2：能够在模拟文化营销团队中承担个体、团队成员以及负责人的角色	团队协作
课程目标3：能够针对复杂文化营销问题，选择与使用恰当的技术手段和现代技术工具进行建模、预测与仿真，并能够在实践过程中领会相关工具的局限性	技术能力

第二，重塑"课程知识——课程目标"关系（见表4）。章节知识的表述，与课程目标一一对应，让学生清楚地知晓学习的目的。举例如下：

表4　《国际文化营销学》"课程内容——课程目标"关系举例

1. 市场细分的概念及作用（支撑课程目标1）
（1）了解市场细分方法 （2）掌握市场细分标准，包括地理标准、人口统计标准、心理标准、行为标准 ……

第三，创新教学方法，有效融合各种实训手段。一方面，运用协作式、探究式、体验式等教学手段，学生组建团队，注册模拟公司，模拟企业营销活动；另一方面，采用"走出去""请进来"等方式，设立国际营销精英进课堂，引入外部智库（见表5）。

表5　　　　　　　　支撑能力培养的教学方法列表

序号	课程名称	教学方法
1	案例分析	管理案例分析和讨论的方法
2	课程项目	完成一个虚拟的、与课程有关的管理项目
3	小组作业	由3人以上完成作业或报告
4	小微论文	撰写2000字以下的与课程相关论文
5	课堂练习	随堂进行测试
6	口头演讲	个人或小组进行口头演讲
7	数学模型	用数学模型解决管理问题
8	模拟与游戏	通过计算机模拟或者模拟游戏进行教学
9	新闻事件分析	分析当下与课程有关的新闻事件
10	Excel的使用	借助和使用Excel解决管理问题
11	产业与趋势分析	通过信息收集分析某一产业或某一趋势
12	数据库使用	使用数据库解决管理问题
13	实践精英进课堂	请企业界精英授课
14	岗位实习	在特定的管理岗位上进行实习
15	实验室实验	在实验室中完成特定实验
16	实地实习	在野外或真实管理情景中进行学习
17	报告考试	用撰写报告的方式进行考核
18	试卷考试	用试卷形式进行考核
19	学术论文写作	撰写管理学术论文
20	科研小项目	完成已经设计好的科研小项目
21	研究项目设计	根据要求完成科学研究项目设计报告
22	学术论文阅读	阅读与课程相关的学术论文，并参与讨论

4. PDCA 教学质量保证体系

为落实和提高文化营销专业人才培养质量，实施 PDCA（计划、执行、检查、处理）教学质量保证体系（见图 1）。从计划（规划）源头着手，执行与检查全过程动态管理，及时调整计划与实际误差，提出改进措施。

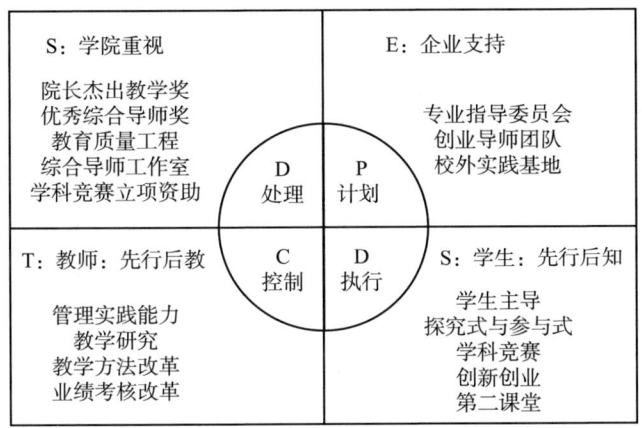

图 1　PDCA 教学质量保证体系

首先，学院高度重视教学改革，加大教学资源投入与激励。具体包括：学院高度重视教学改革，投入资源开展课堂教学范式改革、教学研究等教育质量工程，2016~2018 年共支持 13 门课程的建设工作和 7 个教改课题的研究工作；加大教学激励力度，通过校友捐赠，每年奖励院长杰出教学奖 1 人、优秀综合导师 5 人，极大激发教师投身教学和人才培养的积极性；大力夯实综合导师制，开展四年一贯制的人才培养。开展特色培养工作，设立 8 个特色综合导师工作室；高度重视学科竞赛，建立各类竞赛组织，支持学生开展企业调研、竞赛立项等工作。

其次，切实吸引企业支持教学改革，深入参与课程教学与人才培养。为此，开展了卓有成效的产学研合作联盟，比如吸引企业精英参与人才培养，设立专业指导委员会，把脉人才需求和培养模式；校友积极支持教学改革，捐赠 100 万元设立经理人培养基金，奖励投身教学的教师和学有所成的学生；企业精英积极参与课程建设，参与市场营销、人力资源、市场调研、商务谈判等课程的教学工作；不断加强校外实习基地建设，强化实习实践教学，建有校级实习基地3个，院级实习基地10个。

再次，切实提高教师人才培养能力，积极投身教学改革。近年来，主要借助如下手段：通过企业挂职、社会服务、移动课堂等形式提高教师管理实践能力；积极鼓励和支持教师开展教学改革研究和教学方法研究工作，鼓励教师通过"互联网+"改进教学。

最后，切实激发学生学习动力，主动参与各类学习活动。切实改革教学方式，将课堂还给学生，开展探究式和参与式教学，加大课业难度，学生学习积极性提升。据校督导组数据，学生到课率近2个学年以来不断提升，近两个学期的到课率为93.77%和94.02%，分列全校课程到课率排名前3名和前2名。与此同时，提供资金，资助学生参与调研和学科竞赛，学科竞赛人数持续上升，成绩不断提高，学生获各类奖项的数量不断增加。另外，鼓励学生参与各类创新创业活动和第二课堂活动。

四、文化营销专业范式改革的特色

1. 能力导向的课程体系与教学方法

本专业深化专业核心课程建设，建立专业课程的能力培养模型，改革课程教学内容与考核方式。推进SPOC等教学范式改革，推行小班化教学，加强师生联系与沟通。加强案例教学，通过管理案例中心与案例库建设，打通案例研究、教学、社会服务、人才培养与师资培养之间的关系。协作式、体验式、探究式教学一直是文化营销专业教师大力提倡并广泛使用的教学手段和方法。目前，文化营销专业教师通过课程试点，正在逐步推进的教学方法主要体现在以下几个方面：

一是项目式教学。项目式教学旨在改变学生在课堂上分析得头头是道，一碰到实际问题就束手无策的现状。课程模拟企业营销活动过程并分解为若干任务，引导学生组建模拟公司逐步完成商业计划书。在整个过程中，企业走进课堂，实际参与项目的设计与最终成绩的考评。

二是创业式教学。将市场营销学的基本理论通过模拟创业计划书、在线营销软件进行团队演练，引导学生深入分析以大学生为主体的消费需求，探寻市场商机，制定可操作性强的创业方案，直至通过营销风情街、菜园淘宝、大学创业园等社团活动或创业集聚区推向实战市场。

三是慕课式教学。根据课程内容、授课教师资源的不同，一批专业课程采用了完全慕课、混合慕课和内容许可的三类方式，引入了更加多元优质的知名院校课程和外教资源，延伸、拓展了学生的学习空间。

2. 夯实四年一贯制综合导师制

师生关系是否密切是开展人才培养的关键，本团队基于学校综合导师制，深入推进该项工作。从大学一年级实施导师制，开展四年一贯制的人才培养。推出了优秀综合导师评选办法，首批奖励了5名优秀导师。

自2014年11月成立文化营销专业企业指导委员会，聘用有实务经验的兼职教师。委员会成员由24位企业总经理或高级营销管理人员组成，营销实践经验丰富。每学期有2~4位委员会成员莅临我系为学生讲授营销理论知识和实践经验，同时每学期有2~4家成员单位为我系学生开展丰富的移动课堂、假期兼职、暑期社会实践、毕业实习等活动。学生受益匪浅，反响强烈。

为了提高学科竞赛水平，学院成立了学科竞赛组委会，制定了学科竞赛章程，设计学科竞赛奖励制度，实施赛事项目负责制。项目组由2~3人组成，负责人由竞赛指导经验丰富的老师担任。根据各个赛事特点，动员、组织和指导学生参赛，获奖成果列入职称评审、教学业绩考核等，激发教师指导竞赛的动力。

3. 五层次文化营销专业实践体系

高校强调的是创新人才的培养，信息转化能力（包括获取、分析、加工、使用及评价信息等的能力），以及创新水平，是信息社会创新人才必须具备的两种重要的能力素质。这种能力素质的培养需要特定的教学环境的支持，只靠"课堂演示型"这一种教学模式是远远不够的。因此，必须改革传统的教学模式，我们在文化营销学的教学过程中，突出实践性教学（见表6）。

表6　　　　　　　　　文化营销专业实践教学体系

序号	层次	实践内容	组织办法
1	第一层次：课程体系中的实践教学	营销基础认知实践	依托实践基地开展了企业参观、营销人员访谈、营销经理人讲座等形式多样的实践教学
2	第二层次：课程环节中的实践教学	了解并解决企业实际问题（项目式教学）	引导学生将课堂的理论知识与市场实践结合起来破解难题
		了解市场需求，寻求市场机会（创业式教学）	了解市场需求，以商业计划书、创业计划书进行汇报
3	第三层次：软件模拟实践教学	营销能力训练实践	将实践教学与仿真软件模拟联系在一起，最大限度地让每一个学生参与实践
4	第四层次：连续调查	经济社会调查、企业调查、专业调查	组织学生走向企业、市场、社会，进行某一个具体问题的调查研究
5	第五层次：毕业实习	毕业实习	通过4～8周的浸入式实习，使毕业生尽快地融入就业单位

第一层次，课程体系中的实践教学。目前，《营销实训》《公共关系学》《市场调查与分析》《网络营销》《服务营销》《商务谈判》《市场营销学》都设置了不同比例的实践教学学分，教师们依托实践基地开展了企业参观、营销人员访谈、营销经理人讲座等形式多样的实践教学。

第二层次，课程实践环节中的实践教学。课程中的实践教学主要采用两种方式：项目式教学和创业式教学。《营销实训》和《市场营销学》两门课程均获得浙江省高等教育课堂教学改革项目资助，分别探究这两类实践教学范式的改革。通过引入企业实际问题和市场需求作为题目，授课教师引导学生将课堂的理论知识与市场实践结合起来破解难题，以商业计划书、创业计划书进行汇报，企业导师和授课教师合作考评引入智库。

第三层次，软件模拟实践教学。利用系、院、校购置的仿真软件开展模拟教学，将实践教学与计算机模拟紧密联系在一起，最大限度地让每一个学生参与实践，并获得客观评定。

第四层次，连续的调查。调查手段主要由经济社会调查、企业调查、专业调查构成，主要是为了促进学生对市场、企业、专业的了解而设置。

第五层次，毕业实习。通过 4~8 周的毕业实习，使毕业生尽快地融入就业单位，完成角色转换。

总之，校外实践教学基地建设、企业精英进课堂等活动的开展，都是为了更好地打造文化营销人才培养的实践教学条件和模拟训练环境。

参考文献

[1] 潘成清，谭明贤．基于 OBE 理念的高校学生教育管理创新路径探究 [J]．学校党建与思想教育，2018（21）：85－87．

[2] 王国宾．建设有中国文化特色的艺术管理教育体系 [J]．北京舞蹈学院学报，2010（4）：105－107．

[3] 陈惠雄．论经济大省的文化产业结构与发展政策 [J]．财经论丛（浙江财经学院学报），2001（5）：7－11．

[4] 黄鸿业．跨文化传播的价值观选择——兼谈汉语国际教育专业的媒介素养教育 [J]．传媒，2018（2）：85－87．

[5] 顾佩华，胡文龙，林鹏，等．基于"学习产出"（OBE）的工程教育模式—汕头大学的实践与探索 [J]．高等工程教育研究，2014（1）：35－38．

[6] 苏芃，李曼丽．基于 OBE 理念，构建通识教育课程教学与评估体系——以清华大学为例 [J]．高等工程教育研究，2018（2）：129－135．

[7] 柏晶，谢幼如，李伟，等．"互联网＋"时代基于 OBE 理念的在线开放课程资源结构模型研究 [J]．中国电化教育，2017（1）：64－70．

[8] 胡剑锋，程样国．基于 OBE 的民办本科高校大学生创新创业能力评价 [J]．社会科学家，2016（12）：123－127．

[9] 刘锴，孙燕芳．基于 OBE 教育理念的高校教师培养研究 [J]．黑龙江高教研究，2017（6）：59－61．

[10] Chandrama Acharya. Outcomes-based Education（OBE）：A New

Paradigm for Learning [J]. CDTLink. 2003, 7 (3): 7 - 9.

[11] Davis M H. Outcome-based Education [J]. Journal of Veterinary Medical Education, 2003, 30 (3): 258 - 263.

[12] HEQCO. Learning Outcomes Assessment Consortium - Queen's University [EB/OL]. [2014 - 12 - 10]. http://www.heqco.ca/SiteCollectionDocuments/LOAC - QueensUniversity.pdf.

[13] Outcomes-based Model [EB/OL]. Http://www.capellaresults.com/index.asp. 2012 - 12 - 20.

[14] Spady, W. D. Outcomes-based Education: Critical Issues and Answers [M]. Arlington, VA: American Association of School Administrators. 1994: 1 - 10.

[15] Wincy Lee. Introduction to University Teaching Program, EDC, Poly University, 2006.

新中国成立以来我国文化志愿服务政策的发展历程

邱春苗　白艳宁[*]

摘　要：文化志愿服务的繁荣发展离不开政策的支撑和保障，我国文化志愿服务政策经历了早期"摸索"、从自发到自觉、体系化建设三个发展阶段，其嬗变轨迹折射出文化志愿服务在社会中的功能性日益增强，文化志愿服务政策发展取得一些可喜的成绩，但推进我国文化志愿服务的制度化、常态化、社会化、体系化发展，实现我国文化志愿服务政策的创新性发展，还需从国家层面创建全国共享的文化志愿服务政策环境、建立体系健全的文化志愿服务政策机制及挖掘多元有效的文化志愿服务政策要素。

关键词：文化志愿服务　政策分析　发展历程

伴随着社会、经济、文化的不断进步与发展，人民整体的文化素质日益提升，对于公共文化服务需求逐步增加，文化志愿服务作为公共文化服务的重要支撑，推动其健康有序发展对于满足人民不断增长的精神文化需求、提升政府公共文化服务效能进而推动社会进步具有重要意义，因而，政府对文化志愿服务的发展一直予以引导与支持，特别是新中国成立以

---

[*] 作者简介：邱春苗（1996—　），女，土家族，湖北利川人，长安大学公共管理与法学院硕士研究生；白艳宁（1995—　），陕西榆林人，长安大学公共管理与法学院硕士研究生。

来，我国系列文化志愿服务政策不断出现在公众视野中，文化志愿服务政策的出台与发展，为公众参与文化志愿服务营造了较好的社会条件。回顾与梳理我国70多年来文化志愿服务政策发展历程及其成就，总结我国文化志愿服务政策发展过程中的经验，对于进一步推进我国文化志愿服务的发展意义深远。

一、我国文化志愿服务政策演进轨迹

文化志愿服务相关政策的演变是政府根据不同时期文化志愿服务的特点及民众对公共文化服务的需求而制定，反映出不同阶段其价值理念、政策目标、政策工具、政策资源等的嬗变过程和规律，总体而言，我国文化志愿服务的实践探索早于理论研究。因此，研究文化志愿服务相关政策的演变规律对今后文化志愿服务政策的制定具有一定的参考价值，对文化志愿服务活动的开展具有重要指导意义。近年来，国家对文化志愿服务的重视程度不断提高，文化志愿服务不断推进，相关文化志愿服务政策相继出现。本研究通过对新中国成立70多年来我国文化志愿服务相关政策文本、领导人讲话和其他相关文件等系统梳理的基础上，将其发展历程归纳划分为：早期"摸索"发展阶段（1949~1977年）、自发到自觉探索阶段（1978~2007年）、体系化建设阶段（2008年至今）。我国文化志愿服务系列政策的逐步出台，为文化志愿服务有序发展提供了必要的保障机制，同时，也为我国公共文化服务体系的构建营造了良好的政策环境。

（一）早期"摸索"阶段的政策措施（1949~1977年）

新中国成立之初，我国社会整体处于过渡时期，这一时期政府和民众的关注热点集中在经济发展上，国家层面提出以社会主义工业化建设为中心的第一个"五年计划"，总体将社会的发展重心推向经济恢复与建设，此时浮现出来的有意奉献自我、投入祖国建设的志愿者也将更多的精力投入到国家经济建设和人民生活切实需要当中，而在文化志愿服务领域的相关实践还处于严重缺位状态，文化志愿服务尚未成形。但该阶段整体社会经济的发展为后期文化志愿服务事业的萌芽与成长奠定了坚实的经济基础。据资料显示，1956年中共中央将"百花齐放，百家争鸣"方针确定为繁荣发展社会主义科学文化事业的指导方针。1963年2月，毛泽东主席题词"向雷锋同志学习"①，这一时期"雷锋精神"广泛传播、家喻户晓，成为新中国社会主义道德建设和文明建设的宝贵财富。总体来看，该阶段，我国的志愿服务工作主要体现在青年一代为祖国发展所作的贡献之上，而文化志愿服务主要依附于志愿服务而存在，这一时期的文化志愿服务的发展可概括为"酝酿"阶段，而与文化志愿相关的政策也尚且于空白状态，国家还未出台任何具体针对文化志愿的政策。

（二）自发到自觉探索阶段的政策措施（1978~2007年）

文化志愿服务最初是民间自发性的文化活动，大多数是地方群众自娱自乐的小型活动，表现出零散、自发特征，文化活动主要是为他人传播传统文化、分享文化喜悦，以及进行文化教育传承等作用。党的十一届三中全会的召开标志着我国进入改革开放期，国内经济、政治、文化的发展进入了转折期，这为文化志愿服务的产生和发展创造了有利条件、奠定了坚实基础，为文化的繁荣发展开辟了广阔的空间。1990年，深圳市正式注册"深圳市义务工作者联合会"，并开始推进"爱心奉献、助人自助"的志愿服务文化；坚持一手抓整顿，一手抓繁荣，活跃理论研究，繁荣文化事业，丰富群众文化生活，强调丰富公共文化服务的重要性；1994年，中国青年志愿者协会成立时，时任中共中央总书记的江泽民同志于1998年1月题词"青年志愿者"②；1996年，福建省图书馆建立了一支专业化的志愿者队伍，属于较早成立的文化志愿者队伍，该队伍的成立进一步促进了文化志愿服务氛围的初步形成。

---

① 1963年2月，毛泽东主席应《中国青年》编辑部请求，亲笔题写了"向雷锋同志学习"的题词。3月2日，《中国青年》"学习雷锋同志专辑"隆重出版，在历史上首次发表毛主席"向雷锋同志学习"的题词。

② 胡晓梦.江泽民为中国青年志愿者题名，热情勉励广大青年服务社会弘扬新风[N].人民日报，1988-1-22（1）.

进入21世纪，党的十六大对深化文化体制改革、加快发展文化事业和文化产业作出重大部署，强调文化建设的重要地位和作用，提出全面建设小康社会，必须大力发展社会主义文化、建设社会主义精神文明，这为建设公共文化服务体系提供了政策支持，成为催生与推动文化志愿服务发展的重大事件。与此同时，国务院办公厅出台的《关于进一步加强基层文化建设的指导意见》鼓励大力培养和发展民间文化队伍、支持采取多种方式拓宽文化服务渠道、引导开展健康的文化活动，此时我国文化志愿服务逐步得到重视。2006年《国家"十一五"时期文化发展规划纲要》中提及"要积极引导社会力量提供公共文化服务"，这是官方文本中关于鼓励公共文化服务主体多元化的初次论述；2007年中共中央办公厅、国务院办公厅印发《关于加强公共文化服务体系建设的若干意见》明确要求形成"以政府投入为主的、社会力量积极参与的稳定的公共文化服务投入机制。"同年，上海在全国首次实行志愿者实名注册制度，进一步推动了社会力量从小到大，从自发到自觉，从"送文化"到"种文化"的转变过程。党的十七大作出"推动社会主义文化大繁荣大发展、兴起社会主义文化建设新高潮"的重大决策，更进一步促进我国文化志愿服务进入一个崭新的自觉性建设阶段。

（三）体系化建设阶段的政策措施（2008年至今）

2008年被称为"中国志愿服务元年"，汶川地震灾后重建志愿服务和北京奥运会志愿服务两个重要事件成为推动我国志愿服务事业发展的重要契机，同时也极大促进了全民参与文化志愿服务事业的建设。同年，全国文化、文物系统博物馆、纪念馆开始逐渐向社会免费开放，无形扩大了公众对文化志愿服务的需求。截至2011年底，全国共有公共图书馆2952个，群众文化机构43675个[1]，免费开放博物馆、纪念馆总数达到2115个[2]，公共文化服务条件得到有效改善、服务能力显著提升、服务方式也

---

[1] 文化部.2011年全国文化发展基本情况［EB/OL］.http：//gov.cn/test/2012-04/11/content_2110583.htm，2012-4-11.

[2] 姜天骄，金晶.文化设施逐步完善［N］.经济日报，2012-10-17.

愈加多样，文化志愿组织加强对自身建设的同时面向基层提供公益性演出等服务，弥补公共文化服务人才队伍短缺；《中国公共文化服务发展报告（2015年）》中显示，截止到2014年底，登记在册的县级以上文化志愿服务组织机构6337个，文化志愿者91万人，初步形成一支专兼结合的基层文化工作队伍。2019年的相关统计数据中，我国公共图书馆从55个发展到3176个，博物馆从21个发展到4918个[①]；与此同时，我国政府对文化志愿服务的发展也提出了更进一步的要求。在现实需求的促使下，国家层面倡导社会各界人士积极投身文化志愿服务活动，并对文化志愿服务的重要性给予了充分肯定。

党的十七届六中全会通过《关于深化文化体制改革、推动社会主义文化大发展大繁荣若干重大问题的决定》首次提出"文化志愿者"概念，并明确提出壮大文化志愿服务队伍，鼓励专业文化工作者和社会各界人士参与基层文化队伍建设和群众文化活动，形成专兼结合的基层文化工作队伍。2012年文化部出台《关于广泛开展基层文化志愿服务活动的意见》指出，文化志愿服务是志愿服务工作的重要组成部分，是繁荣发展城乡基层文化的有效途径，文化志愿服务被正式纳入公共文化服务体系，实现了由政府主导向社会力量广泛参与的多元主体转变，这将是未来文化志愿服务繁荣发展的趋向，符合十八届五中全会中所要求的"共享发展"的局面，是促进经济社会全面协调健康发展的必然要求。2014年，中央文明委印发《关于推进志愿服务制度化的意见》，提出要按照有关规定建立志愿者星级认定制度，建立志愿者嘉许制度，建立志愿服务回馈制度，在文化志愿者的招募、培训、激励等方面发挥着重要作用。伴随文化志愿品牌活动的积极创建、实践活动的不断开展，我们更加明确了文化志愿服务的持久发展离不开政府规范性文件的引导与支持。2015年中共中央办公厅、国务院办公厅印发《关于加快构建现代化公共文化服务体系的意见》强调指出大力推进文化志愿服务、弘扬志愿服务精神，坚持志愿服务与政府服

---

① 郑海鸥.70年来，公共图书馆从55个到3176个，博物馆从21个到4918个，公共文化服务覆盖城乡（大数据观察·辉煌70年）[N].人民日报，2019－6－11.

务、市场服务相衔接,奉献社会与自我发展相统一,这为完善构建公共文化服务制度建设提供了强有力支撑。2016年相继出台并落地实施的《文化志愿服务管理办法》与《公共文化服务保障法》,分别规定了文化志愿服务的范围,明确了文化志愿者应享有的权利和履行的义务,建立了现代文化服务体系的保障机制。在此背景下我国文化志愿服务的建设与发展在法律的权威保障下进一步得以发展,文化志愿服务政策的发展也自此进入了体系化建设阶段(见表1)。

表1　　　　新中国成立70多年来我国主要文化志愿相关政策

年份	政策名称	主要内容
1980	《关于加强群众文化工作的几点意见》	提出文化馆在组织辅导群众文化艺术活动中贯彻业余、自愿的原则,提倡和支持群众开展小型、多样的活动,其服务对象是党和人民群众,尤其是农民和青少年、儿童;通过各种群众文化艺术活动,向广大人民进行思想层面的教育;宣传党的路线、方针、政策和国家的法令,普及科学、技术和文化、卫生知识,组织辅导群众业余文艺创作和业余文化艺术、娱乐活动,搜集整理当地民族、民间的文学、艺术遗产
1998	《关于进一步加强农村文化建设的意见》	提出稳定发展农村文化队伍,是活跃农村文化生活、加强农村精神建设的重要基础力量;大力提高农村文化队伍的素质,提高他们的思想水平和业务能力;加强对民间艺人的关心、引导和管理,充分发挥他们在传承和发展民间传统文化方面的作用
2000	《关于进一步加强少数民族文化工作的意见》	提出大力培养人才,加强民族地区文化队伍建设,加快少数民族和民族地区文化事业发展,人才是关键。少数民族地区文艺人才缺乏,不适应文化事业发展的需要。要加强少数民族文艺人才的培养工作
2007	《关于加强公共文化服务体系建设的若干意见》	要求公共文化体系建设"坚持以政府为主导、鼓励社会力量积极参与""形成以政府投入为主的、社会力量积极参与的稳定的公共文化服务投入机制"
2008	《关于深入开展志愿服务活动的意见》	提出开展志愿服务活动的重要意义、指导思想和基本原则;进一步建立健全志愿服务活动的运行机制(招募、注册、培训、管理、激励),不断提高志愿服务的科学化、规范化、专业化和社会化水平

续表

年份	政策名称	主要内容
2011	《关于深化文化体制改革推动社会主义文化大发展大繁荣若干重大问题的决定》	首次提"文化志愿者"概念，提出"壮大文化志愿者队伍，鼓励专业文化工作者和社会各界人士参与基层文化队伍建设和群众文化活动，形成专兼结合的基层文化工作队伍"和"引导和鼓励社会力量通过兴办实体、资助项目、赞助活动、提供设施等形式参与公共文化服务"
2011	《关于推进全国美术馆公共图书馆文化馆（站）免费开放工作的意见》	免费开放全国美术馆公共图书馆文化馆（站）工作部署
2012	《关于广泛开展基层文化志愿服务活动的意见》	政府首次发文安排部署，文化志愿服务被正式纳入公共文化服务体系建设和国家文化发展总体战略；首次召开"文化志愿服务"主题的会议
2013	《"十二五"时期公共文化服务体系建设实施纲要》	强调要完善文化志愿服务工作机制，发展文化志愿者队伍，广泛开展文化志愿服务活动，努力构建参与广泛、形式多样、活动经常、机制健全的文化志愿服务体系
2014	《关于推进志愿服务制度化的意见》	"文化志愿服务推进年"，公布了"中国文化志愿者"标识"绽放之时"和"文化志愿者注册服务证"；首次将贫困地区纳入"春雨工程"范围
2015	《关于加快构建现代化公共文化服务体系的意见》	提出要大力推进文化志愿服务并鼓励和引导社会力量参与公共文化服务体系建设；强调"弘扬志愿服务精神，加强对文化志愿队伍的培训，提升文化志愿者的服务意识、服务能力和服务水平"的重要性
2016	《文化志愿服务管理办法》	提出鼓励有意愿、有能力的人成为文化志愿者，有意向者可向相关组织单位申请实名注册，享有一定的权利和义务；并提出建立系统有效的运行机制，建立文化志愿服务激励回馈制度；对文化志愿服务的范围作了介绍
2016	《公共文化服务保障法》	提出国家倡导和鼓励公民、法人和其他组织参与文化志愿服务；公共文化设施管理单位应当建立文化志愿服务机制，组织开展文化志愿服务活动；县级以上地方人民政府有关部门应当对文化志愿活动给予必要的指导和支持，并建立管理评价、教育培训和激励保障机制

续表

年份	政策名称	主要内容
2019	《关于公共文化设施开展学雷锋志愿服务的实施意见》	围绕发挥公共文化设施培育和弘扬社会主义核心价值观、传播社会主义先进文化的重要作用,就深入推进公共图书馆、博物馆、文化馆、美术馆、科技馆和革命纪念馆学雷锋志愿服务

资料来源:笔者根据1949~2018年出台的相关政策文件摘取整理。

二、我国文化志愿服务政策的主要成效

随着社会经济水平的不断提高,我国对文化的健康发展给予越来越多的重视,文化志愿服务工作作为一个地区乃至一个国家文化大发展大繁荣的重要催化剂,在新中国成立后,特别是进入新时代以来,党和政府愈加重视文化志愿服务建设工作,不断推动文化志愿服务政策向前迈进,我国文化志愿服务政策在实践层面所获成效逐渐凸显。

(一)形成公众广泛参与的文化志愿服务氛围

在党和政府的有力支持与推动下,从政策性文件的出台到法律法规的颁布制定、从国家领导人的讲话到各地逐渐形成的志愿风尚,我国整体上形成全社会重视文化志愿服务发展的氛围。特别是在国务院办公厅出台《关于进一步加强基层文化建设的指导意见》推进公众参与公共文化服务建设,文化志愿者作为公共文化活动中的骨干力量登上舞台,在繁荣基层公共文化服务、弥补政府资源配置不足,实现供给与需求对接上发挥着重要作用。系列文化志愿服务政策法规对我国文化志愿发展的影响具体表现为文化志愿服务人员构成更加多元,除热爱群众文化事业的社会各界人士以外,还有一些长期活跃在基层社区的业余文艺骨干和文艺团体,通常以"百姓大讲堂""文化大舞台""知识大展厅"为基本载体,依托公共文化设施、文化惠民工程、重要节日纪念日、关爱弱势群体等项目平台,在基层广泛开展文艺演出、文化艺术知识普及、技能辅导和展览展示等形式多样的文化志愿服务活动。总的来看,在文化志愿服务政策的保障下我国文化志愿服务队伍逐年壮大、文化志愿服务形式日益多元、文化志愿服务活

动内容不断丰富，整体形成良好的文化志愿服务发展氛围。

(二) 实现共建共享的资源支持网络

文化志愿政策的出台与不断完善对全社会文化志愿服务的发展发挥着十分重要的推动作用，在此背景下我国逐步建立起覆盖市、县、镇的三级文化志愿服务网络体系和一整套涵盖文化志愿者招募、注册、培训、评价、管理、激励、宣传等制度，在人员吸纳、服务内容、服务质量等方面不断进行规范，文化志愿服务队伍在有序化储备、规范化管理、常态化服务、社会化运作和品牌化培育等方面都取得了一定的成绩。自2012年文化部出台《关于广泛开展基层文化志愿服务活动的意见》以来，文化志愿工作开展由民间自发性的无序状态转变为以多元主题来展开文化志愿服务与配送，依托公益性文化设施、重点文化惠民工程、重要节日纪念日以及内地对边疆民族地区对口支援工作等多种形式搭建平台来开展文化志愿服务活动。在文化志愿服务活动平台建设方面：我国自2010年推行试点"春雨工程"——全国文化志愿者边疆行以来，文化志愿服务不断以项目化方式推进，向特色化、品牌化发展，在全国范围内形成"春雨工程"（现调整为"'春雨工程'——全国文化和旅游志愿服务行动计划"）和"大地情深"两项最具影响力的文化志愿服务品牌示范活动，以及依托各公共文化机构组织开展的9个主题的基层文化志愿服务活动。还有"文化志愿者基层服务年""文化志愿服务推进年""文化志愿服务制度建设年"等不同主题的文化志愿服务年。2015年文化部研究策划了"阳光工程——中西部农村文化志愿服务行动计划"，并于2016年正式启动；2018年推出"圆梦工程——农村未成年人文化志愿服务计划"试点工作。在文化志愿服务先进个人激励平台构建层面，为发挥典型示范带头作用，促进各地文化志愿服务品质提升、文化志愿服务品牌建设，我国在通报表彰方面从团队项目到具体个人建设越来越精细化（见图1）。总体上看，在政府的政策导向下，我国文化志愿服务活动所需人力、物力、财力与场所不断拓展、文化志愿服务平台在全国各地逐渐呈现出"遍地开花"的景象，逐渐形成了多样化的文化志愿服务资源共建共享的支持网络。

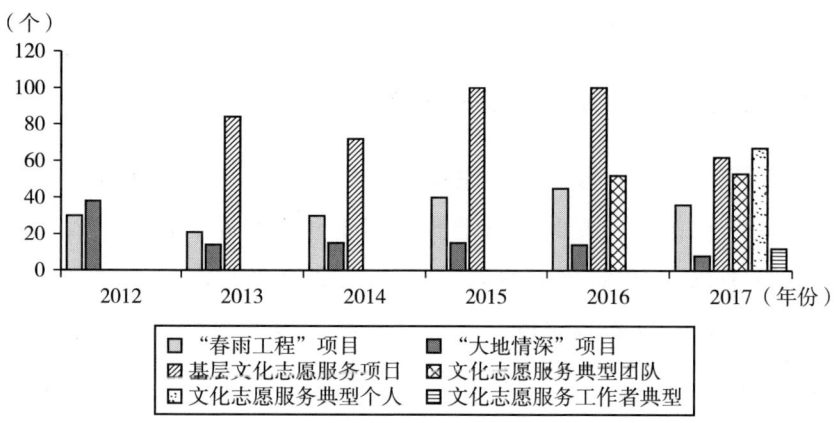

图 1　文化部通报的文化志愿服务优秀示范项目/典型案例

资料来源：笔者根据文化部 2012～2017 年的通报表彰文件汇集整理。

（三）保障社会多方合作的文化志愿组织

文化志愿服务在政策支持与公众广泛参与的前提下，实现了由政府主导向社会多元参与的转变，从而形成整合跨界资源、撬动社会力量，推动多方合作建设文化志愿服务的局面，这也正契合国家关于社会治理所提出的多元主体共同参与建设的要求。政府购买服务下的文化志愿服务往往存在不以需求为导向的单向供给，未将所投入的财力、物力发挥出它应有的功效来，而来自不同组织机构的社会力量可以形成优势互补，为公众提供差异性、多样化服务，聚焦精准供需对接，提升文化志愿者团队的技能，以及专业化水平。这些政府主导与社会力量参与所形成的文化志愿组织类型多样，如按公共文化场馆划分，有公共图书馆文化志愿服务团队，该队伍的文化志愿者往往为图书馆整理书籍、做好读者导读服务，以及解答读者的咨询等疑难问题；公共博物馆文化志愿服务团队的成员则是协助博物馆开展各类日常工作、提供志愿讲解服务并积极传播中华传统文化等；纪念馆、美术馆和文化馆等公益性场馆也有专业的文化志愿服务团队。此外，按照文化志愿服务队伍运作模式划分，主要有街镇自主管理运作模式，主要体现为街镇相关部门直接负责志愿者队伍的管理，配备专业的文化志愿者负责中心日常运作，志愿服务活动的开展主要依托社区居委会展开；街镇管理、政府购买服务、项目化外包模式，是政府主导与社会组织力量参与的典型代表，主要体现为文化志愿服务队伍由街镇相关部门负责管理，由政府购买服务模式的文化志愿服务活动是将更有活力的社会组织引入项目孵化和运作过程，从而进一步提升基层文化志愿服务的活力和效率；街镇管理、政府与社会力量协同运作模式，即在确保街镇负责的基础上，具体文化志愿服务活动引入社会性力量的参与，在特征上更接近于社会治理的要求。概括来说，我国文化志愿服务政策从缺位到完善、从分散到系统，其对于社会公众参与、多方合作共同构建文化志愿服务创造了有利条件，对文化志愿服务规范化发展给予了良好支持，对于保障我国文化志愿服务队伍组织的构建与发展具有重大意义。

三、我国文化志愿服务政策创新发展方向

新中国成立 70 多年来，我国文化志愿服务政策从缺位到逐渐"步入正轨"、从稀缺到呈现"遍地开花"的景象，其推动了文化志愿工作的进步与繁荣发展、加速了现代公共文化服务体系建设步伐，对社会实践的发展发挥了极为重要的促进作用。但同当前社会转型发展的现实需求、同公民参与文化志愿服务的高涨热情、同构建文化志愿服务体系、构建现代公共文化服务体系的实践要求相比，政策系统建设仍存在很大的创新发展空间，仍需不断探索，以期为我国文化志愿服务体系化、制度化发展创造更好的条件，为构建和谐美好的社会提供更充分的支持。

（一）挖掘多元有效的文化志愿服务政策要素

文化志愿服务是在文化领域为公众提供以公益性服务为主要特征的活动，政府制定及颁布文化志愿服务政策的核心任务应是激励而非管理，在推进文化志愿服务政策的过程中应尽可能地开发出更加丰富多元的政策要素，为社会公众参与文化志愿服务提供更广阔的社会空间、更优良的社会环境。政策所发挥的主要作用应是激发社会多元力量，充分调动社会各界参与文化志愿服务的积极性、主动性，充分整合社会各类有效资源投入到

文化志愿服务当中。具体来说，文化志愿服务政策主体层面应通过政府的政策导向，促使志愿组织不断成长壮大、社会公众参与文化志愿服务的热情不断高涨，形成了有利于文化志愿服务长足式发展的社会环境氛围；文化志愿服务政策资源层面应通过政策的指引，从文化志愿服务组织的成立到具体服务项目的实施，形成保障其发展的财力、物力、人力的全方位支持体系，促进各类文化志愿服务项目的持久性、常态化推进。

（二）创建全国共享的文化志愿服务政策环境

我国社会政策在营造社会文化、引导社会公众、整合社会资源层面具有较为强大的功能。社会公众参与文化志愿服务也希望在国家层面获取支持与鼓励。但就目前而言，我国关于文化志愿服务的相关支撑性、激励性的系统政策、专门法规仍处于严重缺位状态，现有文化志愿服务相关政策具有明显的全面性、系统性不充足的问题。因此，在文化志愿服务政策形成过程中，应努力实现以中央发布推动文化志愿服务事业的文件，国务院制定文化志愿服务发展的规划，面向全国公民，形成"人人参与文化志愿活动、人人享受文化志愿服务"的局面，形成社会共建共享的良好社会局面。同时，积极推进全国文化志愿服务立法，形成激励公众参与文化志愿服务、保障志愿人员合法权益的良好环境。

（三）建立体系健全的文化志愿服务政策机制

文化志愿服务队伍高效建设，以及文化志愿服务活动有效开展的重要前提基础是政府的支持和鼓励。因此，加速推动文化志愿服务事业的发展壮大，国家层面应该加快立法，针对志愿服务出台相关的法律法规，为文化志愿服务提供强有力的政策支持和法律基础，确保文化志愿服务具有其独立性及合法性。各级政府应该研究制定鼓励和规范文化志愿服务活动、维护文化志愿者合法权益、促进文化志愿服务事业发展的政策文件，充分发挥政府投入的引导作用，积极拓展社会筹资渠道，鼓励社会力量以赞助或捐赠形式支持活动开展，为文化志愿服务提供必要的资金支持，保障文化志愿者的合法权益。逐步解决现实中所存在的法规支持力度薄弱、政策体系不健全等问题，为构建现代文化志愿服务体系、促进文化志愿服务事业健康发展建构更加健全的政策保障机制。

参考文献

[1] 曹树金，刘慧云，王雨. 我国公共文化服务政策演进（2009~2018）[J/OL]. 图书馆论坛：1-10 [2019-06-11].

[2] 李少惠，王婷. 我国公共文化服务政策的演进脉络与结构特征——基于139份政策文本的实证分析 [J]. 山东大学学报（哲学社会科学版），(2)：57-67.

[3] 刘高红. 新形势背景下加强文化志愿者队伍建设的相关思考 [J]. 文化创新比较研究，2017，1（12）：114-115.

[4] 刘新成，张永新，张旭. 中国公共文化服务发展报告（2014~2015）[M]. 北京：社会科学文献出版社，2015.

[5] 罗夏. 构建文化志愿服务长效机制研究——以广西文化志愿服务为例 [J]. 大众科技，2018，20（4）：111-113.

[6] 上海市精神文明建设委员会办公室. 上海市志愿服务发展报告（2018）[M]. 北京：社会科学文献出版社，2018.

[7] 谭建光. 新中国印记：雷锋精神与青年志愿服务 [J]. 青年发展论坛，2019，29（2）：41-50.

[8] 王亚南. 中国公共文化投入增长测评报告（2015）[M]. 北京：社会科学文献出版社，2015.

[9] 作者不详. 文化志愿服务：推动公共文化服务迈上新阶段 [N]. 中国文化报，2016-12-16（6）.

[10] 肖宝光. 关于文化志愿者队伍建设的几点思考 [J]. 散文百家：下，2015（5）：4.

[11] 张阳明，庄一民. 大学生文化志愿服务常态化机制的构建研究——以Q市为例 [J]. 湖南邮电职业技术学院学报，2017，16（3）：99-101.

论文化的定义、类别、特征与作用

岳桂宁[*]

摘　要：从文化管理及学术研究的角度看，"文化"应当定义为：以语言、文字、图案、影视等为载体的、特定人类群体所共有的思维、行为范式。从百姓日常口语的角度看，"文化"可以定义为：对知识、语言、文字的掌握与应用能力。

关键词：文化　思维　行为　范式

一、"文化"的定义

习近平总书记在庆祝中国共产党成立95周年大会上提出，中国特色社会主义的道路自信、理论自信、制度自信、文化自信，其中的文化自信是最根本、最核心、最基础的自信。

在日常生活当中，"文化"不能说不是人们既熟悉，又陌生的一个词汇。一方面，人们常常把"文化"一词挂在嘴边，似乎是大家"耳熟能详"的词；另一方面，如果进一步问起来"文化"是什么？则普遍的反应又是依稀仿佛知道，却又说不清、道不明，成为"只能意会，不可言传"的概念。

从文化的研究与管理角度来看，对"文化"一词的简单、清晰的界

---

[*] 作者简介：岳桂宁，男，广西大学商学院金融与财政系，教授，硕士生导师。

定,无疑是最为基础的工作。但令人不无遗憾的现实是,在目前的词典中,对"文化"的定义所给出的答案可谓是五花八门,罗列出来可有以下几种解释:意识形态;与意识形态相适应的制度;与意识形态相适应的组织机构;物质财富和精神财富的总和;语文、科学等知识;运用文字的能力;历史上一定的物质生产方式的基础上发生和发展的社会精神生活形式的总和;统治阶级所实施的文治和教化的总称;历史遗迹、遗物的综合体;人类生活要素形态的统称,即衣、冠、文、物、食、住、行等;是相对于政治、经济而言的人类全部精神活动及其活动产品。因此,给文化下一个准确或精确的定义,的确是一件非常困难的事情。对文化这个概念的解读,人们也一直众说不一。

"如果你不能简单地解释一样东西,说明你没真正理解它。"——爱因斯坦[①]。

本文认为,从文化管理及学术研究的角度看,"文化"应当定义为:以语言、文字、图案、影视等为载体的、特定人类群体所共有的思维、行为范式。其中的语言载体包括说、唱;文字载体包括书籍、典籍、小说、诗赋、书法;图案载体包括图画、图形、徽标。

从百姓日常口语的角度看,"文化"可以定义为:对知识、语言、文字的掌握与应用能力。比如,在许多少数民族地区,戴眼镜的人通常会被当作能识文断字的先生而受人尊敬。又比如在履历表的"文化程度"栏中填写的"小学、初中、高中、中专、本科、硕士、博士"等。因此,"有知识不一定有文化"这句话所要表达的,其实就是上述这两种"文化"定义之间的差异。本文以下所研究的"文化",仅指"以语言、文字、图案、影视等为载体的、特定人类群体所共有的思维、行为范式"。

二、文化的主要类别

对文化进行分类,是文化研究和文化管理活动所必须处理的事情。根

---

① 倪志良. 幸福经济学 [M]. 天津:南开大学出版社,2017:7.

据不同的需要，从不同的角度对文化的分类主要有：

（1）按照群体共同的思维范式划分。

（2）按照群体边界的大小范围不同对文化的类别划分。

（3）按照群体的职业边界的不同对文化的类别划分。

（4）按照文化范式的作用对象的不同划分。

（5）根据其所处的时间坐标划分。

（6）根据其发源地的不同划分。

（7）根据其作用的正负能量的不同划分。

三、文化的特征

文化具有以下特征：

（1）族群性。文化是人类社会特有的现象，由特定的人类群体所创造和拥有，反映特定人类族群的发展历史，是特定人类族群所有世界观、人生观、价值观的标志性表象。

（2）传承性。文化既凝结在物质之中，又游离于物质之外，是能够被承袭、代代相传的，从而形成厚重的历史积淀与承载。

（3）移植性。在开放的条件下，某一族群的文化元素，可以被其他族群崇拜、学习、借鉴、吸收，比如中国儒释道文化中的佛教文化。又比如改革开放以来的"洋节引进"。

（4）多重性。即同时并存着不同的甚至截然相反、相互矛盾的思维、行为范式。

影响文化形成与演化的主要因素：历史、地理、宗教、文学、律法等。

四、文化的作用

文化具有以下作用：

（1）传续种群。文化作为一种力量，可以使族群的基因得以保存与延续，从而自尊、自信、自强地屹立于世界民族之林。

（2）聚力导向。文化可以为人们的行动提供选择与方向，引发归宿与认同感，凝聚族群共同发展的力量。

（3）维持秩序。某种文化的形成和确立，意味着某种价值观和行为规范的被认可和被遵从，也意味着某种秩序的形成。而且只要这种文化在起作用，那么由这种文化所确立的社会秩序就会被维持下去。

参 考 文 献

[1] 辞海编辑委员会. 辞海 [M]. 上海：上海辞书出版社，1979.

[2] 汉语小词典编委会. 汉语小词典 [M]. 上海：上海辞书出版社，1979.

[3] 倪志良. 幸福经济学 [M]. 天津：南开大学出版社，2017.

[4] 新华汉语词典编纂委员会. 新华汉语词典 [M]. 北京：商务印书馆，2013.

[5] 中国社会科学院语言研究所词典编辑室. 新华字典 [M]. 北京：商务印书馆，1998.

1950 年以来全球文化创意产业生命周期演化规律探析*

臧志彭**

摘　要：本研究根据三大国际主流产业分类标准，基于国际权威上市公司数据库 1950～2016 年间全球 53 个国家文化创意产业上市公司数据深入、系统研究，形成 1950 年以来全球和主要国家文化创意产业发展演化态势、核心文化创意行业结构演化变迁规律等基本判断：全球文化创意产业总体进入生命周期的"稳定期"阶段；细分行业从 14 类最高裂变至 110 类，产业规模三次跃升；传统文化行业逐渐衰减、新兴数字创意产业崛起；欧洲互联网行业全面落后于美国和东亚；美国和英国文化创意产业经过大规模"淘汰期"后，2010 年以来逐渐企稳并向"成熟期"过渡；法国和德国 2012 年后进入平缓"淘汰期"；日本 2006 年达到峰值，目前总体仍处于"稳定期"；中国目前处于"大量进入期"向"稳定期"过渡阶段。从核心行业来看，新闻出版行业总体开始进入"大量退出期"阶段；电影行业经历两个快速发展阶段，正由"稳定期"向"退出期"过

---

* 基金项目：本文受教育部人文社会科学研究一般项目（2017）"数字创意产业众创空间运行机制评价与优化研究"、国家自然科学基金面上项目"技术与制度协同创新驱动的文化产业跃迁机制与治理能力研究"（批准号：71473176）资助。

** 作者简介：臧志彭，管理学博士，经济法学博士后，副教授，硕士生导师，华东政法大学传播学院文化产业研究所所长，美国杜克大学访问学者，研究方向：全球文化创意产业战略。

注：同济大学解学芳教授、上海交通大学刘芹良博士等对本研究有重要贡献，特此致谢。

渡；广播电视行业经过20多年高速发展，2011年后开始进入"退出期"；网络文化行业经历两次跃迁，目前基本处于"稳定期"阶段。新旧行业、新老媒体此消彼长、更替迭代的背后，其实是技术的更新换代所驱动，技术创新实际上是全球文化创意产业生命周期演化的根本驱动力。

关键词： 文化创意产业　上市公司　生命周期　演化规律　全球

20世纪前半叶，全球文化创意产业经过两次世界大战的洗礼，从1950年开始得到逐渐恢复和长足发展，产业规模不断扩大、产业结构日益完善，产业优势越发凸显。截至2016年，全球各个国家的文化创意产业，以及文化创意产业的各个细分行业在不断演化发展过程中，都形成了具有自身特点的生命周期曲线和演化规律，在不同的资源禀赋和国情国力基础上也形成了不同的产业演进趋势。

上市公司，基本上代表了一个产业最为先进的生产力，同时也是反映一个产业发展状况最为灵敏的"晴雨表"。本研究根据三大国际主流产业分类标准——标准产业分类体系（SIC）、北美产业分类系统（NAICS）、全球产业分类标准（GICS），基于国际权威上市公司数据库、上市公司官方网站、雅虎财经、谷歌财经等渠道搜集整理、筛选了1950~2016年间全球53个国家文化创意产业上市公司上百万条数据（数据检索截至2017年12月），经过深入、系统研究，形成1950年以来全球和主要国家文化创意产业发展演化态势、核心文化创意行业结构演化变迁规律等基本判断。

一、理论基础：G-K产业生命周期模型

产业生命周期是指一个产业从初生到成长、成熟的过程，在这个过程中大量厂商表现出相似的阶段性、规律性行为特征。1966年，弗农（Vernon, 1966）提出产品生命周期理论，指出在国际贸易范畴下，产品生产将经历导入期、成熟期和标准化期三个阶段，这实际上反映了一个产业所遵循的全球化发展演化规律特征。20世纪70年代中后期，阿伯纳西和厄特巴克（Abernathy and Utterback）以产品增长率为基础将产品生命周期划分为流动、过渡

和确定三个阶段,形成 A-U 产品生命周期模型,深度解析了技术创新与市场演化的共生共演关系,为产业生命周期理论的建立夯实了基础①。

进入 20 世纪 80 年代,高尔特和克莱珀(Gort and Klepper,1982)对 46 个细分行业厂商净进入数量最多长达 73 年的时间序列数据分析基础上,首次提出产业经济学意义上经典的 G-K 产业生命周期模型,即引入期、大量进入期、稳定期、大量退出期(也称为淘汰期)和成熟期五个阶段,如图 1 所示②。

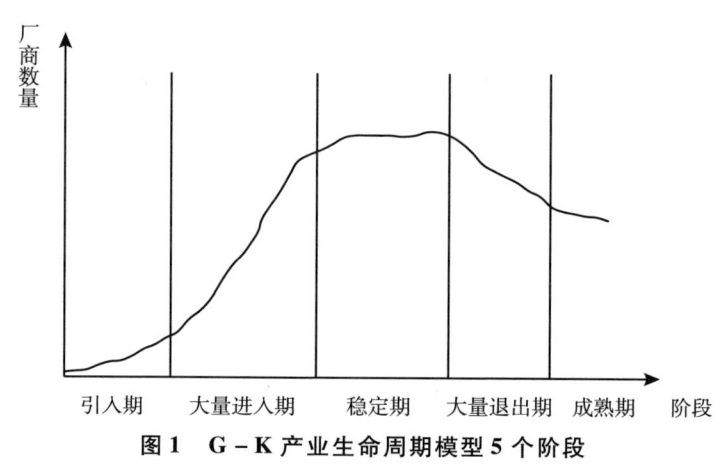

图 1　G-K 产业生命周期模型 5 个阶段

资料来源:高尔特和克莱珀(Gort and Klepper,1982)的研究结果。

二、1950 年以来全球文化创意产业发展演化总体态势③

(一)全球文化创意产业总体进入生命周期的"稳定期"阶段

根据 G-K 产业生命周期模型理论,本研究基于 1950~2016 年以来全

---

① 李靖华,郭耀煌. 国外产业生命周期理论的演变[J]. 人文杂志,2001(6):62-65.
② Gort M., Klepper S. Time paths in the diffusion of product innovation[J]. The Economic Journal,1982(92):630-653.
③ 文中数据基于国际权威上市公司数据库、上市公司官方网站、雅虎财经、谷歌财经等渠道搜集整理、筛选了 1950 年至 2016 年间全球 53 个国家文化创意产业上市公司数据上百万条(数据检索截至 2017 年 12 月)。后面论述中不再赘述。

球文化创意产业上市公司数量生成长达67年的全球文化创意产业发展演化曲线，经过分析得到如下基本结论：

1950~1986年是第二次世界大战以后，全球文化创意产业生命周期的"恢复发展期"（类似于新兴产业的"引入期"）。经历战后恢复到20世纪80年代中期，全球文化创意产业得到了一定发展，全球文化创意产业上市公司数量总体处于持续增长状态，到1986年已达到951家，但由于冷战时期的压抑氛围、美洲国家的民权运动、亚非国家的民族独立运动等，这一阶段全球文化创意产业上市公司年均增长数量仅为24.42家，符合产业兴起初期的发展态势特征。

1987~1999年是全球文化创意产业的"大量进入期"生命周期阶段。在这一阶段，全球文化创意产业上市公司数量得到爆发式增长，1987年全球文化创意产业上市公司数量首次突破1000家大关，到1999年底增长到3540家，增长了2470家，增长率为330%，年均增长205.83家，成为典型的"黄金十年"增长期。

2000~2016年，全球文化创意产业基本进入生命周期的"稳定期"发展阶段。进入2000年以来，全球文化创意产业上市公司数量从2000年3587家增加到2012年的历史最高峰值为4074家（其间经历2001年互联网泡沫破灭和2008年金融危机短暂回调），增长速度明显减缓，年均增长率仅为1.1%，而2012年之后出现小幅下滑（见图2）。从2000~2016年的总体形态来看，基本处于比较平稳发展的态势，属于典型的稳定期特征。然而2012年之后的小幅下滑是否是进入"大量退出期（淘汰期）"的前兆？在当前全球新一轮科技革命（大数据、虚拟现实、人工智能、区块链等）浪潮日渐汹涌之际，这一小幅下滑是否仅是短暂回调？仍需静观其变。

（二）细分行业从14类最高裂变至110类，产业规模三次跃升

纵观半个多世纪的发展，全球文化创意产业总体处于不断扩张中，每个增长点的爆发都将文化创意产业推升到一个新的历史高度，从细分行业数量、上市公司数量和上市公司员工总量方面表现可见一斑。

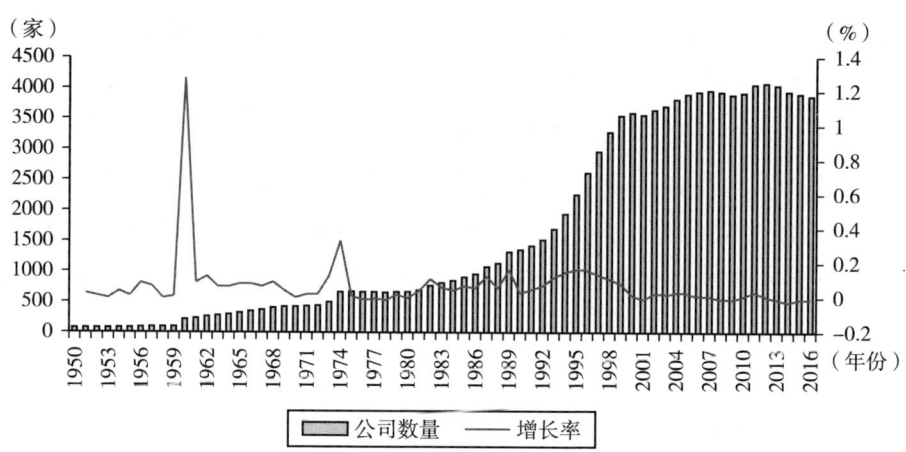

图 2　1950~2016 年全球文化创意产业上市公司数量演化趋势

资料来源：笔者根据资料整理所得。

全球文化创意产业细分行业"裂变式"增长态势明显。产业规模爆发式增长的同时往往伴随细分行业的"裂变式"增长。1950~1959 年，全球文化创意产业涉及细分行业数量徘徊在 14~15 类之间，行业种类多涉及传统类型文化产业，如造纸、图书出版和印刷等行业；1960~1980 年，全球文化创意产业的行业结构"裂变"开始，细分行业数量从 25 类增长至 61 类，新增行业主要包括无线电广播站、广播电视终端设备、无线电话通信、电影行业及相关产品服务、磁盘与录像带等。1981~2016 年间，全球文化创意产业进入了"快速裂变期"，细分行业数量从 67 类快速增长到最高点，即 2012 年的 110 类（按 NAICS 分类标准，见图 3），其后一直在 100~110 类间徘徊，新兴行业主要集中在互联网软件与服务，无线通信服务、数据处理、托管和相关服务，以及互联网终端设备制造、租赁等行业。此外，建筑设计和工业设计及其他专业设计，媒体购买代理、广告代理，以及广告材料分销、旅行代理、艺术经纪、体育经纪、剧院、休闲娱乐等行业也在这一阶段呈现，并发展迅猛。从行业"裂变"总体态势也可以看出，全球文化创意产业已经进入生命周期的"稳定期"阶段。

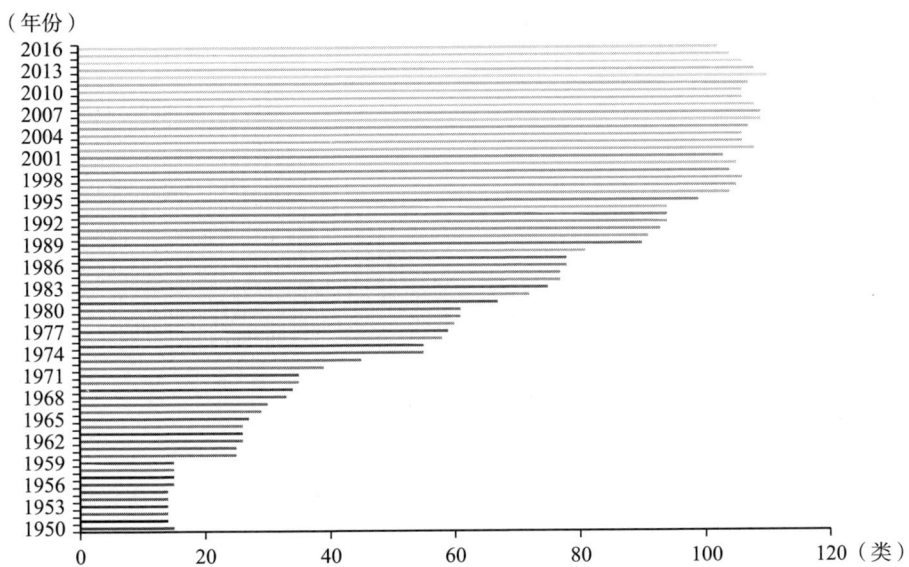

图 3　1950~2016 年全球文化创意产业上市公司细分行业种类"裂变"演化趋势

资料来源：笔者根据资料整理所得。

1950 年以来，全球文化创意产业上市公司总体数量经历了三次爆发式增长。本研究基于全球权威上市公司数据库采集得到的文化创意产业上市公司 67 年的时间序列数据汇总统计发现，1950~2016 年以来全球文化创意产业上市公司数量经历了三个增长爆发点，分别为 1974 年（从 495 家增至 659 家）、1996 年（从 2254 家增至 2609 家）、1999 年（从 3274 家增至 3587 家），全球上市公司总量依次跃升到 500 家、2500 家和 3500 家层级（见图 2）。

全球文化创意产业上市公司从业人数增长 20 多倍。全球文化创意产业上市公司员工总量与上市公司数量发展趋势大体接近，其中 1960 年、1989 年、1999 年成为全球文化创意产业上市公司员工总量快速增长的重要历史节点（见图 4），特别是进入 2000 年以来，全球文化创意产业类上市公司从业人数维持在 1000 万人以上，与 20 世纪 50 年代相比，增长了 20 多倍。

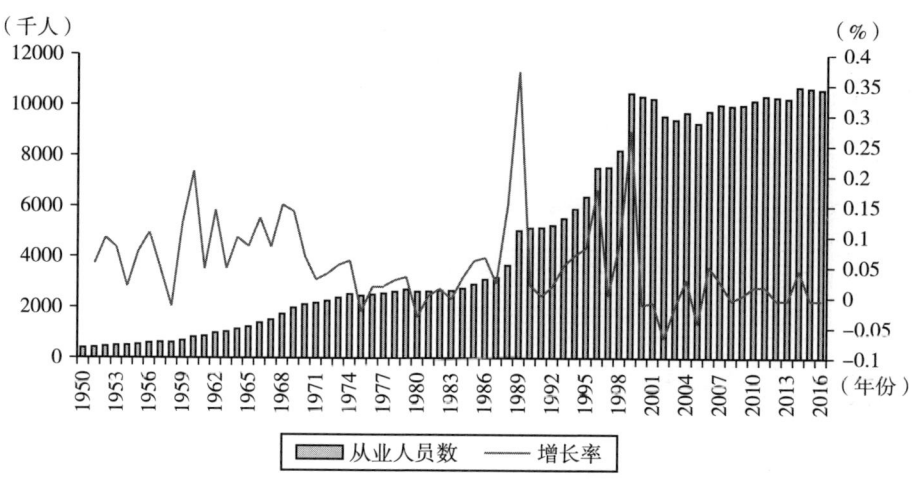

图 4　1950～2016 年全球文化创意产业上市公司数量和员工总数演化趋势
资料来源：笔者根据资料整理所得。

（三）亚洲、北美、欧洲三足鼎立，美国霸主地位明显

全球文化创意上市公司洲际分布集中在亚洲、北美洲、欧洲。从 2012～2016 年全球文化创意产业上市公司的洲际分布来看，亚洲总体比重最高，行业平均占比 43.1%；2012 年美洲占比最高，达到 30.58%；欧洲文化创意产业上市公司数量平均占比 21.5%，位列第 3 名。2014 年亚洲国家总占比达到历史最高值 44.5%；美洲平均占比为 29.7%，位列第 2 名，2016 年，三大洲文化创意产业上市公司数量占比 93.0%，奠定了全球文化创意产业分布的基本格局，成为全球文化创意产业发展的主要承载区，而非洲和大洋洲所占比例甚微，平均占比不超过 6%（见图 5）。

美国行业霸主地位优势明显。自 20 世纪 50 年代以来，美国一直占据全球文化创意产业的霸主地位，1999 年美国文化创意产业上市公司数量达到历史最高值 1448 家，其后受"9·11"、互联网泡沫破灭、2008 年金融危机等因素影响，美国文化创意产业大洗牌，数量开始减少，2016 年数量为 424 家，比重为 16%，但与其他国家相比在数量和行业比重上还具有明显优势。从具体行业上看，美国的广播电视播放设备、电视广播服务、家庭娱乐软件、娱乐游戏的优势慢慢减弱，但在以"互联网软件和服务业"

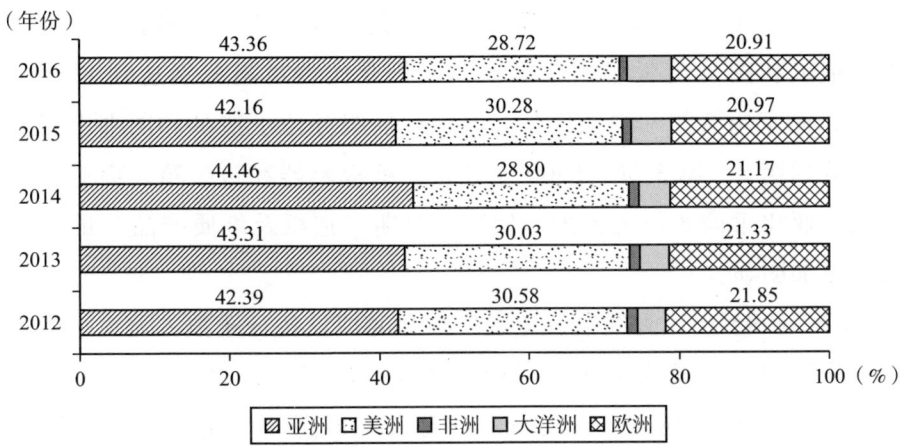

图5 2012~2016年全球文化创意产业上市公司洲际分布

资料来源：笔者根据资料整理所得。

为代表的新一代数字化文化创意产业方面重新树立优势，2016年行业比重达到38.7%，在全球具有绝对竞争优势。

亚洲数量居首位，中日韩竞争激烈。从2016年洲际分布情况来看，亚洲国家文化创意产业上市公司总数为1180个，全球占比43%，居世界首位。亚洲文化创意产业上市公司数量上的优势明显得益于东亚国家文化创意产业的崛起，20世纪90年代以来，随着东亚各国政府对文化创意产业的重视和相关政策的出台，东亚文化创意产业迅速崛起。2016年，中国、韩国、日本三国文化创意产业上市公司数量约占全球文化创意产业上市公司总量的25%，中日韩三足鼎立，成为推动亚洲文化创意产业发展的重要力量。

（四）传统文化行业逐渐衰减、新兴数字创意产业崛起

全球文化创意产业细分行业上市公司数量此消彼长的同时也推动了全球文化创意产业细分行业结构的更替演化。通过对1950~2016年全球文化创意产业上市公司行业比重历年最高的前3个行业进行对比分析，可以清晰地发现全球文化创意产业先后经历了纸媒时代、电子通信时代和数字化时代。

1950~1966年，造纸及纸质产品为主的行业结构特征显著。绝大多数年份中造纸和图书出版印刷位居前列，行业比重最高分别达到11.1%和11.5%；而家用音频和视频设备、电视广播服务位于造纸和图书出版印刷之下，分列第2、第3位。1960年开始，纸板容器和包装箱、商业印刷开始进入行业比重前3位的行列，使这一时期"造纸及纸质产品"的行业结构特征更加明显。

1967~1995年，无线电、电视广播和通信设备行业独占鳌头，电子媒介、娱乐休闲开始成为文化创意产业新宠。1967~1995年（除1972年、1973年外）广播电视通讯设备行业一直占有最高的行业比重，其中1982年达到历史最高值8.7%；电影和录像带产品服务、有线和其他付费电视服务等电子媒介开始进入行业比重前3位，并逐渐占有重要的行业比重。休闲娱乐服务也成为这一阶段重要行业部门，而与造纸及纸质产品相关行业不再具有优势地位。

1996~2016年，比重最高的行业依次为互联网软件与服务、广播电视通信设备、休闲娱乐。而互联网软件与服务、广播电视通信设备一直处于前两位，最高行业比重分别达到18.5%和8.3%，优势明显。以计算机信息技术为支撑的数字创意产业成为文化创意产业新形态，而以造纸、图书、印刷等为代表的纸媒则退出主要位置。此外，网络文化产业、广告、休闲娱乐三大行业作为"后起之秀"，发展潜力较大，发展速度较快，在全球文化创意产业市场中占比也越来越高。

（五）欧洲互联网行业全面落后于美国和东亚

纵观2001~2016年全球文化创意产业上市公司数量的演变规律可发现，在全球互联网行业竞速发展中，欧洲各国互联网行业明显处于弱势。从近5年互联网行业上市公司数量来看，欧洲三大核心成员国英国、法国、德国分别仅有41家、18家和19家，而美国最多达219家，数量遥遥领先于欧洲各国。

除此之外，欧洲的互联网产业也与东亚地区存在较大差距，以日本和中国为例，2000年以来，日本互联网行业增长幅度最大，比重从2000年的5.9%增长到2016年的30.3%，遥遥领先其他行业，成为日本文化创意产业支柱行业，最高峰时拥有57家互联网上市公司。与此同时，中国互联网行业发展速度迅猛，互联网上市公司数量后来居上，达到52家。虽然东亚互联网上市公司数量相比美国还有很大差距，但是已经全面领先于欧洲传统强国。

究其原因，一方面，由于欧洲地理格局分散、语言不通以及网生代人口少、老龄化严重，在客观上造成了难以快速形成互联网行业所必需的规模效应基础；另一方面，也在于欧洲各国对待新技术、新事物较为传统、保守，有着异常严格的保护个人隐私数据的监管政策与传统产业保护政策，使得互联网等新兴行业难以快速突破传统行业的禁锢。

三、全球主要国家文化创意产业发展演化与结构变迁

（一）美国：从"口红效应"向"成熟期"过渡

美国文化创意产业从1950~1999年间经历了一番波澜壮阔的发展演进过程（见图6）。首先，在1950~1959年经历了缓慢的战后恢复期；从1960年开始至1974年，经历了一波成长期；然后从1975~1978年短暂下滑后，1979年又开始逐渐加速成长到1986年；其次，1987~1990年短暂波动后，1991年开始进入高速成长期，至1999年达到历史峰值1448家（同年美国道琼斯指数突破10000点大关）。美国文化创意产业上市公司职工人数也呈现出基本一致的演化趋势。需要指出的是，在1950~1999年期间，尽管美国经历了1957年、1960年、1969年、1973年、1979年、1990年等多次大大小小的经济危机，然而文化创意产业上市公司数量都逆市上扬，表现出了明显的"口红效应"。

2000年互联网泡沫破裂，随之带来了长达10年的"大量退出期（或称淘汰期）"。上市公司数量在2000年下降到1349家，其后连续大幅下降至2009年的755家，比1999年峰值时的降幅高达47.86%。在这一过程中，美国文化创意产业内部也经历了大量的兼并重组运动，如2004年NBC

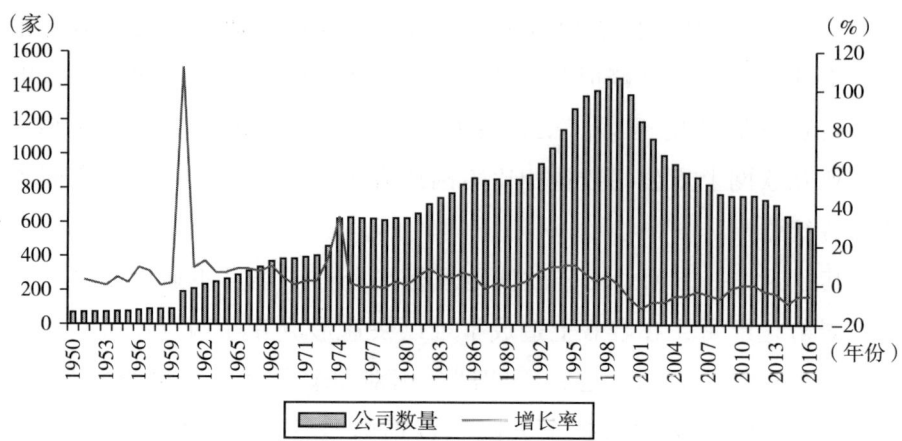

图6　1950~2016年美国文化创意产业上市公司数量和增长率演化趋势

资料来源：笔者根据资料整理所得。

与环球合并，2005年索尼收购米高梅、派拉蒙收购梦工厂，2006年迪斯尼收购皮克斯，2008年时代华纳合并新线等。

2010年，美国文化创意产业上市公司数量有所企稳，虽然2012年之后又有略微下滑，但总体态势比较平稳，说明开始进入产业生命周期的"成熟期"阶段。从2010年以来美国文化创意产业上市公司从业人数的平稳增长也可以验证这一结论（见图7）。

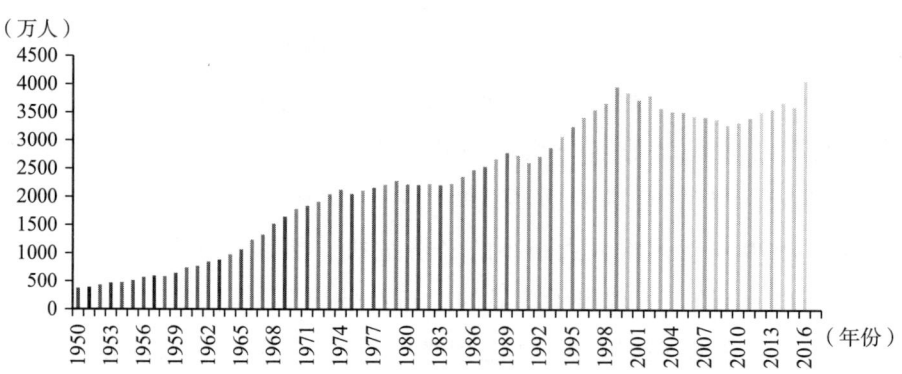

图7　1950~2016年美国文化创意产业上市公司从业人数演化趋势

资料来源：笔者根据资料整理所得。

美国文化创意产业在半个多世纪的发展经历三次大的行业结构变迁：1950~1979年，美国文化创意产业上市公司主要集中在造纸（1950年峰值10.6%）、书籍印刷与出版（1954年达到峰值12.5%）、家用音频、视频设备（1950年达到峰值9.1%）、电视广播服务（1959年达到峰值10.3%）行业。1967~1989年，广播电视播放设备（1982年达到峰值9.5%）、电影娱乐业（1984年达到峰值6.1%）、娱乐游戏服务业（1989年达到峰值7.0%）是美国文化创意上市公司高度集聚的行业。1990~2016年，互联网软件与服务业（2016年达到峰值38.7%）、家庭娱乐软件业（1999年达到峰值10.3%）、娱乐游戏服务业（1993年达到峰值8.6%）。

（二）英国：从持续攀升，到显现向"成熟期"过渡迹象

英国是最早提出"创意产业"概念的国家，文化创意产业是英国从"世界工厂"转型为"世界创意中心"的重要动力，已成为英国仅次于金融服务业的支柱性产业。

1987~2005年，文化创意产业成为英国经济转型的新增长热点，上市公司数量持续快速增长，特别是20世纪90年代中后期以来英国政府正式提出"文化创意产业"概念及颁布相关政策后，英国文化创意产业进入"大量进入期"，2005年上市公司数量达到历史最高值340家（见图8）。

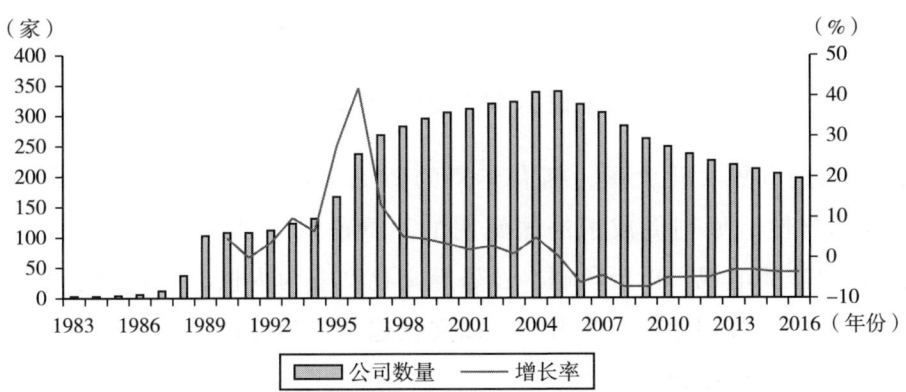

图8　1983~2016年英国文化创意产业上市公司数量和增长率演化趋势

资料来源：笔者根据资料整理所得。

2006～2011年,英国文化创意产业上市公司数量开始呈下滑趋势,进入到产业生命周期的"淘汰期",2011年下降到237家,比2005年峰值减少了30.29%。2012年开始,下滑速度明显放缓,虽然上市公司数量仍有略微下滑,但总体趋向平稳,呈现出向生命周期的"成熟期"过渡的迹象。

从行业结构演化趋势上看,英国文化创意产业前期以新闻出版行业为特色,后期互联网软件及服务、广播电视设备行业成为主体。凭借英语在全球的强势地位,以及海外殖民的优势,英国的新闻出版与印刷行业成为前期文化创意产业的主流行业,上市公司也主要集中在报纸印刷与出版、书籍印刷与出版、商业印刷业,比重一直处于英国文化创意产业上市公司的前三位。此外,广告行业和娱乐休闲行业在这一阶段也占有重要比重,1996年分别占到8%和6.8%。

1997～2016年,数字化推动了英国文化创意产业结构的重大变革,2009年的《数字英国》白皮书明确提出要在数字时代将英国打造成全球创意产业中心。互联网软件与服务业、广告、广播电视播放设备成为行业主体,其中,互联网软件与服务业增速最快,优势明显,2014年行业比重达21.3%,但与美国相比(行业比重36%)还存在很大差距,而且尚未出现全球知名上市公司,如脸书、谷歌等。广告行业在2005年达到历史峰值9%,广播电视播放设备类上市公司比重连续6年小幅增长,2008年达到了6.5%,受2009年金融危机的影响,广告和广播电视设备后期均有所回落。

(三)法国:从"大量进入期"进入平缓"淘汰期"

法国是世界文化大国,拥有丰富的历史文化资源,法国政府奉行的"文化多样性"原则促成了法国鲜明的"同心圆"式文化产业链结构模式,即以广播电视、出版印刷、音乐等文化产业为内核,以表演艺术、创意设计、广告等创意产业为内圈,以文化遗产、信息产业、博物馆、旅游业等文化相关产业为外圈。①

---

① 李炎,陈曦.世界文化产业发展概况[M].昆明:云南大学出版社,2014:109.

1988～2000年，法国文化创意产业上市公司数量呈上升态势，尤其是1994年起连续6年保持15%以上的增速，2000年达到137家。这一时期针对美国的文化渗透，法国在《多边投资协定》中坚持"文化例外"原则，通过行业补贴、税务减免等措施不断支持法语电影、电视节目及音乐行业的发展。2000年之后，文化创意上市公司数量经历了不断波动的过程，但到2012年之前一直稳定保持在120～142家之间（见图9）。

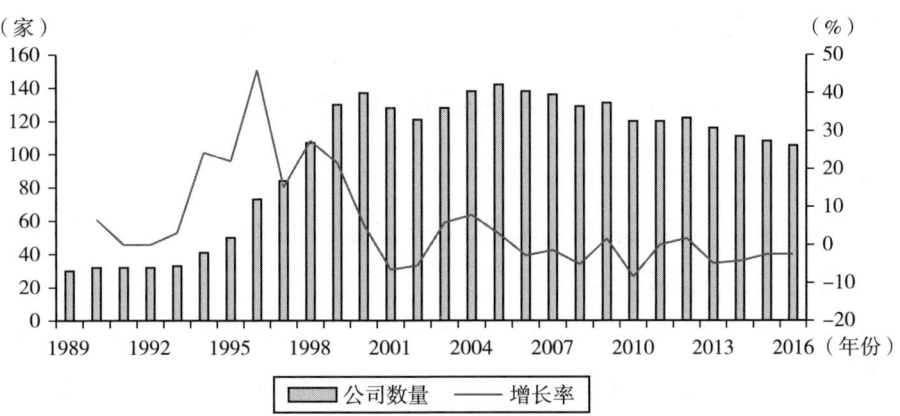

图9 1989～2016年法国文化创意产业上市公司数量和增长率演化趋势

资料来源：笔者根据资料整理所得。

2012年之后，整体数量降至120家以下量级，可能已经进入较为平缓温和的"淘汰期"。

法国文化创意产业上市公司在初期（1988～1995年）主要分布在出版、玩具（玩偶及自行车除外）、广告代理业和娱乐游戏服务业。其中，广告行业占比最高，1989年为11.5%；出版行业1989年达到7.7%，法国出版业走"精品化"路线，注重出版质量。娱乐游戏服务业的上市公司数量从1989年的3.8%增加到1996年的9.4%，之后略有下降。玩具（玩偶及自行车除外）类上市公司在1988年一家独大，但之后面临美国、日本等国家玩具商的激烈竞争，其比重下降趋势明显，1999年比重仅为2.8%。

进入2000年以来，法国文化创意产业结构在原有广告、电影娱乐业基础上不断调整，互联网软件与服务业、家庭娱乐软件业成为时代新宠，互联网软件与服务业表现最为显眼，比重从2000年的11.4%增加到2007年的21.2%，但与美国及日本、中国相比，还存在一定差距，体量小且缺少世界级文化创意公司。家庭娱乐软件业的上市公司保持平衡的发展态势，比重维持在5%~7%之间。互联网的到来也为法国传统的广告、影视行业带来新的契机，广告业上市公司增长势头十分明显，比重从2002年的2.0%迅速增加到2016年的12.5%，电影娱乐业一直保持着强劲的发展势头，比重保持在5%以上。

（四）德国：达到峰值之后进入两阶段"稳定期"和平缓"淘汰期"

德国文化创意产业涵盖范围广，行业跨度大，主要包括图书、电影、广播电视、新闻出版、表演艺术等11个核心领域。从行业发展规律上看，德国发展趋势与法国较为相似。

1989~1995年为"引入期"发展阶段，文化创意产业上市公司数量年增速小于10%。后期德国加强对文化创意产业的重视，加大扶植力度，1996年起连续4年的年增速大于50%，2000年达到峰值为144家，成为名副其实的"大量进入期"阶段（见图10）。

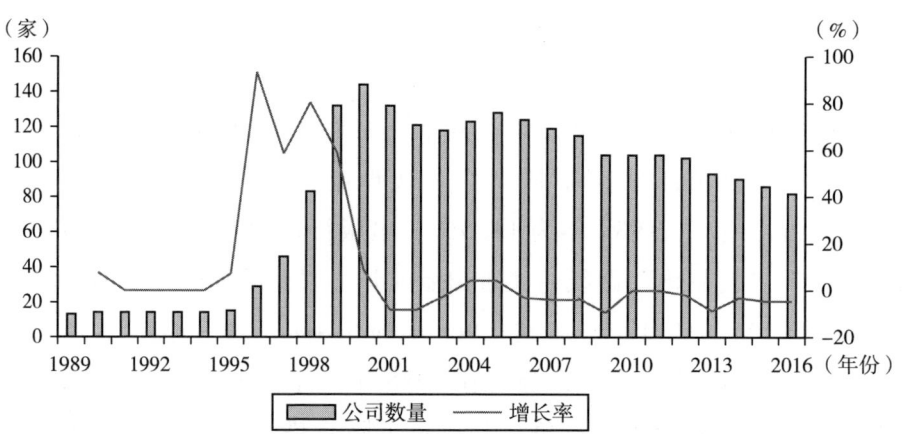

图10 1989~2016年德国文化创意产业上市公司数量和增长率演化趋势

资料来源：笔者根据资料整理所得。

2001~2012年期间,德国文化创意产业大体经历了两阶段的"稳定期",其中第一个阶段是 2001~2008 年虽有波动,但总体保持在 115 家量级以上;第二个阶段是 2009~2012 年,德国文化创意产业上市公司基本保持在 102~104 家,成为又一个短暂的"稳定期"。

2013 年以来,德国文化创意产业上市公司数量缓慢下滑至 100 家以下,呈现较为平缓的"淘汰期"特征。

德国文化创意产业上市公司多从事传统的文化相关产品制造,比如文化用纸的制造、新闻出版、文化专用设备的生产、家用音视频设备、工艺美术品的制造和销售,每个行业的上市公司数量不多,只有 1 家或 2 家。90 年代后期开始,德国大力发展互联网和电子商务,并提出要把生态现代化作为新的科技政策与产业政策的重点。印刷与造纸行业占比不断下降,电子商务、互联网软件与服务业、电影娱乐业、娱乐游戏服务业成为德国文化创意产业上市公司主要集中的行业。其中,互联网软件和服务、电子商务比重最高,2016 年分别占比 30% 和 10%,但行业基数和规模较小,难与美国(脸书、谷歌、亚马逊)巨头上市公司抗衡。电影娱乐行业在 2007 年达到历史最高值(14.3%)后不断下滑,2014 年仅为 8.9%。此外,德国会展在这一阶段较为突出,娱乐游戏服务业的上市公司比重呈上升态势,尤其是 2015 年达到峰值 14.3%。

(五)日本:达到峰值,目前仍处于"稳定期"

日本在世界文化创意产业发展中仅次于美国,位居第 2 位。日本的文化创意产业统称为娱乐观光业,包括内容产业、休闲产业和时尚产业三大类,其中,动漫、游戏产业最负盛名。

1987~2006 年,日本政府探索新的经济增长方式,文化创意产业成为产业结构向新兴产业转型的重要方向,文化创意产业上市公司快速发展,数量从 1987 年的 121 家迅速增加到 2006 年的 425 家,属于典型的"大量进入期"特征(见图 11)。

2008 年由于世界金融危机,出现了负增长,2010 年剩余 383 家。之后,日本出台了一系列紧急对策,并在《产业结构 2010 年远景》中明确将文化创意产业列为结构调整方向五大领域之一，2011年日本文化创意产业上市公司行业数量止跌，实现了1.0%的增长，并持续上升。总体来看，2008年以来始终保持在383～425家之间，处于较为平稳的"稳定期"生命周期阶段。

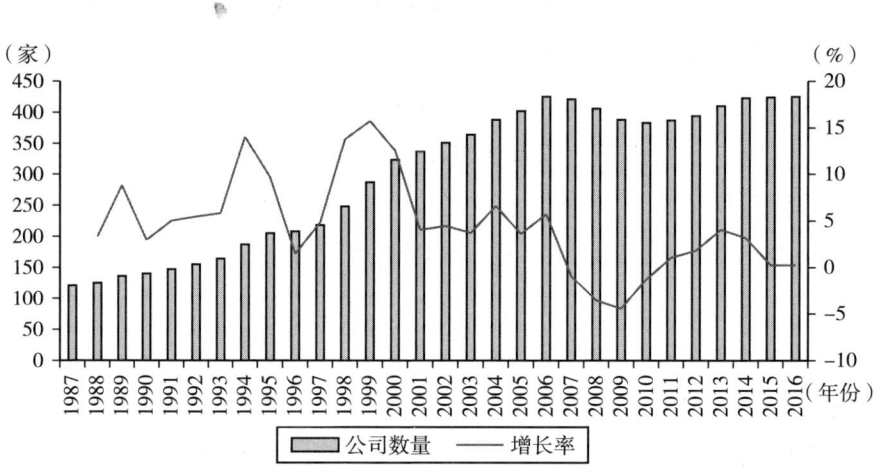

图11　1987～2016年日本文化创意产业上市公司数量变迁情况

资料来源：笔者根据资料整理所得。

1987～1999年，日本文化创意产业主要集中在家用音视频设备、成像设备及替代品、广播电视播放设备，1987年三大行业比重分别达到15.7%、10.2%和8.3%，1987年之后虽有下滑，但仍具有一定的行业优势。2000年之后，日本文化创意产业细分行业中，互联网软件与服务业、电子商务异军突起，上市公司数量和行业比重飞速上升。其中，互联网软件与服务业比重从2000年的5.9%增长到2016年的30.3%；电子商务行业从2000年的1.1%增长到2016年的6.9%。此外，网络信息技术的发展也加速了广告行业上市公司数量比重稳步提升，2016年达到峰值8.0%。另一边，受互联网冲击，日本传统的家用音频、视频设备、成像设备行业的上市公司数量比重逐年下降，2016年比重仅剩不足4%，而互联网的崛起也为近年来日本逐渐衰退的动漫、游戏行业带来新的发展契机。

(六) 韩国：虽受金融危机影响波动，总体仍然处于"大量进入期"

韩国是文化创意产业后起之秀的典范。自20世纪末提出"文化立国"战略之后，韩国的文化创意产业在短短几十年间内实现了跨越式发展，以影视、音乐、游戏等为代表的娱乐文化风靡世界。

1993~2000年，韩国文化创意产业发展缓慢，虽然出现了几次较大的增长峰值，如1995年60.0%、1998年37.5%（见图12），但总体基数较小，缺乏影响力，处于典型的产业"引入期"阶段。

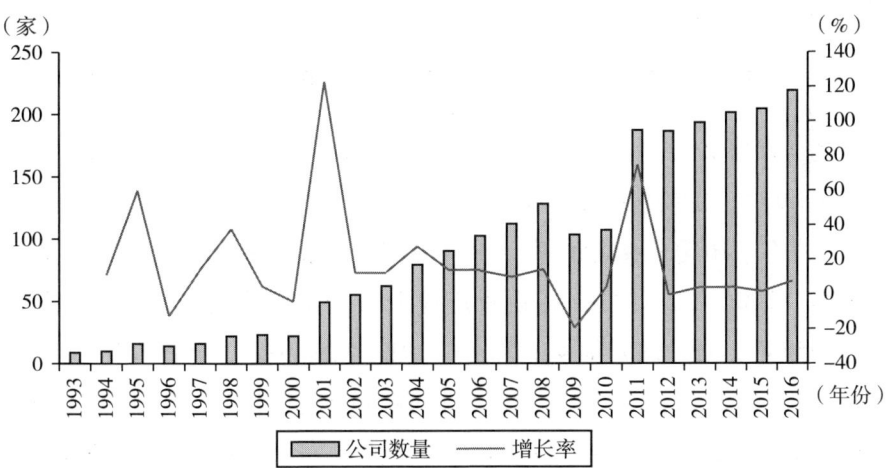

图12　1993~2016年韩国文化创意产业上市公司数量和增长率演化趋势
资料来源：笔者根据资料整理所得。

2001~2008年，韩国政府对文化创意产业高度重视，文化创意产业上市公司快速发展，数量持续大幅增加，2008年达到128家；2009~2010年受到全球金融危机冲击下滑至103家；但2011年暴增至187家，韩国文化创意产业进入第二个快速发展期，2016年数量达到历史峰值219家。

韩国文化创意产业上市公司最初主要集中于造纸、纸制品、纸制容器及包装箱等行业，行业占比达到12.5%（1993年）；金泳三政府时代（1993~1997年）加快了产业结构调整，《文化产业发展五年规划》强调了文化创意产业的重要地位，音乐、电影、演艺行业崭露头角，成为韩国现代文化创意产业的起点，有效地带动了家用音频视频设备、广播电视播放设备行业的发展，二者行业比重均维持在20%以上。进入2000年以来，一方面，韩国影视行业的发展带动了相关产业崛起，其中，广播电视播放设备行业的崛起最为明显，2016年比重达到历史峰值24.1%；另一方面，互联网信息技术时代背景下，韩国推行"数字计划"，带动了韩国网络游戏业的发展，2016年行业比重达到15%。

从未来发展趋势看，韩国"文化立国"的政策还将继续推动文化创意产业的快速发展，韩国文化创意产业上市公司数量在经历大幅度增长后将进入缓慢上升期，从而从现阶段的"大量进入期"过渡到"稳定期"，韩国文化创意产业将进一步巩固在亚洲乃至全球的行业优势。

（七）印度：达到峰值，目前处于"稳定期"生命周期阶段

印度官方将文化创意产业称为"娱乐与媒介产业"（entertainment and media industry），主要包括电影产业、电视产业、软件行业、珠宝、音乐产业等，近些年，互联网数字内容产业等新兴产业也被列为文化创意产业。

1995~2006年，印度文化创意产业上市公司发展迅速，出现了几次较大的增长峰值，如1997年47.8%、2001年27.6%（见图13）。2007~2010年，印度文化创意产业上市公司的数量增速放缓，2010年达到峰值277家。总体来讲，1995~2010年是印度文化创意产业生命周期的"大量进入期"阶段。

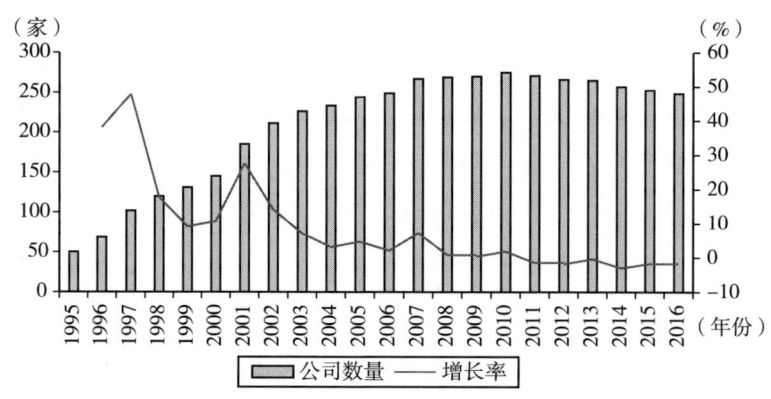

图13　1995~2016年印度文化创意产业上市公司数量和增长率演化趋势

资料来源：笔者根据资料整理所得。

2011年起，印度文化创意产业上市公司数量略有减少，但总体基本保持在250家左右，处于比较平稳的发展态势，说明从2011年以来，印度文化创意产业进入生命周期的"稳定期"阶段。

20世纪90年代至2002年，印度文化创意产业集中在造纸及纸制品、电影和珠宝三大行业，其中电影行业最负盛名，2002年宝莱坞大作《印度往事》获得奥斯卡最佳外语片提名，而这一年印度电影业行业比重也达到历史最高值16.1%。珠宝和贵金属是印度发展历史最为悠久的支柱行业，1995年行业比重达到历史最高值16%，之后虽有下滑，但仍为印度重要的行业。造纸行业则自20世纪90年代以来明显下滑，到2002年仅占10%。

2003年之后，印度文化创意产业的细分行业结构出现较大调整，电影行业受国外资本和好莱坞大片的冲击，优势开始减弱，2014年电影娱乐业的比重从15.2%下降到13.7%。相反，互联网软件与服务行业则慢慢树立起行业优势，行业比重也逐年上升，2013年达到6.8%。随着全球信息化进程的推进，印度在互联网软件与服务行业的优势更加明显，也日渐成为印度文化创意产业发展的重要方向和领域。

（八）中国：目前处于"大量进入期"向"稳定期"过渡阶段

改革开放40多年来，从1988年"文化市场"的提出，到1991年"文化经济"、2000年"文化产业"、2007年"文化生产力"，一直到2012年"文化强国"等战略定位的不断升级，中国的文化创意产业经历了不断改革开放、发展演进的历史过程。

2000年以前，中国的文化创意产业基本处于"市场引入期"，中国文化创意产业上市公司数量从无到有，逐步增长到2000年的86家（见图14）。

随着"文化产业"的产业地位正式确立，2001年开始，中国的文化创意产业逐步进入到"大量进入期"阶段，特别是2007年以来，中国文化创意产业上市公司增长迅猛，在2008年全球金融危机期间逆势攀升到200家以上。2009年《文化产业振兴规划》将文化创意产业提升为国家战略性支柱产业，使得文化创意产业上市公司连续攀升至250家以上，达到2012年的254家。

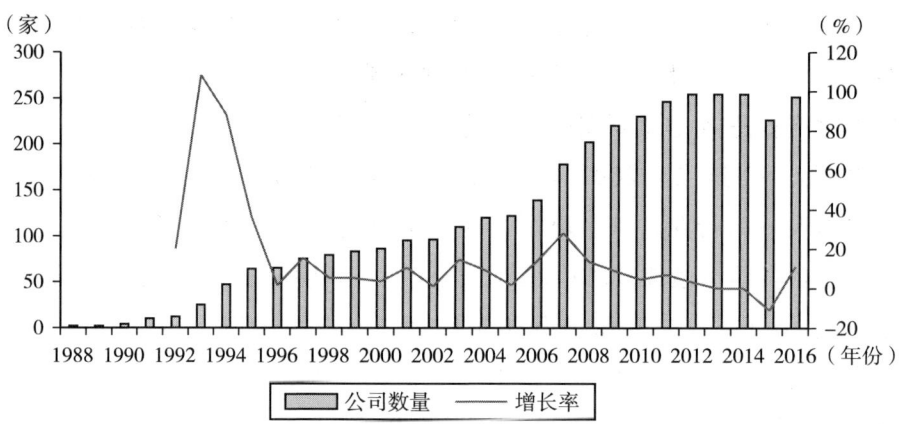

图14　1988~2016年中国文化创意产业上市公司数量和增长率演化趋势

资料来源：笔者根据资料整理所得。

2012年之后，中国文化创意产业上市公司数量基本保持平稳，虽然2015年略有波动，但到2016年仍然回升至250家以上，呈现出较为明显的从"大量进入期"阶段向"稳定期"阶段过渡的特征。

中国文化创意产业上市公司最早集中在文化设备制造领域，如家用音视频设备、广播电视设备，数量均在10家以上；纸制品行业上市公司2000年达到19.7%，在文化创意产业中具有举足轻重的地位。2000年之后，互联网信息化、数字化技术催生了文化创意产业市场新格局：文化制造业比重有所下降，纸制品行业从2001年的21.9%下降到2016年的8.5%，家用音频、视频设备从2001年的13.7%下降到2016年的8.5%；而随着全国广播电视基础设施的完善，广播电视播放设备比重却不断上升，2007年超过纸制品行业，2009年比重达到20.7%，达到历史峰值。另一方面，全球互联网发展大趋势在中国得到了彰显，互联网软件与服务业的上市公司后来居上，比重从2001年的1.4%迅速上升到2016年的11.9%，诞生了一批世界知名的文化创意产业上市公司，其中，百度、阿里巴巴、腾讯（BAT）成为中国文化创意产业生态的重要载体。

2016年12月，数字创意产业被确立为国家战略性新兴产业，并且设定了"8万亿元"产值的明确发展目标。在这一战略的推动下，传统形态的文化创意产业将加速淘汰,而新兴数字创意产业将快速崛起,中国文化创意产业也将迎来一次全新的产业变革。

四、全球文化创意产业六大核心行业结构演化趋势

本文研究选取全球文化创意产业中占比相对较高的6个核心行业——新闻出版、电影、广播电视、网络文化产业、广告服务、家庭娱乐为分析对象,通过对上述6大核心文化创意行业的历史演化轨迹分析,能够更加深入、准确把握全球文化创意产业的结构演化规律与未来发展趋势。

(一)新闻出版行业:总体开始进入"大量退出期"阶段

总体来看,全球新闻出版行业曾出现两次发展高峰,在20世纪70年代中期以前经历了第一次"大量进入期";其后大约从1974~1985年,随着广播、电影和电视业的崛起,进入到第一次"退出期";然后从1986~2004年,受到20世纪80年代激光照排技术、90年代数字印刷技术变革的刺激与带动,迎来第二次"大量进入期",其中2004年新闻出版业上市公司数量达到历史最高值190家。2005~2009年,新闻出版业上市公司数量虽有波动,但基本保持在180家以上,属于全球新闻出版业的"稳定期"阶段。2010年以来,随着移动互联网和自媒体、社交媒体的兴起,新闻出版行业从诞生以来的"精英中心主义"被颠覆,全球新闻出版业总量明显衰退,开始进入"大量退出期"。

根据国际产业分类标准,新闻出版行业主要包括四类细分行业,分别为报纸出版、杂志出版、图书出版和综合出版。1950~2004年,四大细分行业发展演化趋势较为一致;2004年之后出现分化(见图15)。杂志出版和综合出版两个细分行业从2004年开始明显进入到"大量退出期"阶段,上市公司数量大幅减少;书籍出版行业在2008年和2009年达到峰值(均为52家),其后进入"稳定期"发展阶段;报纸出版行业在2010年和2011年达到峰值(均为66家),其后开始下滑,特别是2014年以来下降趋势明显,进入到"大量退出期"。

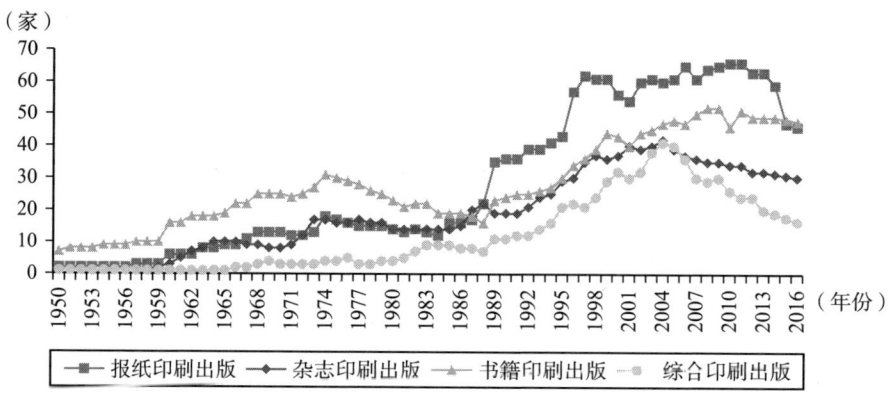

图 15 1950~2016 年报纸、杂志、图书、综合四大出版业务上市公司数量发展趋势

资料来源：笔者根据资料整理所得。

（二）电影行业：经历两阶段快速发展，正由"稳定期"向"退出期"变迁

与新闻出版行业发展趋势类似的是，电影行业上市公司数量自 1950 年以来也经历了两次快速发展的"大量进入"期，分别为 1974~1987 年（峰值 100 家）和 1995~2006 年（峰值 245 家）。电影行业的快速发展使其在上市公司数量上保持一定的优势，特别是 2000 年以来一直保持在 200 家以上。与此同时，电影行业比重提升明显。自 1950 年以来，电影行业多数年份比重高于 4%，其中，1950~1955 年、1970~1984 年行业比重提升最快，1984 年达到历史最高值 9.67%（见图 16）。

1989~1993 年和 2008 年以后，电影行业上市公司数量明显下滑，电影行业比重也出现明显下滑，1992 年降至 4.7%，2014 年仅为 5.54%。电影行业两次下滑主要受到新兴媒体的冲击。20 世纪 80 年代末 90 年代初，VCD 的兴起对电影行业形成了一波小的冲击；而 20 世纪 90 年代后期以来的互联网新兴媒体，特别是进入 21 世纪以来电影行业受到互联网影视娱乐的冲击更大，大量的传统用户流量转战线上媒体平台，更大程度上压缩了电影的发展空间。2013 年以后，电影行业出现了明显的由"稳定期"向"大量退出期"变迁的演化特征。

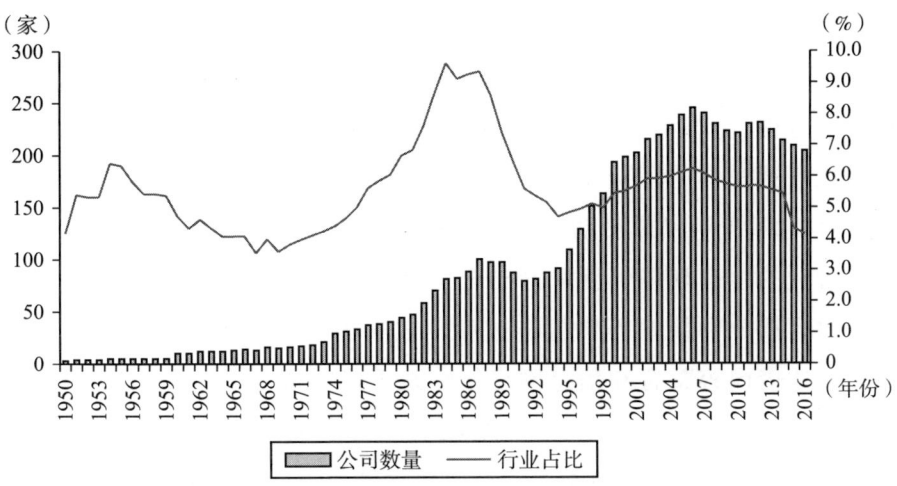

图16　1950~2016年全球电影行业上市公司数量、比重演化趋势

资料来源：笔者根据资料整理所得。

（三）广播电视行业：20多年高速发展，2011年后开始进入"退出"期

"电视广播站"（television broadcasting stations）和"有线付费电视"（cable & other pay television services）作为广播电视行业两大支柱，2000年之前上市公司数量上优势明显。1950年起，电视广播站和有线付费电视上市公司总量总体处于不断上升趋势，从20世纪80年代初以来的飞速发展，两大行业上市公司数量急剧上升，2005年达到历史最高值187家，比1980年增长了246.3%，属于典型的"大量进入期"阶段。在这一阶段中，两个行业交替上升，其中1986~1993年电视广播站上市公司数量明显高于有线与付费电视，这一阶段主要是全球电视广播站政策环境的改变，如美国20世纪80年代里根放松并购管制之后，福克斯娱乐集团（FOX）、联合派拉蒙电视网（UPN）、华纳媒体（WB）及少数族群的电视网开始兴建，最终形成了哥伦比亚广播公司（CBS）、美国广播公司（ABC）、美国全国广播公司（NBC）、FOX四大电视网主导的格局。

进入2000年以来，全球互联网新媒体、网络电视、网络视频的发展日益严重地冲击着传统广播电视行业，互联网丰富多元的视频内容满足了观众多样化需求，移动、便捷、个性化的消费形式更是获得观众的钟爱。2000年以来全球范围内的"三网融合"促进了电视媒体的升级换代，交互式网络电视（IPTV）、互联网电视（OTTTV）等数字电视积极回应了互联网时代电视媒体的消费需求，为传统电视行业带来了短暂的生机。

然而，2010年以来移动互联网和互联网流媒体的普及则彻底改变了传统电视行业的生态环境，互联网已全面渗透到电视行业的内容开发、内容整合、内容播放和传输等价值链过程，以美国网飞（Netflix）为代表的流媒体平台凭借内容整合和信息网络传输几乎以零成本的优势打破了有线电视的垄断，2012年以来传统电视领域上市公司数量明显下滑，2014年减少到165家，其中有线与付费电视行业变化最为明显。2016年末，美国Netflix流媒体平台订阅用户数量首次超过康卡斯特等美国有线电视运营商用户数的合计总量，标志着广播电视行业正式进入"大量退出期"（见图17）。

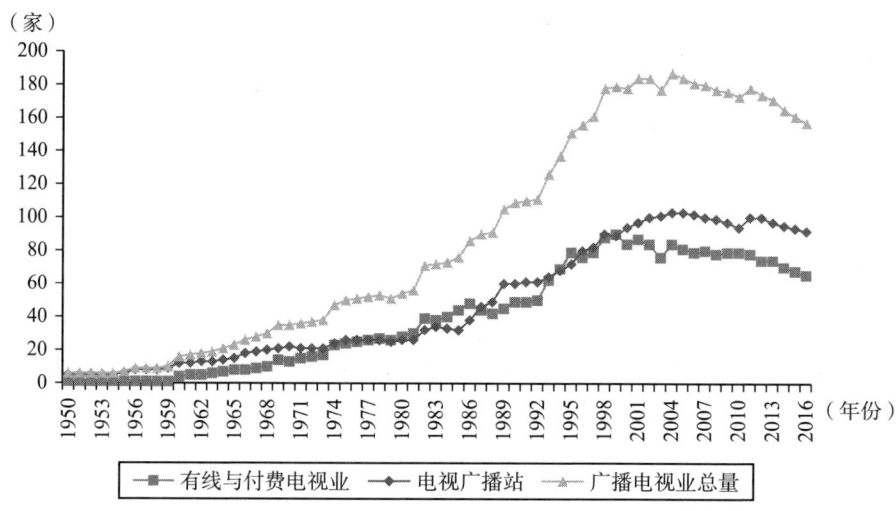

图17　1950~2016年全球广播电视行业上市公司数量演化趋势
资料来源：笔者根据资料整理所得。

（四）网络文化行业：经历两次跃迁，目前基本处于"稳定期"阶段

网络文化行业的发展紧随互联网发展的轨迹，经历两次跃迁式发展。20世纪80年代末开始引入，1995年开始第一次"大量进入"，快速增长

到 2000 年的 395 家，年均增长率高于 20%；2001~2002 年受全球互联网泡沫破灭影响，出现短暂下滑；2003 年再次崛起，2012 年达到历史最高值 676 家，与 2000 年相比增长 71%，成为全球文化创意产业的主要组成部分。2013 年之后虽有小幅下滑，但基本保持平稳。

网络文化行业占全球文化创意产业比重的发展趋势与网络文化行业上市公司数量发展态势基本一致，20 世纪 80 年代末以来不断上升。不同的是，在 2013 年上市公司数量略微下滑的同时，网络文化行业所占比重却仍然在不断提升（如上述分析，很多传统文化创意行业在 2013 年之后都或多或少呈现下滑态势），2016 年为 18.51%（见图 18），远远超过传统主流文化创意细分行业比重，并呈现出继续上升的发展趋势。

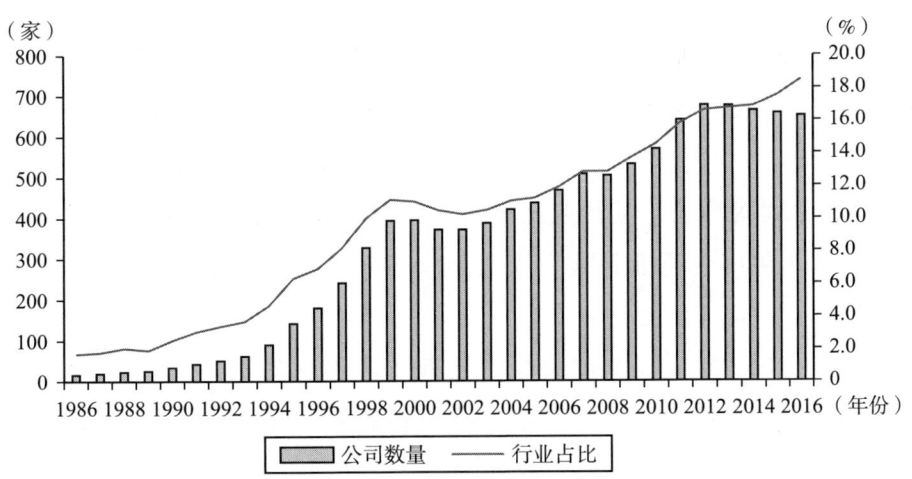

图 18　1986~2016 年网络文化行业全球上市公司行业比重演化趋势

资料来源：笔者根据资料整理所得。

（五）广告服务行业：数量和比重持续上升，2014 年后进入"稳定期"

全球广告服务类上市公司虽起步较晚但发展速度较快。1993~2005 年为全球广告服务行业上市公司"大量进入"期，到 2005 年已达 104 家（见图 19），全球广告服务行业上市公司规模也初步确定。

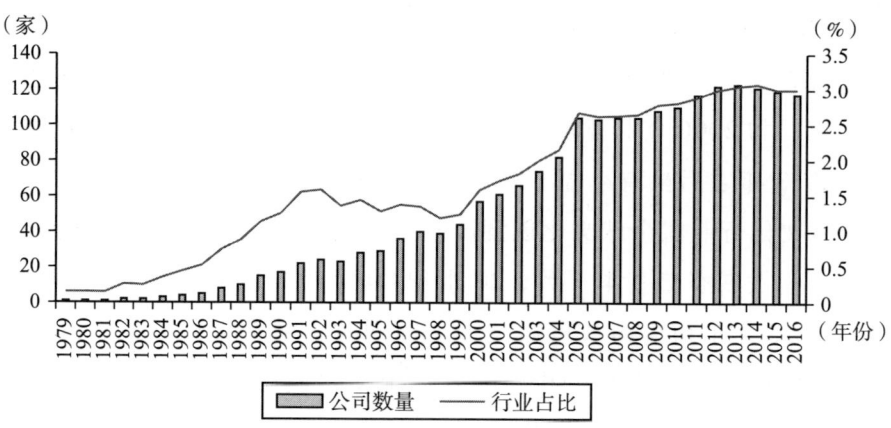

图19　1979~2016年全球广告服务行业上市公司数量及发展演化趋势

资料来源：笔者根据资料整理所得。

与此同时，广告服务行业在全球文化创意产业上市公司总量中所占比重也获得了增长。2000年以前，广告服务行业在全球文化创意产业中的比重一直低于2%，2000年以后随着数字广告技术的大幅增长和广告行业上市公司数量大幅增长，其行业比重基本保持上升态势，表现出强劲的发展势头。2003年广告行业比重一举达到2.0%，其后一路增长，2015年达到3.2%。

2006~2013年发展速度放缓，上市公司数量在2013年达到峰值123家，其后略有小幅滑落，但基本保持平稳态势，显现出产业生命周期的"稳定期"特征。

（六）家庭娱乐行业：20世纪90年代爆发式增长，经大量退出后进入"成熟期"

家庭娱乐行业发展时间较晚且初期发展缓慢，全球第一家家庭娱乐行业类上市公司出现于1967年，但直至1986年全球家庭娱乐行业上市公司一直增长缓慢，1994~1999年为全球家庭娱乐行业上市公司的"大量进入期"，上市公司数量猛增，1999年达到200家（见图20），为历史最高值。家庭娱乐行业占全球文化创意行业比重紧随上市公司数量攀升而一直处于上升趋势，1999年达到历史最高值5.65%。

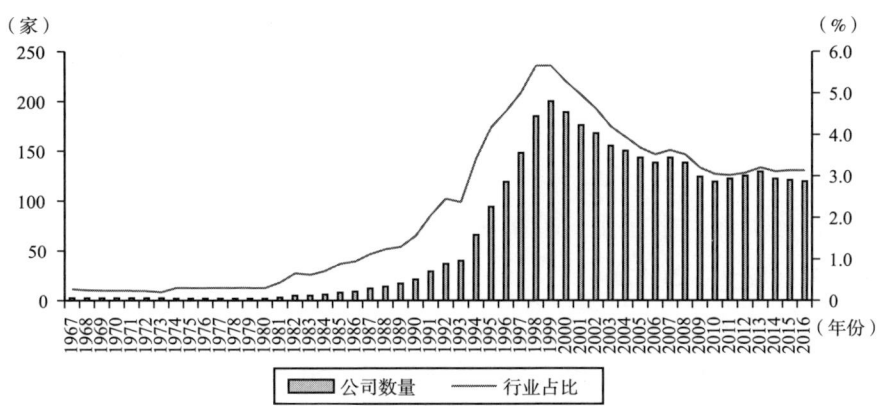

图20　1967~2016年家庭娱乐行业全球上市公司数量及发展演化趋势
资料来源：笔者根据资料整理所得。

进入2000年以来，全球家庭娱乐行业上市公司数量出现大幅度下滑趋势，行业比重也逐年下降，属于典型的"大量退出期"阶段特征。2007年行业上市公司数量略有反弹却又遭遇全球金融危机下探至2010年的119家，与此同时，行业比重也大幅下降，2010年波谷时期比重降至3.0%。在这一阶段，家庭娱乐行业内部经历了残酷的新旧迭代，传统家庭娱乐方式被逐渐淘汰，而以互联网、新媒体、智能手机、平板电脑等带来的新兴娱乐方式成为家庭娱乐新宠。

2011年开始，家庭娱乐行业上市公司数量止跌企稳，行业比重也基本维持在3.1%左右，整个行业基本进入产业生命周期的"成熟期"发展阶段。

综上所述，全球6大核心文化创意行业从诞生以来经历了各自不同的生命周期演化路线，谱写了各具特色的行业演进规律，但深入分析发现，6大行业演进轨迹也有一定的共性特征：一是2000年以前，全球6大核心文化创意行业都基本保持了快速增长态势，虽然有的行业经历了或大或小的波动，但总体趋势都是增长的；二是传统文化创意行业在2004年以后，特别是2014年之后都呈现出下降趋势，而以互联网为基础的数字创意类行业在 2000~2010 年基本保持了增长趋势；三是新旧行业、新老媒体此消彼长、更替迭代的背后，其实是技术的更新换代所驱动，技术创新实际上是全球文化创意产业生命周期演化的根本驱动力。

参考文献

[1] 陈少峰，张立波，王建平．中国文化企业报告 2017 [R]．北京：清华大学出版社，2017．

[2] 陈潇潇，方世川．我国文化创意产业发展的深层困境与对策探讨——以创意产业评价指数为视角 [J]．行政与法，2013（4）．

[3] 崔也光，贺春阳，陶宇．中国互联网上市公司无形资产现状分析——基于中美不同交易所的视角 [J]．首都经济贸易大学学报，2017（6）．

[4]［英］大卫·赫斯蒙德夫．文化产业学 [M]．张菲娜，译．北京：中国人民大学出版社，2016．

[5] 丁芸，蔡秀云．文化创意产业财税政策国际比较与借鉴 [M]．北京：中国税务出版社，2016．

[6] 董磊．战后经济发展之路·美国篇 [M]．北京：经济科学出版社，2012．

[7] 董磊．战后经济发展之路·日本篇 [M]．北京：经济科学出版社，2012．

[8] 樊琦，张丽．经济全球化背景下的文化产业竞争力分析 [J]．山东社会科学，2012（8）．

[9] 冯子标，焦斌龙．分工、比较优势与文化产业发展 [M]．北京：商务印书馆，2005．

[10] 高福民，花建．文化城市：基本理念与评估指标体系研究 [M]．北京：商务印书馆，2012．

[11] 高书生．中国文化产业研究论纲 [J]．中国文化产业评论，2011（2）．

[12] 葛祥艳，解学芳．全球文化创意产业上市公司研发投入研究

[J]. 中国国情国力, 2018 (7).

[13] 胡惠林. 论文化产业及其演化与创新——重构文化产业的认知维度和价值观 [J]. 中国文化产业评论, 2017 (1).

[14] 胡惠林, 王婧. 中国文化产业发展指数报告 (CCIDI) [R]. 上海: 上海人民出版社, 2012.

[15] 胡惠林. 中国文化产业战略力量的发展方向——兼论金融危机下的中国文化产业新政 [J]. 学术月刊, 2009 (8).

[16] 黄昌勇, 解学芳. 中国城市文化指标体系的构建与实践 [J]. 学术月刊, 2017 (5).

[17] 黄先海, 蔡婉婷, 宋华盛. 金融危机与出口质量变动: 口红效应还是倒逼提升 [J]. 国际贸易问题, 2015 (10).

[18] 江畅, 孙伟平, 戴茂堂. 文化建设蓝皮书: 中国文化发展报告 (2018) [R]. 社会科学文献出版社, 2018.

[19] 李华成. 欧美文化产业投融资制度及其对我国的启示 [J]. 科技进步与对策, 2012 (7).

[20] 李季. 世界文化产业地图 [M]. 北京: 中国建筑工业出版社, 2014.

[21] 李景平, 王燕, 杜璐璐. 文化创意产业在我国经济新常态下的作用 [J]. 齐鲁艺苑, 2016 (10).

[22] 李靖华, 郭耀煌. 国外产业生命周期理论的演变 [J]. 人文杂志, 2001 (6).

[23] 李丽萍, 杨京钟. 英国文化创意产业税收激励政策对中国的启示 [J]. 山东财经大学学报, 2016 (2).

[24] 李炎, 陈曦. 世界文化产业发展概况 [M]. 昆明: 云南大学出版社, 2014.

[25] 李炎, 胡洪斌. 中国区域文化产业发展报告 (2015) [R]. 北京: 社会科学文献出版社, 2016.

[26] 李宇. 新兴媒体环境中英国电视业的发展现状和主要特点——基于英国电视业近年数据统计分析 [J]. 现代视听, 2017 (10).

[27] [美] 理查德·佛罗里达. 创意阶层的崛起 [M]. 司徒爱勤,

译，北京：中信出版社，2010.

[28] 刘丽伟，高中理. 世界文化产业发展的新趋势 [J]. 经济纵横，2015（10）.

[29] 买生，汪克夷，匡海波. 企业社会价值评估研究 [J]. 科研管理，2011（6）.

[30] 彭翊. 中国省市文化产业发展指数报告2015 [R]. 北京：中国人民大学出版社，2015.

[31] 齐勇锋. 关于文化产业在应对金融危机中地位和作用的探讨 [J]. 东岳论丛，2009（9）.

[32] 谈国新，郝挺雷. 科技创新视角下我国文化产业向全球价值链高端跃升的路径 [J]. 华中师范大学学报（人文社会科学版），2015（2）.

[33] 王海龙. 美国文化创意产业发展动力学因素探析 [J]. 广西民族大学学报（哲学社会科学版），2017（6）.

[34] 王曦. 澳大利亚文化创意产业发展对我国的启示——以"昆士兰模式"为例 [J]. 中央财经大学学报，2013（1）.

[35] 王义桅，崔白露. 日本对"一带一路"的认知变化及其参与的可行性 [J]. 东北亚论坛，2018（4）.

[36] 王志芳. 韩国对"一带一路"倡议的立场演变 [J]. 当代韩国，2017（4）.

[37] 向勇，刘静. 世界金融危机与中国文化产业机遇 [J]. 福建论坛（人文社会科学版），2009（6）.

[38] 熊澄宇. 世界文化产业研究 [M]. 北京：清华大学出版社，2012.

[39] 杨涛，金巍，刘德良，等. 文化金融蓝皮书：中国文化金融发展报告（2018）[R]. 北京：社会科学文献出版社，2018.

[40] 解学芳. 我国文化及相关产业统计问题的审视与优化 [J]. 文化产业研究，2017（2）.

[41] 解学芳，臧志彭. 国外文化产业财税扶持政策法规体系研究：最新进展、模式与启示 [J]. 国外社会科学，2015（4）.

[42] 解学芳，臧志彭. "互联网＋"时代文化产业上市公司空间分布与集群机理研究 [J]. 东南学术，2018（2）.

[43] 叶朗. 中国文化产业年度发展报告（2017）[M]. 北京：北京大学出版社，2018.

[44] 苑浩. 全球文化产业发展的最新趋势及政策分析 [J]. 国外社会科学，2006（1）.

[45] 臧志彭，解学芳. 中国文化及相关产业上市公司研究报告 [R]. 北京：知识产权出版社，2015.

[46] 臧志彭. 政府补助、研发投入与文化产业上市公司绩效——基于161家文化上市公司面板数据中介效应实证 [J]. 华东经济管理，2015（6）.

[47] 张光辉. 德国文化产业与媒体发展印象 [J]. 新闻爱好者，2014（4）.

[48] 张慧娟. 美国文化产业政策研究 [M]. 北京：学苑出版社，2015.

[49] 张胜冰，徐向昱，马树华. 世界文化产业导论 [M]. 北京：北京大学出版社，2014.

[50] 张晓明，王家新，章建刚. 文化蓝皮书：中国文化产业发展报告（2015～2016）[R]. 北京：社会科学文献出版社，2014.

[51] 张毓强，杨晶. 世界文化评估标准略论 [J]. 现代传播，2010（9）.

[52] 张志宇，常凤霞. "酷日本机构"与中国文化产业的发展 [J]. 同济大学学报（社会科学版），2017（5）.

[53] 仲为国，李兰，路江涌. 中国企业创新动向指数：创新的环境、战略与未来 [J]. 管理世界，2017（6）.

[54] Chen J. P., Zhang N. An Empirical Analysis on Financial Capability and Operating Performance of Chinaâs Listed Tourism Companies [J]. Advanced Materials Research. 2011（204－210）：1009－1013.

[55] Chen P. Interactive Relationship between Stock Prices of Sport Culture

Listed Companies and Sport Industry in China [J]. Journal of Sports Adult Education, 2013, 4 (29): 41.

[56] Choi BD. Creative Economy, Creative, and Creative Industry: Conceptual Issues and Critique [J]. Space and Environment, 2013, 23 (3): 90 – 130.

[57] Connie Z. The Inner Circle of Technology Userjoy Technology Co LTD Innovation: A Case Study of Two Chinese Firms [J]. Technological Forecasting and Social Change, 2014 (82): 140 – 148.

[58] Jinho Jeong. Capital Structure Determinants of Cultural Industry: the Case of KOSDAQ Listed Firms [J]. Journal of Industrial Economics and Business, 2012, 25 (6): 3585 – 3612.

[59] Kim Y. J. Content Industry Support Fund in Digital Media Environment: Focusing on New Content Fund in korea and Culture Tax in France [J]. The Journal of the Korea Contents Association, 2014, 14 (2): 146 – 160.

[60] Lee HG. Storytelling, a Strategy to Activate Regional Cultural Industry [J]. Global Cultural Contents, 2015, (20): 189 – 208.

[61] Lewellyn K. B., S' Bao. R&D Investment in the Global Paper Products Industry: A Behavioral Theory of the Firm and National Culture Perspective [J]. Journal of International Management, 2015, 21 (1): 1 – 17.

[62] Su W. L., Fang X. The Correlation Research between Voluntary Information Disclosure and Corporate Value of Listed companies of Internet of Things [J]. Procedia Computer Science, 2017 (112): 1692 – 1700.

[63] Walter A. Friedman, Geoffrey Jones. Creative Industries in History [J]. Business History Review, 2011, 85 (2): 237 – 244.

[64] Zhong X., Song X. Z., Xie Y. Y. A Study on the Relationship between Capital Structure and Profitability Based on the Empirical Data of Listed Companies in Cultural Media Industry in China [J]. Advanced Materials Research, 2014 (926 – 930): 3735.

创意者的再发现

——文创人才培养模式的新思考[*]

赵朝峰[**]

摘 要：文创人才是文化创意产业的核心生产要素，文创人才的培养质量对于文化创意产业的发展有直接影响。文创人才的首要属性是从创意者入手，本文分析了创意者在接受教育方面的特性，得出创意者是终身学习者、创意者是自我培养者、创意者的培养核心是胜任力的论断。基于以创意者为中心的树形培养模式，本文认为应该从"以自我培养为基础""以'胜任力'为培养核心""形成'政府—大学—企业—创意者'间合力"三条路径去提升创意者的培养质量，并从"政府、高校、企业协力营造有利于创意的宏观环境"，通过"政府、高校、企业、创意者间的良性互动营造有利于创意的中观环境"，从而"提升创意者自我培养的质量营造有利于创意的微观环境"三个层面探讨了提升策略。

关键词：文创人才 创意者 树形培养模式 胜任力模型 自我培养

---

[*] 课题简介：本文系北京开放大学创新团队课题"终身教育视野下的文创人才培养研究——以北京市为例"的系列研究成果之一。

[**] 作者简介：赵朝峰（1975— ），男，河北晋州人，艺术学博士，北京开放大学人文社科学院副院长，主要从事文创人才、终身教育研究。

文创人才被形象地比喻为创意生态系统中的"绿色植物",他们为整个创意经济的生态链提供终端能量,成为创意经济产业最基础最重要的部分①。教育是"农业"不是工业,是一种慢的艺术、是一种精神的活动,只要创设最有利于创新的环境与文化,各种类型的创新人才就会源源不断地涌现出来,我们不仅需要创新的天赋,更需要调动天赋的制度设计②。本文从文创人才的首要属性是创意者入手,将创意者作为受教育者,对文创人才培养模式进行了新的思考,提出了提升创意者培养质量的三条路径和三条策略。

一、文创人才属于创意者

人的创造性是无限的,实现创造性的途径是无限的。例如,美国迪士尼集团出品的《米老鼠与唐老鸭》《灰姑娘》《白雪公主》等动画片,先是出现在屏幕上,然后又被制作成玩具、印制在服装上,然后又被做成迪士尼主题公园。迪士尼授权的许可产品在全球范围内都有销售,所有的销售额加起来,每年能达到1120亿美元,其中来自娱乐人物形象的销售额为290亿美元。

美国心理学家亚伯拉罕·马斯洛(Abraham Harold Maslow)曾特别指出:"创造性的问题就是有创造力的人的问题(而不是创造产物、创造行为等的问题)。③"创造性人才不一定都是高智力,或者说,高智力的人不一定就有创造性,关键点在于,他们是否具备创造性思维和创造性人格。"创造性人格"是美国心理学家吉尔福特(J. P. Guilford)首次提出和使用。创造性人格作为衡量创造性人才的重要维度,在创新活动中起主导作用。通常把具有创造性人格的人称为创意者。

---

① 张琦璋,陈雪梅. 创意阶层的审美人格塑造[J]. 东北师大学报(哲学),2013(2):209.

② 戚业国. 我国大学创新人才培养的实践反思[J]. 中国高等教育,2012(9):37.

③ 匡瑾璘,牟敦山. 人的创造性与有创造性的人——马斯洛创造性思想探微[J]. 理论探讨,2000(2):33.

有关文化创意产业从业者最重要能力的调查显示,53.61%的被调查者认为就是要有理念创新精神①,合格的文创人才的共性特征表现在:好奇心强;创新意识强;创新能力高;敢于探索;敢于冒险;具有强烈的责任感;擅长创造活动。文化创造人才特立独行,他们的创新思想可能不被大众所接受,但是他们享受创新、愿意也敢于尝试新的事物。文创人才的工作,不仅仅是为了获得薪水,而是寻找自我实现的舞台。而这些正是创造性人格的核心表现,因此,合格的文创人才应该首先是创意者。

二、创意者——作为受教育者具有的三大特性

(一) 创意者是终身学习者

在人工智能、信息化等高新科技潮流的推动下,知识所具有的过去式属性越来越显著,"大量数据表明,人类社会正在快速向信息社会、知识社会、网络社会、全球化社会过渡,并催生了学习型社会,催生了社会成员多样化、个性化、泛在化、终身化的学习需求,催生了新的教育理念和教育模式。②"对于创意者这类以创新为主要任务的人才群体,在其培养实践中,就应该降低对知识传递与存储的关注力度,把更大的精力投入到学习能力的培养上,把文创人才培养成具有主观能动性的学习者。这种学习者,不是传统意义上的7~18岁的学龄阶段的受教育者,而应该是贯穿人的一生的学习者,"我们再也不能刻苦地一劳永逸地获取知识了,而需要终身学习如何建立一个不断演进的知识体系——'学会生存'"③。

---

① 刘扬. 近两成从业者年薪10万元以上 [EB/OL]. http://news.sohu.com/20061218/n247099506.shtml, 2006 – 12 – 18/2016 – 11 – 21.
② 中国特色开放大学体系的建立和发展研究课题组, 新型大学的建构——中国特色开放大学体系的建立和发展研究报告 [M]. 南京: 江苏凤凰教育出版社, 2015: 2.
③ 联合国教科文组织国家教育发展委员会, 编著, 学会生存——教育世界的今天和明天 [M]. 华东师范大学比较教育研究所, 译. 北京: 教育科学出版社, 1996: 2.

（二）创意者是自我培养者

"创意"是文化创意产业的核心生产要素①，具有独特属性，相比农业经济的土地、工业经济的机器、商业经济的资金，创意作为劳动者的能力属性，不能与劳动者分离，因此，创意者对创意具有天然排他性权利。在文化创意产业中，"劳动者"和"创意"这两大生产要素合二为一了。

政府、高校、企业等培养机构对于创意者的影响，需要并且只能通过创意者才能在"创意"这一核心生产要素上有用武之地。正如安德烈·焦尔当（André Giordan）所说，"学习者不是单纯的学习'参与者'，而是他所学的东西的'创造者'，别人永远不可能替代他去学。②"恩格斯指出："就单个人来说，他的行动的一切动力，都一定要通过他的头脑，一定要转变为他的意志的动机，才能使他行动起来。③"创意者需要面对社会的需求，强化个体的主体意识，激发自我培养的内在需求，放开眼界，改变学习方式，变被动为主动的接受知识，培养自身的创意人格，虚心学习一切先进的技术和知识，包括思想、文化、技术等方面。

（三）胜任力是创意者培养的核心内容

能力是我们评定人才时经常采用的概念，一般而论，我们相信高能力的人才是优秀人才。能力是属于特性观的概念，即认为能力对应着一些特性，符合这些特性的人就是有能力的，不符合这些特性就是没能力。但是在我们评定一位创意者是否优秀时，能力的概念难以给出完整而准确的评定结果。因为，创意者作为产业人才的子项，如果没有工作绩效，再好的能力也难以评定为优秀。文化创意产业的经济属性，要求创意者在目标确定的情况下追求工作的高绩效。

---

① 联合国教科文组织在《创意经济报告2010》中提出：创意经济是一种可行的发展选择。它依赖于把作为原材料的创意变成资产（金元浦.我国当前文化创意产业发展的新形态、新趋势与新问题 [J].中国人民大学学报，2016，30（4）：3.）。

② [法]安德烈·焦尔当，著.学习的本质 [M].杭零，译.上海：华东师范大学出版社，2015：8.

③ 侯钧生.西方社会学理论教程 [M].天津：南开大学出版社，2010：251.

那么，在文化创意产业中，我们评价创意者的能力，不能就能力谈能力，而应该从能力与工作绩效的关系入手，坚持绩效指向。员工能否取得优秀的工作成绩，这往往是他们的各种个性特征总和的反映，包含个人的知识、技能、个性与动机、价值观等。因此，需要把特性观的能力概念与行为观的绩效概念进行融合，寻求与工作绩效有直接对应关系的能力特性，这就需要引入胜任力的概念。胜任力是个体的"潜在特质"与"显性行为"的集合，是员工在一个组织中取得优异的成绩，有卓越的表现，能够胜任工作所需的知识、技能、个性特质、价值观等，也是创意者培养的核心内容。

三、提升创意者培养质量的三条路径

人才的培养不是工业产品的生产，而是类似于生命的孕育，需要的是外部环境的优化和自身条件的培育。"树形培养模式[①]"的形状恰似圆环围绕的一棵大树。圆环由政府、高校、企业三个不断循环的箭头构成，三者形成了能量生态环，创意者就是能量生态环环绕的大树（见图1）。

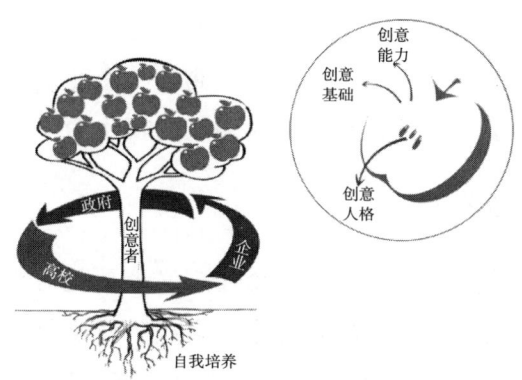

图1　"树形培养模式"示意

资料来源：笔者根据资料整理绘制。

---

① 赵朝峰. 文化创意人才的"树形培养模式"的建构与应用[J]. 中国文化产业评论，2017（25）.

"树形培养模式"强调,人才不是工业化生产出来的,没有统一的生产线,没有固定的"配方",也不可能在短期内批量化生产出来,而是要作为一个长期工程,秉持"百年树人"的理念,优化生长环境,恰似把一颗种子栽种在土壤里,创意者的自我培养就是根,固土、强根,让丰富的营养在导管和筛管中循环流动,保证树的每个部分获得充足的营养,同时把有害物质带走。正如阳光普照,风调雨顺,树的枝叶才能生长的匀称茁壮,创意者需要公平地拥有接受培养的机会,来提升自身的能力,激发自身的潜能。创意者之树生长得目标,是在限定的条件下,结出最多最好的果实。果实就是创意者的胜任力,其中,果实的内核是"创意人格",果肉就是"创意基础"和"创意能力"。当树长到一定程度,并不是枝叶越繁茂越好,而是需要根据每一棵树的用途和特性,进行剪裁,让树能够把营养用在最佳的地方。因此,也需要以文创人才胜任力模型为考核标准,对创意者的胜任力发展进行调整,而不是任由人才随意地发展,缺乏引导的结果可能会背离初衷。同时,必须强调的是,树种不同,对于土壤、阳光、水分、温度等生长要素的需求也不一样,苛求所有的人才在同一种培养条件下,都达到同样的效果,那是违背生命的成长规律的。

同时创意者之树也会为政府、高校、企业组成的能量生态环提供能量。能量的大小根据创意者之树的成长状况决定,创意者之树生长得越茁壮,其提供的能量就越多。这样由政府、高校、企业组成的能量生态环就与创意者之树构成了一个具有新陈代谢功能的"生命体"。

(一) 以自我培养为基础

苏霍姆林斯基认为"教育这个概念在广义上就是对集体的教育与对个人的教育的统一。而在对个人的教育中,自我教育则是起主导作用的方法之一。^①"创意者培养的基点在于人才的"自我培养",政府、高校、企业的作用必须通过调动人才"自我培养"的主观能动性,才能发挥出应有的作用。

---

① 苏霍姆林斯基. 给教师的一百条建议 [M]. 天津:天津人民出版社,1981:207.

通过研究，本文认为创意者培养既具有传统人才培养的共性，也具有自身的个性。共性体现在创意者的培养同其他产业人才一样，同样需要调动政府、高校、企业的影响力，进行长时间的培育，才能实现"百年树人"的目标。而创意者培养的个性特征，则源于"创意"二字。人才最终是否具有"创意"能力，很大程度上取决于创意者的自我培养，而恰恰在这方面，政府、高校、企业的重视不足，推动力量不够。如果创意者不能做好自我培养的准备工作，政府、高校、企业对于创意者的影响力就会受到制约，不仅会造成资源的浪费，也会阻碍创意者的培养结果。

自我培养是创意者之树的根，通过调动起自我培养的主观能动性，可以把创意者的创意潜能激发出来，从而提升创意者的胜任力。创意者的自我培养承担的功能类似大树中的导管和筛管。在创意者之树中，位于木质部的导管，向上输导创意潜能，提供生长所需的最根本的能量；筛管则在韧皮部，向下输导政策、制度、资金等，用来满足生长所需要的营养。这样才能更好地吸收政府、高校、企业提供的"阳光雨露"，经过"光合作用"形成营养，滋养创意者之树，进而根深叶茂，生长得更加茁壮。

自我培养是一个积极的、不间断的过程。创意者需要根据自己的水平、个性和学习的内容，采用不同的自我学习方式，才能更好地调动起自身的学习积极性、主动性，才能更好地推进自我培养。

创意者的自我培养，需要培养自己的思维独立性，消除束缚潜能开发的种种障碍，自觉学会培养和提高获得信息、积极交谈的艺术与能力，努力营造良好的成长环境，通过超越常规的创意思考，实现创意者的自我催化。

（二）以"胜任力"为培养核心

笔者认为文创人才的胜任力模型应以创意人格为核心，包括3个一级指标和16个二级指标（见表1）。

表1 　　　　　　　　　《文化创意人才胜任力模型》①

	一级指标	二级指标
文化创意人才胜任力模型	创意人格	自信
		质疑精神
		责任意识
		敬业精神
		包容性
		合作意识
		心理承受能力
	创意基础	文化素养
		专业知识
		专业技能
		经验丰富性
	创意能力	理念创新能力
		学习转化能力
		资源整合能力
		市场把控能力
		问题解决能力

资料来源：笔者根据资料整理所得。

创意人格是创意者胜任力的核心，对创意能力和创意基础有着直接的制约关系。而且，创意人格是胜任力冰山模型中水面以下的部分，是一个内涵和外延都很广的概念，包含了合作意识、敬业精神、包容性、质疑精神、责任意识、自信。属于人才深层次的特质，是难以直接培养和考核的。因此，要把创意人格作为创意者培养的重中之重，通过创意者的自我培养，把创意者作为教与学的主体和积极建构者的角色调动起来，实现对政府、企业、高校作用的有效转化与吸收，达到提升创意者胜任力的目的。

---

① 赵朝峰. 文化创意人才的"树形培养模式"的建构与应用[J]. 中国文化产业评论，2017（25）.

（三）形成"政府—大学—企业—创意者"间的合力

环境和教育对于创意者培养起着至关重要的作用。"一个在刺激和互动方面非常'丰富'的环境有利于学习，能够促进大脑皮层厚度的增加，神经元的细胞体会增大，树突会产生分叉。[①]"政府、高校、企业三者对于创意者培养来说，不是单独发挥作用的，而是融为一体，难以分开的，三者之间互为影响、相互促进，而且无限循环。根据树形培养模式对于创意者的培养需要宏观、中观、微观三个层面的合力（见图2）。

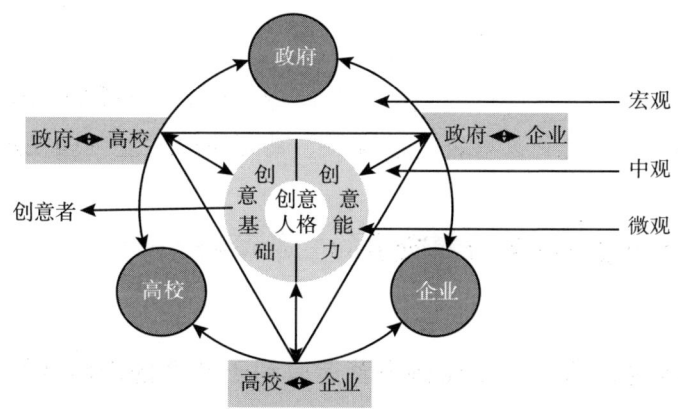

图2　政府、高校、企业、创意者互动的培养机制[②]

资料来源：笔者根据资料整理绘制。

宏观环境由政府、高校、企业构成。佛罗里达（Richard Florida）认为，"充实的商品市场及服务，由优美的建筑和城市规划等形成的良好城市外观，低犯罪率、良好的学校等公共服务，便捷的交通及通信基础设施，这些都为创意人才提供了良好的居住环境。[③]"创意者不惧怕竞争，惧

[①]　[法]安德烈·焦尔当，著.学习的本质[M].杭零，译.上海：华东师范大学出版社，2015：41.
[②]　赵朝峰.文化创意人才的"树形培养模式"的建构与应用[J].中国文化产业评论，2017（25）.
[③]　宋春光，闫秀荣.文化产业创意人才发展影响因素分析[J].黑龙江社会科学，2013（6）：55.

怕的是烦琐而又落后的管理制度和环境。当环境自由充满弹性，施展的舞台无限大的时候，他们会渴望竞争，在竞争中总结经验，超越失败。

政府与高校的互动、政府与企业的互动、高校与企业的互动构成了中观环境。创意者的培养是政府、学校、企业、创意者四个子系统联动，合力打造的系统工程，四个子系统在培养创意者上需要实现高度的同步性，否则，有一方偏弱，就可能消减其他三方的努力和功效，很难对创意者的培养效果起到明显的正向效果，有时甚至可能出现负面效应，不仅不利于营造创新的社会环境，还会造成资源浪费，进而影响到文化创意产业的健康发展。

而创意者自身构成了微观环境。

这三个层面的合力彼此影响，相互促进或削弱，通过和谐互动，可以使创意者的胜任力得到某种程度的发展，甚至可以发展到较高的水平。

四、提升创意者的培养质量的三条策略

（一）政府、高校、企业协力营造有利于创意的宏观环境

政府、高校、企业三者对于创意者培养来说，不是单独发挥作用的，而是融为一体去营造一种有利于创意的宏观环境。在环境的营造过程中，三者难以分开的，互为影响、相互促进，且无限循环。

1. 建立创意者培养的长效机制

创意者的长效培养机制是站在国家未来经济发展的高度，着眼文化创意产业升级的全局提出来的，需要政府、高校、企业合力完成。

建立创意者培养长效机制，要进一步明确创意者培养的总目标，针对文化创意产业特点，健全培养机制，把它与全民教育、终身教育深度结合起来。在总结我国培养创新人才经验的基础上，要统一思想、统筹资源、精心部署，支持创意者的培养；从幼儿园到小学、中学、大学、职业培训，构建系统化培育体系，贯彻创造力培育的理念，探索良好的"政用产学研"合作机制，为我国文化创意产业的长期发展奠定人才基础。

要以政府为核心制定吸引和留住创意者的优惠政策。比如政策上可制定针对创意者的灵活的培养及引进机制；在分配形式上，可在现有的分配制度基础上，探索更适合激励机制的分配形式，例如给予员工知识产权入股、管理入股的机会。

2. 制定创意者培养战略规划

文化创意产业是中国社会经济发展总体战略布局中的重要一环，它不仅是文化部门的事，也是全党的工作，需要建立健全党委统一领导、党政齐抓共管、社会力量积极参与的工作格局。

把创意者的培养纳入国家人才开发的总体规划，与经济技术人才共同谋划。把创意者培养纳入文化管理机关领导班子绩效考核的重要内容，共同推进创意者培养战略规划的制定和实施。

以科学发展观为指导，解放思想，转变观念，进一步健全文化管理机制，实现政府负责领导管理，企业讲究自律，社会参与监督的良性运转，打造富有活力的文化创意产品生产经营机制，全力营造有利于出精品、出人才的良好环境。

3. 营造有利于创意者培养的人文环境

创意者是否发挥出全部潜能，这一点往往受限于其生活的人文环境。当全社会为创意者营造出适宜的人文环境，他们才更容易张开想象的翅膀，挥洒创造的激情，天马行空地驰骋。这种人文环境的营造需要政府、高校、企业间的共同努力。

保证人文环境的多样性和宽容性对创意者来说尤为重要，置身在这样的环境中，他们更有可能激发出更多、更大的创意火花。把奖励机制安放在人文性的环境中，更能体现环境的包容性，创意者也因此会更乐于接受挑战。自然科学可以通过实验来验证效果，而创意没有办法通过实验室进行验证，只能在实践中去证明。创意者在开发产品的过程中，出现失败，是正常的。这在一定程度上，也属于一种实验成本。首先，要包容创意者的失败，其次，要积极地总结经验教训，优化各类制度和管理流程，帮助创意者减少失败的概率，降低错误造成的损失。

公共基础设施是宣扬城市文化，传承人文与历史的有效载体，有助于营造出良好和谐的城市文化氛围，让创意者的工作灵感得到最大激发。因此，政府应该把公共基础设施作为人文元素来抓，这对长久打造文化创意经济有不可忽视的作用。全社会应树立以培养创新能力为目标的理念，为每个社会成员提供良好、充分的发展环境，使其更有洞察力，更追求卓越。

针对创意者喜欢的生活方式，可以从公共环境方面进行塑造，以便引来更多的文化创意精英。如新加坡政府为加速发展创意产业，采取了一系列措施提高国民人文素养。开展"艺术百分比"（Percent-for-the-Arts）计划，在公共场所摆放雕塑、绘画、装饰等艺术品，采用设计独特、富有艺术气息的公共设施[①]。

（二）政府、高校、企业、创意者间的良性互动营造有利于创意的中观环境

政府、高校、企业在创意者的培养中，发挥着不同的职能和影响。针对创意者胜任力指标，政府、高校、企业在其中发挥的影响力各有侧重和重叠。

1. 优化创意者与政府间的互动

政府作为国家的行政管理机构，立足点是国家发展战略，据此从体制层面制定并调整现有制度，制定适宜的政策，联合地方政府还有相应机构一起，通过优化资源配置，促进高校、企业把创意者培养落脚点安放在创意潜能上。

目前，国家层面针对文化创意产业发展的目标和路线方针已经明确，并且制定了一系列的政策制度，但与这些政策制度相适应的配套政策措施，如财政、税收、金融、土地、人才等还不够完善。

（1）完善鼓励文化创意行为的制度体系。在创意者培养方面，制度因素所产生的作用是基础性的，在未来的发展中，需要在知识产权制度、资格认证等多方面加强制度建设，释放出明确的发展信号，增强对创意者的

---

① 姜文学．创意产业与创意人才培养［J］．天津师范大学学报（社会科学版），2008（5）：77．

吸引力，给予文化创意产业一定的市场空间，努力为创意者发展提供支撑、依托及制度保障。

（2）建立强调激励主导性的创意者服务体系。针对创意者的服务体系，应强调以激励为主导。首先，应制定多种优惠政策，刺激从事文化创意的人数增长。如给予做出杰出贡献的创意团队特别奖励。其次，要为创意者提供更完善的公共服务体系，消除其后顾之忧，安心进行创意工作。最后，应建立政府主导的创意者互动网络平台。

2. 加强创意者与高校间的互动

在人才培养问题上，高校是大家公认的孵化器，更是培养创意者的重要基地，优化高校与创意者的互动，可以有效保障创意者供给的连续性和系统性。

（1）建立科学合理的课程体系。根据文化创意产业的特点，高校培养创意者要注重跨学科性，处理好"专才"与"通识"之间的关系，对现有的课程结构进行优化。

（2）优化教学内容的模块设置。模块的具体实践可以参考日本的"二二分段制"模式，即本科学生入学的前两年学习通用能力模块部分，第三年进入专业能力模块部分，在打好人才通才底座的基础上，再进一步加强专业训练，以便人才能实现复合型发展，更好地适应文化创意产业的需求。

（3）完善师资配备与培训。可以把文化创意企业中的高水平文化创意专家吸引进来，丰富师资的结构，让他们嵌入到高校中，提前一步发挥人才培养功效。也可以鼓励教师去一些有代表性的文化创意企业实习、考察、挂职，参与企业的项目，加强自身的实践素养，让教学内容既能登"象牙塔"，也能适应实践的需求。

（4）完善教学方法和手段。以色列学者舒拉米思·克雷斯勒（Shulamith Kreithler）认为，人们从事创造性活动的动力大致可以分为三大类型：内在动力、外部压力和二者的综合[①]。在创意者培养中，我们试图唤

---

① Kreithler, Shulamith, Casakin, et al. Motivation for creativity in design students [J]. Creativity Research Journal, 2009（27）：77.

醒每一个个体的内在动力,但针对个体的不同诉求,可以按照"内在动力""外在压力""二者综合"3个类型来划分,具体操作中,根据这三个类型的特点因材施教,有针对性的设计教学方法和手段。

3. 优化创意者与企业间的互动

文化创意产业的行业组织与企业是产业创新的主体,同时,还承担着人才需求者、文化消费供给者的角色。通过整合文化创意产业的行业组织和企业,可以实现资源的有效配置,培养出适合产业发展的高层次创意者,促进政产学研的深度融合,实现文化创意产业的可持续发展。

（1）创建学习型企业文化。文化创意企业应致力于创建学习型企业文化,让创意者爱上学习。企业可以通过读书会、定期培训、专题讲座、出国考察,以及与高校联办、委托定向培养等多种形式,不断提高创意者的能力,培养适应企业发展需要的人才。

在企业培训和日常工作中,应结合企业实际和员工特点,采取灵活有效的方法,重点对创意者的跨界思维进行培养和锻炼。

（2）构筑诱发创意的企业人文环境。企业文化氛围的营造对创意者的培养具有重要意义。对创意者说,企业就像是一个孕育"金点子"的母体,这个母体越是善于包容,其空间越是鼓励多样,创意者的创意潜能越有可能被最大限度地激发出来。很多时候,创意者之所以会流失,往往与企业文化关系密切,创意者既需要生态化、人性化的办公环境,也需要平等、自由、团结、合作的工作氛围。

（3）创建以创意者为本的赋能型企业管理模式。在文化创意产业中,对于创意者而言,最主要的发展动力来自创意带来的成就感和社会价值。他们最需要的不是激励,而是赋能（empowerment）,也就是提供给他们能更高效创造的环境和工具[①]。在文化创意企业中,赋能比激励更有效,更有利于创新,因为激励更偏重事后和个人,而赋能更加注重事前、更关注企业文化和团队协作。企业管理者应重点关注几个方面：应增强创意者的

---

① 曾鸣. 赋能：创意时代的组织原则[EB/OL]. http://www.chinavalue.net/Biz/Article/2015-10-2/204348.html, 2015-10-02/2019-03-25.

工作自主性，赋予他们更多的决策权，在工作中做好自我引导。当创意者能够自主地根据具体情形采取行动时，他们往往会体验到更多的赋能感；在领导方面，领导者应尊重创意者的不同看法和观点，提供一个自由表达和交流想法的空间，鼓励参与决策。在资源供应方面，应让创意者意识到本企业拥有的充裕资源，可以满足解决问题所需要的资金、信息、知识、培训、时间及其他必备资源。

赋能，并不是无限制、无规则的授权，而是需要明确合理有效的规则和限制，同时保证创意者有顺畅的路径能够获得必要的资源和政策支持，使其知道并能在指定的范围内创新。例如，在谷歌，对于员工的赋能，体现在20%原则上，即员工可以把20%的工作时间花在做自己的"私活"上。企业不干涉，但给予高度关注，并从中寻找出有发展前途的项目，公司再投入资源进行孵化。

（三）提升创意者自我培养质量营造有利于创意的微观环境

创意者的自我培养质量决定着创意者培养的整体效果，具有了基础性价值。

创意者的自我培养是一种需要不断培养和完善的素养，要求发挥创意者的学习主动性，将学习作为一种活动而不是任务，主动参与，激发创新欲望。根据树形培养模式，提升创意者自我培养的关键是优化创意者的"创意人格"。根据对创意人格的七个指标进行分析，可以有效提升创意者的自我培养质量。

1. 自信指标分析

自信是一种积极的心理体验，一种自我激励的精神力量，它能够激发潜意识释放出无穷的能量。具有高度自信的人表现为对自己的信任和尊重，缺乏自信的人则表现为对自己的轻视和自卑。

优秀的创意者总是信心十足，对自己所追求的事业矢志不移，而失败者首先失掉的是自信。创意者的工作强度高，但薪酬不能达到心理预期，导致创意者对职业声望的自我评价不高，常常自嘲为"文化民工"，降低了创意者的自信。

造成上述状况的原因很多，主要可以从两方面分析：

（1）创意者自身缺乏较高的职业理想，未把文化创意看作是社会生活有重大影响的特殊行业，等同于普通行业，只是把文化创意作为一种生存的技能，满足于朝九晚五的上班族生活，在文化创意实践中满足于平均水准，能应付过去就好，没有追求尽善尽美的意愿和动力。而文化创意实践的最大魅力就在于没有最好，只有更好。任何一个文化创意都有提升的空间和可能，这也是杰出的创意者的真正追求。

（2）全社会还未形成完善的创意者评估标准，管理和考核还遵循传统产业的办法。如果不与时俱进地提升针对创意者的评估标准，长久下去，就会出现劣币驱逐良币的后果，文化创意企业将痛失最宝贵的核心资源——创意者。

2. 质疑精神指标分析

质疑精神是人类创新能力的内在驱动力。正如南宋哲学家陆九渊所言："为学患无疑，疑则有进"，质疑精神是创意者的内动力，是创新意识的一个环节、阶段。

《中国青年报》社会调查中心做的一项有关中国人质疑精神的调查结果显示，觉得当下青少年缺少质疑精神的受访者，占比为98.9%。在为什么当下青少年缺少质疑精神的选项中，53.7%的受访者认为是家长本身爱养"乖孩子"；53.0%的受访者认为是因为学校教育不鼓励质疑；49.4%的受访者认为是"整个社会都缺乏质疑精神"；28.2%的受访者认为是"质疑成本很高"[①]。

这正是创意者质疑精神缺失的社会根源，造成这种现象的主要原因在于：

（1）缺乏独立思考能力，人云亦云，喜欢随大流，不敢也没有能力独辟蹊径。

（2）缺乏强烈的自我批判意识。创意者作为文化的传承者和创新者，应该具备自觉的自我批判精神，自觉抵御不良社会风气，实现自我发展、自我超越。

---

① 李万友. 缺少质疑精神是道沉重的教育考题［J］. 湖南教育旬刊，2013（8）：12.

(3) 受到传统文化中负面因素的制约。如"人怕出名猪怕壮""树大招风""枪打出头鸟"等。

3. 责任意识指标分析

责任意识对于创意者来说，不仅是一种责任，更是其创意能力和实践能力的来源。一方面，强烈的社会责任感，会推动创意者有意识地寻找真实的社会需求，并把需求转化为对文化创意产品的创造。因此，创意者观察更微妙，思维更活跃，不断激发创新动力。另一方面，如果创意者缺乏责任意识，受个人利益、好恶和个人短期利益的影响，创意则不能持久。

创意者责任意识不足主要表现为：不尊重他人的知识权力，随意借鉴，甚至抄袭；集体责任感淡化、以自我为中心，从纯粹的个人兴趣来选择自己的行为，忽视对社会的贡献；过度追求创意的新、奇、特，追求经济收益，忽视了文化创意产品对人的精神和价值观的影响。如在影视作品中随意解构经典、解构英雄，导致历史观和价值观的旁落，在社会上形成负面影响；如在网络游戏中肆意设计色情、暴力、畸形的情节，罔顾青少年的心智和情感健康等，都是对社会不负责任的表现。

4. 敬业精神指标分析

敬业精神会激励创意者以认真踏实、恪尽职守、精益求精的工作态度，追求崇高的职业理想，去自觉克服自身在创意和实现创意的过程中遇到的重重阻碍。敬业精神可以分为两个层面，较高层面体现为追求卓越的精神；较低层面体现为执着，是一种带有功利目的的敬业。

文化创意的终极诉求应该是追求"有灵魂的卓越"。追求卓越，尽善尽美，是文化创意的最高追求，是对社会责任的担当、对真善美的追求等高尚内涵的卓越。

"国际创意产业之父"约翰·霍金斯（John Howkins）说过，"创意经济比传统制造业有更高的竞争性。它的失败率也比传统的制造业更高。当我们停止学习的时候，我们就会失去创作力，一个企业也就会死掉。[①]"这

---

① 金元浦，约翰·霍金斯．对话：文化创意产业——"新的十亿人"的时代［J］．福建论坛·人文社会科学版，2013（6）：42．

就要求创意者要长时间保持旺盛的创造热情，不断提升自身的创造能力，这些都需要创意者具有执着的敬业精神才可能实现。

5. 包容性指标分析

这与创意者主要以团队形式进行创作是相吻合的。斯科特（Scott）和布鲁斯（Bruce）的相关研究结果表明，团队成员对团队中支持创新氛围的认知程度越高，对成员个体创意、创新行为产生的正面影响越显著[①]。文化创意产业的发展不仅依赖于个人和单个企业的行为，更需要企业的集体互动和地理集聚，这都要求创意者具有包容性。

6. 合作意识指标分析

合作意识是创意者不可缺少的胜任力。研究证明，产生创新力的源泉来自不同专业、不同特长、不同层次群体间的有效组织及相互协调。有关学者曾经对诺贝尔奖获得者进行专题研究，通过对获奖者的工作方式的全面分析发现，由于善于同他人合作而得奖的比例，在创立最初的25年占到近41%。到了1972年，上升至79%[②]。

创意者应具备宽阔的胸怀，开放的心态，树立合作意识，在同一个创意群体中，由于每个人的知识结构和能力都有特定的方向，无论是谁，都难以掌握文化创造力的全部要素，具有全方位的能力。人们往往专注于某一方面，而在另一方面，人们通常都表现为一般性熟悉。因此，创意群体最有效的表现是不同创造力的人才之间的互补性。通过在工作中的协调与配合，能够更充分发挥自己的特长和能力。同时，创意者可以通过互补合作，以获得最大的利益。

7. 心理承受能力指标分析

文化创意的行业性质对创意者的心理承受能力有较高的要求。一般情况下，可以从生理心理学角度和社会角度两个角度分析心理承受能力。生理心理学角度，从人才的大脑神经系统的耐受性入手，耐受性大、兴奋和抑制之间的平衡性强的人，则能够承受较大的刺激；反之，则不能承受大

---

① Scott, S G, &Bruce, R A. Determinants of innovative behavior: A path of individual innovation in the workplace [J]. Academy of Management Journal, 1994, 37 (3): 580.

② 隋延力. 创新人才的识别与培养 [J]. 研究与发展管理, 2004 (4): 116.

的刺激。社会的角度，从人才对挫折、对苦难等环境信息处理的理性程度入手。心理承受能力强的人才可以以可变的、可接纳的方式处理不同于自己的事物，能够适应社会。心理承受能力弱的人才不能操纵不同于自己的事情，然后出现严重的社会不适应。在现实生活中，社会角度的心理承受力更有现实意义，也是创意者需要的那种心理承受能力。

创意者具备了更高的心理承受能力，能够全身心地享受创意的乐趣，发挥出更大的创意潜能，推动文化创意产业的生产效率、生产能力和生产水平得到快速的提升。

综上所述，以创意者的视角去考察和建构对于文化人才的培养模式，可以发现以往在人才培养设计中对于创意者，这一身兼文化创意产业的"劳动者"和"创意"这两大生产要素的特殊主体的重视程度不足，本文通过对创意者的再发现，试图弥补这一不足，并在原来不足的基础上，构建出关于文创人才培养模式的新思考。

以"文化创意旅游"促进乡村振兴的几点思考

王华彪

摘　要： 党的十九大提出乡村振兴战略，大力加强乡村文化生态建设作为一项任重而道远的系统性工程，利在当代、泽惠后世。在乡村振兴战略的发展中，现代文化旅游产业作为现代新型朝阳产业形态，而且文化是旅游的灵魂，旅游是文化的载体；文化提升旅游内涵，旅游实现文化价值。坚持以习近平新时代中国特色社会主义文化思想为指引，对大力实施乡村振兴战略，不断增强和提升乡村文化自信，促进第一、第二、第三产业融合发展，推进新时代乡村"文化+旅游"振兴具有重要的理论意义和现实意义。

关键词： 乡村"文化+旅游"振兴

---

* 作者简介：王华彪，（1973— ）男，湖北汉川人，河北建筑工程学院党委组织部副部长（主持工作）、副教授，硕士，研究方向；思想政治工作。河北省第十二届社会科学青年专家，张家口市第三届社会科学青年专家，张家口市第一届智库专家。

** 基金项目：本文是2018年河北省文化厅规划项目"京津冀协同发展视域下河北文化创意产业人才培养路径研究"（项目编号：HB18-YB072）的阶段性成果。

一、发展乡村"文化+旅游"的重要意义

（一）乡村"文化+旅游"符合经济发展的一般规律

马克思主义哲学基本原理认为，生产力决定生产关系，生产关系对生产力具有能动的反作用。"文化+旅游"符合马克思主义的基本原理，符合经济发展的一般规律。从旅游实践的发展历程来看，旅游总是与人们的精神文化生活相联系。第二次世界大战后，旅游开始走向大众化，并具有精神享受和文化体验的基本属性，实现了经济性与文化性相统一。从马克思主义需要层次理论来看，旅游总是与社会的高层次精神文化需要相契合。马克思主义需要层次理论把人的需要分为三个层次，即生存需要、享受需要、发展需要。旅游作为享受和发展的需要，已经超越了生理或本能的欲望，上升到社会文化层次，具有明显的社会文化意义。从国际社会的一般惯例来看，旅游总是与先进的社会生产力水平相适应。按照国际惯例，当人均国内生产总值达到1000美元时，旅游需求开始产生；突破2000美元时，大众旅游消费开始形成；达到3000美元以上时，旅游需求将会出现"井喷"现象，文化消费在旅游消费中的比例也随之大幅提高。有数据显示，2016年我国全年人均国内生产总值53980元人民币，更加注重旅游品质、文化内涵的"文化+旅游"渐成主流。

（二）乡村"文化+旅游"促进第一、二、三产业融合发展

只有产业的蓬勃发展才能带来农村经济的繁荣，党中央明确提出"要推动文化产业与旅游、体育、信息、物流、建筑等产业融合发展"。作为我国大力扶持发展的第三产业新模式，文化旅游产业是以旅游经营者创造的观赏对象和休闲娱乐方式为消费内容，使旅游者获得富有文化内涵和深度参与旅游体验的旅游活动的集合，具有较高的文化性、创意性、体验性和衍生性，其特征决定了"文化+旅游"项目可以达到第一产业农业提质升级，第二产业文化衍生品制造研发，第三产业"文化+旅游"全面植入

的产业融合目的,真正将乡村地区以第一产业传统农业为主导、第二产业低端制造业为主导的产业现状转化为以新型创意农业、文化衍生品研发制造、文化旅游产业为主导的新型产业结构,实现乡村产业结构升级、产业集群化、产业绿色化及区域协调分工。

(三)乡村"文化+旅游"符合区域文化共兴发展需要

当前,京津冀三地区域文化发展正处于实现"两个一百年"奋斗目标的重要节点。推动"文化+旅游",实现深度融合、跨越发展,既迎来前所未有的大好机遇,也承担着引领推动经济结构优化、产业转型升级的现实任务。一方面,京津冀协同发展,第一次把河北全域纳入国家战略,京津冀地区成为带动全国发展的主要空间载体,这为扩大区域开放、加快"文化+旅游"融合发展提供了更高更大的平台。环渤海地区合作发展、北京张家口共同举办冬奥会等重大举措,也为培育壮大文化旅游产业提供了重要机遇。另一方面,改革开放以来,京津冀三地区域经济高速增长,同时也积累了产业结构不合理、经济增长动力不足等问题。为突破发展"瓶颈",当前"文化+旅游"突破了产业分立的"条条框框",有利于扩张文化产业边界、提升旅游产业的文化附加值,有利于带动产业结构优化升级,增强可持续发展动力。

(四)乡村"文化+旅游"符合文化强省建设要求

河北省是文化资源大省也是农业大省,更是具有美丽乡村的大省,加快把文化资源优势转化为产业优势、发展优势,是河北省文化建设的核心任务,也是大力实施乡村振兴战略,实现由文化大省向文化强省发展的必然要求。文化与旅游之间具有天然的耦合性。推动"文化+旅游"融合发展,既是一个以文化带旅游、以旅游促文化的过程,也是一个优势互补、互惠共赢的过程,也是一个把社会效益放在首位、实现社会效益与经济效益相统一的过程,更是最大限度释放文化资源服务社会、推动发展的基本作用,在融合发展中达到互促共赢,产生叠加放大效应,助推文化产业升级、文化强省的建设。

二、实施乡村"文化+旅游"的基本方略

(一) 科学规划,创意驱动

习近平总书记多次强调,"让收藏在博物馆里的文物、陈列在广阔大地上的遗产、书写在古籍里的文字都活起来。①"让文化生态建设搭上互联网的"顺风车",实现传统文化和文化遗产"活"起来。文化成为现代旅游产业中的核心,从深层次挖掘、保护、传承及传播根植于乡村的优秀文化资源,使其具备文化旅游产业吸引效应,实现全面的文化振兴,"文化+旅游"不是文化和旅游的简单叠加、硬性捆绑,而是需要顶层设计,科学规划。正确处理政府与市场的关系,积极用好政府宏观调控这只"有形的手"和市场调节这只"无形的手",重点突破文化旅游在投融资、项目建设等方面的约束限制,让"两只手"各司其职、优势互补。要按照"大文化、大旅游、大产业"的要求,科学编制文化旅游发展战略规划、产业规划、项目规划,建立健全文化旅游规划体系。

1. 坚持"文化+""+文化",加强创意驱动,扩大"乘法效应"

文化与旅游的连结点在于创意,要通过"资源+创意",提升旅游品质,实现文化价值。要坚持衍生发展、包容开放,加强整体营销,做大做强市场。广义上说,文化旅游市场也属于文化市场。文化与旅游之间具有天然的耦合性,推动"文化+旅游"融合发展,既是一个以文化带旅游、以旅游促文化的过程,也是一个优势互补、互惠共赢的过程,更是一个把社会效益放在首位、实现社会效益与经济效益相统一的过程。要尊重市场规律,积极培育新的文化旅游消费热点,推出更多个性化、特色化的文化旅游产品和服务,不断满足多层次的文化旅游消费需求;要更加突出文化性、创意性和市场性,鼓励文化旅游产品创新创意开发,带动剪纸、宫

---

① 新华网.让优秀传统文化活起来 [EB/OL]. http://edu.people.com.cn/n/2015/0303/c1053-26626601.html, 2015-3-2.

灯、年画、内画、皮影、石雕、陶瓷等传统工艺创新发展。

2. 坚持"文化＋""＋文化",加强供给侧结构性改革,找准着力点

重点在政府引导、创意开发、品牌培育、市场拓展四个方面着手,全力推动"文化＋旅游",促进文化旅游深度融合。党的十八大以来,伴随着"经济新常态""供给侧结构性改革"的深入发展,文化的地位和作用日益凸显,文化建设进入了"文化＋""＋文化"的新阶段。文化是旅游的灵魂,旅游是文化的载体;文化提升旅游内涵,旅游实现文化价值。要延伸产业链条,推动文化旅游产业向价值链高端发展,推动文化与旅游核心层、外围层、相关层和上中下游产业链有机结合,积极适应"互联网＋"时代传媒发展的新特点,借助现代网络技术,探索利用知名文化旅游网络平台、手机APP、网络视频、电视专题片等多种形式,积极从不同侧面、不同层次宣传展示文化旅游产品,使杭州文化旅游形象更加深入人心。

3. 坚持"文化搭台、文化唱戏",着力打造特色,培育重点品牌

要坚持文化主线、市场导向,挖掘特色文化资源,打造一批特色文化旅游品牌。要用好盘活文物、古迹、名胜、民俗、节庆、地方传说、特色文艺等文化资源,敏锐捕捉其中具有较高文化价值、人们喜闻乐见的元素,将其融入旅游产品的开发设计中,形成文化旅游产品和服务的鲜明特色,做到"人无我有,人有我优,人优我特"。坚持"内容为王",打造精品。要树立精品意识,从历史、现代、民俗、道德伦理等多个层面、多个维度,精心策划、精心设计、精心建设、精心服务、精心管理,打造一批内容丰富、特色鲜明的文化旅游精品。

(二)开发挖掘,完善提炼

实现文化资源精品化、品牌化,需要对乡村文化中的历史文化、革命文化、社会主义先进文化进行深入挖掘,才能实现核心吸引,创造产业化效益。

1. 开发历史文化景点

历史文化旅游是河北省文化旅游的优势。开发打造历史文化景点,重点要在三个方面下功夫:首先,依托"三大文化名片"、四项世界文化遗产等历史文化资源，积极开发文化寻踪、文化体验等特色文化旅游产品。其次，要结合地方历史文化资源实际，从小处着眼，从"深"处着手，以历史故事、动人传说等为切入点，深入阐发中华优秀传统文化"讲仁爱、重民本、守诚信、崇正义、尚和合、求大同"的时代价值。再次，广泛利用舞台艺术、音乐、美术等不同媒介形态，积极运用文字、声音、影像、动画等多种表现手段，让历史文化资源"活起来"。

2. 建设革命文化景点

革命文化旅游是河北省文化旅游的亮点，省内的西柏坡红色旅游系列景区、华北军区烈士陵园等14家单位入选了全国红色旅游经典景区名录。一要大力推动红色旅游和革命文化精品创作结合。围绕西柏坡"最后一个农村指挥所""狼牙山五壮山"等革命历史、英烈故事、红色足迹，打造一批传承优秀革命传统、弘扬革命精神的舞台艺术、实景演出等文艺精品，充实红色旅游的文化内容。二要大力推动革命文化景点与"美丽乡村"、特色小镇旅游产品组合。以西柏坡红色圣地、129师司令部旧址、冀东大钊故里等为依托，促进红色旅游与研学旅游、乡村旅游、生态旅游融合发展，既让游客"望得见山、看得见水、记得住乡愁"，又潜移默化地接受革命传统教育。三要大力推动革命文化资源与现代科技手段融合。适应"互联网+"和信息技术快速发展的新特点，将革命文化资源开发与现代网络、舞台、声光电等技术融合起来，增强革命文化旅游产品的感染力、影响力。

3. 维护先进文化景点

现代公共文化服务体系是发展先进文化旅游的重要支撑。要大力推动公共文化服务体系建设及供给侧结构性改革，加大公共文化服务设施融合发展力度，进一步完善博物馆、图书馆、美术馆等公共文化服务设施网络，以弘扬爱国主义为核心的民族精神和以改革创新为核心的时代精神、弘扬社会主义核心价值观为重点，丰富公共文化服务的内容和形式，提高免费开放服务水平，把优秀文化内容渗透其中，以符合现代需求的形式去表现和塑造。

(三) 勇于担当，干事创业

习近平总书记指出在十九大报告中强调："当代中国共产党人和中国人民应该而且一定能够担负起新的文化使命，在实践创造中进行文化创造，在历史进步中实现文化进步"。这一新文化使命的核心内容，一方面要求我们不能脱离实践。面对波澜壮阔的新时代中国特色社会主义伟大实践，只有坚持扎根人民，深入实践，才能创造出符合实际情况、满足人民需要的文化创造，同时，又要求我们不能脱离时代。新时代中国特色社会主义是中国特色社会主义实践进入的新阶段。在中华优秀传统文化中，"士不可以不弘毅，任重而道远""天下兴亡，匹夫有责"所体现的担当、尽责精神是传承千年的民族美德。乡村"文化+旅游"关乎历史、现实与未来，关乎实现中国梦想、实现民族复兴，完成这一任务目标，重在知行合一，重在担当作为。

1. 在"爱"上下功夫

要树立现代管理理念，扑下身子，搞好服务，搞好培训，促进村民员工化，建立稳定收入机制，全面提高了整体镇域农民生活收入、综合素养。文化旅游项目，主要有主题游乐型、景点依托型、"文化+旅游"小镇型、特色度假型四种主体形态，均可以为当地提供大量工作岗位，村民都需要接受承包企业的正规员工培训并持证上岗；以市场机制促进人才振兴和脱贫攻坚，以企业管理促进农村人、财、物的转型升级，从而实现提升农民综合素质，补齐农村教育短板；形成农村人才市场化优胜劣汰规则，摒弃固有的"靠天收"心态，提高乡村社会文明程度。同时，有助于解决因为外出打工而导致的留守儿童教育、留守夫妻交流、留守老人养老等深层次社会问题，让农民在家门口拥有更加充实、更有保障、更可持续的获得感、幸福感、安全感。

2. 在"引"上下功夫

要结合地方历史文化资源实际，从小处着眼，从"引"处着手，文化旅游产品具有竞争激烈、更新周期短、易模仿复制、易受流行趋势影响等特征，所以文化旅游产业发展的核心是人，在文化旅游资源转化中，人才让资本转化的效率最高、技术手段的运用最恰当、文化元素的展现最充分，并最终实现文化旅游产品的价值最大化；大批"文化+旅游"游人才进入乡村，能够有效地拉动和带动乡村人才发展速度与水平，并实现更多企业"文化+旅游"智力资源的导入，助力乡村振兴发展。

3. 在"活"上下功夫

坚持"在发展中传承，在开放中保护，在创新中培育，在包容中涵养，在传播中弘扬"，关于以历史故事、动人传说等为切入点，深入阐发中华优秀传统文化"讲仁爱、重民本、守诚信、崇正义、尚和合、求大同"的时代价值。善于统筹协调、多措并举，达到效率与质量、数量与速度的双平衡；广泛利用舞台艺术、音乐、美术等不同媒介形态，积极运用文字、声音、影像、动画等多种表现手段，让历史文化资源"活起来"。

4. 在"创"上下功夫

脚踏实地的同时，又讲究创新方法，坚持统筹兼顾，做到突出重点、突破难点、打造亮点。大力发展乡村旅游创客基地，形成外来人才吸引机制，提供本地人才发展平台。发起设立河北文化旅游智库等专门研究机构，搭建"文化+旅游"智库平台，制定和完善"文化+旅游"智库运行办法；共同组织开展文化旅游创客活动，通过培训、培育、培养的方式，引导、鼓励和支持返乡农民工、大学毕业生、专业技术人员等投身乡村创客活动；共同组织开展文化旅游智力服务，全面提升河北省"文化+旅游"智力服务水平，引领河北文化旅游产业发展。大力培育国家、省、市三级乡村文化旅游创客基地；大力扶持乡村以众创、孵化为核心服务平台的第三方服务机构，为科技企业、乡村创客提供学习平台、交流平台，出台激励乡村创客的政策，举办如中国乡村文化创新大赛等主体赛事、节庆活动。

5. 在"苦"上下功夫

俗话说，人无远虑，必有近忧，落实如何推进，如何高效推进，需要认真规划，找准关键，提前布置。面对形形色色的"绊脚石""拦路虎"，只能用"不驰于空想，不骛于虚声，而唯以求实的态度做踏实的功夫"这种"钉钉子"的精神，用苦干扛起时代的担当，逢山开路、遇水搭桥，才能把美好的规划蓝图一步步变为现实。

三、乡村"文化+旅游"振兴需要把握的几个问题

（一）在国际层面上，要主动融入"一带一路"倡议

无论是"丝绸之路经济带"，还是"21世纪海上丝绸之路"，都蕴含着以开放包容为理念、以经济合作为基础、以人文交流为支撑的重要内容。乡村"文化+旅游"是扩大区域开放的重要形式。"文化+旅游"兼具文化交流、人员往来两大内容，是激活国际国内"两个市场""两种资源"的"催化剂"，是扩大"一带一路"区域开放的"金钥匙"。乡村"文化+旅游"是"中华文化走出去"的重要载体。"文化+旅游"作为文化与经济双核战略结合的重要载体，将在"一带一路"的合作倡议中赢得更大的发展空间，也将在推动"中华文化走出去"中发挥突出作用。乡村"文化+旅游"是展示河北形象的重要媒介。河北省地处"一带"和"一路"在渤海湾衔接的节点地区，要加强国际、省际文化旅游合作，在"走出去"与"引进来"中，彰显河北特色，树立河北形象。

（二）在国内层面上，要积极适应京津冀协同发展

在京津冀协同发展的各领域中，文化资源是河北省最大的比较优势，旅游市场是极具潜力的消费市场。2016年12月，国务院印发了《"十三五"旅游业发展规划》，强调要"推进京津冀旅游一体化进程，打造世界一流旅游目的地"，为京津冀文化旅游协同发展指明了方向。在资源整合上，北京是国家历史文化名城，文物古迹遗存丰富，天津的民俗文化、地域文化特色鲜明，推进"文化+旅游"，有利于三地连通文脉，打造区域文化旅游集群，实现"1+1+1＞3"的综合效应。在市场分享上，单从入境游来看，2016年，河北省入境游客数量分别只是北京的1/3和天津的2/5，存在着很大的提升空间。随着京津冀"1小时交通圈""四纵四横一环"城际铁路网络的建设完善，依托京津成熟的旅游消费市场和对"周边

游"、生态游的庞大需求，将河北文化旅游打造成为京津冀旅游一体化的"第三极"。在借力发展上，京津两地的科技、人才、资金优势明显，通过"文化+旅游"，进一步承接两地在文化旅游开发运作方面的"溢出效应"，推动河北省文化旅游转型升级、提质增效。

（三）在生态环境保护层面，要注意发展保护与综合利用

通过大力发展乡村文化旅游产业，可以有效治理农村脏乱差的环境，实现村容整洁，使"千村一面""空心化"问题得到有效缓解。但是在规划建设中，生态保护是严守的红线，应当以符合农民增收、保证乡村生态环境为首要原则；在制度上必须严格把控，除必要基础设施用房、公共服务配套用房外，其余征收土地必须用于旅游项目开发，不允许配套住宅出售。因为良好生态环境是农村最大优势和宝贵财富，绿水青山就是金山银山，杜绝文化旅游产业项目房地产化，才能推动乡村自然资本加快增值与协同创新产业发展，走一条百姓富、生态美的高质量精准脱贫、可持续发展之路。

（四）在创意发展层面，注意文化旅游产业差异化效应

创造符合乡村地域文化资源特色鲜明的旅游形态，避免"开倒车"和"千镇一面"。文化是旅游的灵魂，旅游是文化发展的重要途径之一，二者缺一不可，应当注重乡村文化资源的原生性和差异性保持，通过乡村风貌提升、休闲度假设施建设，以及休闲"产业链"延伸等手段，加强规划引导，规范乡村旅游开发建设，保持乡村生态环境和传统特色文化风貌；发展区别于传统文化旅游项目缺乏体验性和深度游览性的现代文化旅游产业业态，强化文化旅游项目的竞争力需将文化与世界级品牌、科技和资本的高效对接，引进、采用情境体验、动漫形象、创意体验、数字游戏、虚拟场景、文创衍生品及丰富演艺等现代元素，将文化资源活化，强调深度现代化的乡村文化旅游体验与互动。

四、结论

习近平总书记指出,"我的执政理念,概括起来说就是:为人民服务,担当起该担当的责任。①"责任履行得好不好、融合的程度深不深、效果好不好,一个重要的基本前提就在于对当前形势和发展趋势的认识和把握,一个根本的落脚点是压实各级责任;所以,建立责任体系的目的,就是在进行合理分工的基础上,明确任务和要求,把千头万绪的工作同成千上万的人对应地联系起来,解决好谁来干的问题,从而在实干中体现担当尽责,以实干换实效,以实干出实绩。发展乡村文化创意旅游,就是要以习近平中国特色社会主义文化思想为指导,以"两山"理论为依托,拓展"文化+旅游"新产业形态,强调围绕社会和经济"两个效益",发挥市场和创新"两个作用",优化配置资源和创意"两个要素",形成文化与旅游业态的"双向融合"。

参 考 文 献

[1] 习近平. 决胜全面建成小康社会 夺取新时代中国特色社会主义伟大胜利——在中国共产党第十九次全国代表大会上的报告 [N]. 人民日报,2017-10-28.

[2] 亚伯拉罕·马斯洛. 人类激励理论 [M]. 北京:科学普及出版社,1943.

[3] 央视网. 奋进新时代!习近平引领中国迎春再出发 [N]. 中国新闻网,http://www.chinanews.com/gn/2018/02-24/8453585.shtml. 2018-2-24.

---

① 张朔. 习近平谈执政理念:为人民服务,担当起该担当的责任 [N]. 中国新闻社,2014-2-9.

国际文化管理.7

(下册)

吴承忠 唐少清 主编

中国财经出版传媒集团

经济科学出版社
Economic Science Press

主办单位

北京联合大学
对外经济贸易大学

承办单位

北京联合大学管理学院
对外经济贸易大学公共管理学院
北京联合大学管理学院文化研究所
对外经济贸易大学文化与休闲产业研究中心
《国际文化管理》集刊编辑部

协办单位

湖南工业大学学报（社会科学版）
未来传媒

学术委员会

主　　　任　王稼琼（对外经济贸易大学校长）
常务副主任　吴承忠（对外经济贸易大学文化与休闲产业研究中心主任）
　　　　　　唐少清（北京联合大学教授、硕士生导师）
执 行 主 任　玛格丽特·简·怀佐米尔斯基（俄亥俄州立大学艺术管理、教育与政策系艺术管理与政策研究生专业项目主任、教授）
　　　　　　艾伦·J. 斯科特（加州大学洛杉矶分校地理系和公共政策学院杰出研究教授）
成　　　员（按姓氏笔画为序，英文按字母为序）
　　　　　　马惠娣（中国艺术研究院）
　　　　　　王琪延（中国人民大学）
　　　　　　米建国（国务院发展研究中心）
　　　　　　祁述裕（国家行政学院）
　　　　　　齐勇锋（中国传媒大学）
　　　　　　陈少峰（北京大学）
　　　　　　花建（上海社会科学院）
　　　　　　何勤（北京联合大学）
　　　　　　李怀亮（中国传媒大学）
　　　　　　邵鹏（对外经济贸易大学）
　　　　　　吴必虎（北京大学）
　　　　　　范周（中国传媒大学）
　　　　　　金元浦（中国人民大学）

单世联（上海交通大学）

胡惠林（上海交通大学）

郝振省（中国出版科学研究院）

顾江（南京大学）

陶秋燕（北京联合大学）

梅松（中共北京市委宣传部）

章建刚（中国社会科学院）

傅才武（武汉大学）

韩光辉（北京大学）

鲍新中（北京联合大学）

蔡尚伟（四川大学）

熊澄宇（清华大学）

魏鹏举（中央财经大学）

尼扎·阿瑟亚德（加州大学伯克利分校城市建筑与区域规划系环境设计研究中心）

格雷姆·埃文斯（伦敦城市大学城市学院）

约翰·哈特利（澳大利亚科廷大学文化和科技中心）

迈克尔·奥亥尔（加州大学伯克利分校戈德曼公共政策学院）

菲利普·施莱辛格（格拉斯哥大学文化创意艺术学院文化政策研究中心）

艾伦·J. 斯科特（加州大学洛杉矶分校地理系和公共政策学院杰出研究教授）

玛格丽特·简·怀佐米尔斯基（俄亥俄州立大学艺术管理、教育与政策系）

编 委 会

主　　　任　吴承忠　唐少清

成　　　员　王长松　王文杰　贾　佳　冯仕亮　孙　静
　　　　　　　李新娥　陶金元　詹细明　李俊林　严鸿雁
　　　　　　　王晓芳　孙　琼

学术依托单位
　　　　　　　对外经济贸易大学文化与休闲产业研究中心
　　　　　　　对外经济贸易大学公共管理学院

学术合作单位
　　　　　　　加州大学伯克利分校环境设计研究中心
　　　　　　　俄亥俄州立大学艺术教育、管理与政策系，公共政策学院
　　　　　　　加州大学洛杉矶分校地理系
　　　　　　　加州大学伯克利分校公共政策学院
　　　　　　　伦敦城市大学城市研究院
　　　　　　　格拉斯哥大学文化政策研究中心
　　　　　　　澳大利亚科廷大学文化与科技中心
　　　　　　　北京联合大学文化创意产业研究院
　　　　　　　北京联合大学管理学院
　　　　　　　中国商业文化研究会
　　　　　　　中国商业文化研究会企业创新文化分会

下 册

目 录

"人工智能+5G"对文化创意产业的影响研究 …………… 王树西（165）

韩国端午节庆文化旅游的发展经验及对我国的启示 ……… 范　靓（178）

产品二维属性视角下的高质量品牌塑造：以雨林古茶坊的
　品牌构建实践为例 …………………… 邱　晔　李先军　刘保中（187）

武汉市居民文化消费及文化市场管理的现状及策略 ……… 刘旺霞（206）

博物馆公共文化服务绩效评价指标体系国际比较研究 …… 张安琪（220）

国产电影如何参与社会主义核心价值观传播 ……………… 赵晨越（232）

京津冀现代公共文化服务体系建设协同发展的路径研究
　——以廊坊市为例 ……………………………………… 张荣齐（240）

文化折扣视角下抖音国际版 TikTok 的出海模式分析 …… 李柯燕（258）

秦巴山区集中连片特困地区发展特色文化产业的
　典型路径及启示
　——以陕西安康、汉中、商洛三市为例 ……… 金栋昌　彭建峰（267）

福建省非物质文化遗产空间分布特征及影响因素分析 …… 李亚恒（285）

黄酒老字号品牌的情文相生与守正创新路径研究
　——以会稽山绍兴酒营销策略的
　　　创新为例 ……………………… 唐雯琦　刘子源　陈　颖（301）

基于区位熵的粤港澳与旧金山湾区数字媒体产业
　集聚优势比较研究 ………………………… 王　悦　臧志彭（315）

场景理论视域下工业遗产开发模式创新研究
　——以汉口工业遗产区域为例 …………………… 司光冉（334）

垂直农场：城市公共文化空间塑造的
　新选择 …………………………… 王琳慧　雷　杨　白焕霞（351）

"人工智能+5G"对文化创意产业的影响研究

王树西

摘 要：近年来人工智能技术、无线移动通信技术等新兴科技迅猛发展，助力文化创意产业的发展，为文化创意产业的发展插上了科技的翅膀。特别是即将大规模商用的"人工智能+5G"技术，因为其超高速率和超大容量，深刻改变文化创意产业的生产方式及传播方式，正把人类推向万物互联的 IOT（Internet of Things）时代，将对文化创意产业产生革命性的影响。本文分析了"人工智能+5G"对文化创意产业的影响，展望"人工智能+5G"与文化创意产业融合的各种应用场景，并提出一系列的建议。

关键词：人工智能+5G 数字文化创意产业 数字文化资源 文化创意城市建设

一、引言

5G 的中文全称是"第 5 代移动电话通信技术标准"，5G 的英语称谓是"Fifth Generation"或者"5th Generation"。5G 技术是 4G 技术的后续技术，是一系列目前最先进移动电话通信技术的组合。5G 技术目前还不够成熟，并没有得到大规模应用，5G 的各项具体技术还在研发过程中，5G

的应用场景也几乎没有落地。

相比现在广泛使用的 4G 技术，5G 的高速度、高可靠、低时延，可以大大提高通信效率，这就等于给很多相关产业（如物联网产业、互联网汽车产业、自动驾驶、工业自动化生产、远程医疗、公共交通、文化产业等）的发展插上了腾飞的翅膀。人们期望通过 5G 技术推动现有产业的发展，期望通过 5G 技术对现有产业进行更新换代，甚至期望 5G 技术催生新的产业。特别是正在进行产业升级的中国，更是高度重视 5G 技术的发展，把 5G 技术看作经济发展的抓手，供给侧改革的有力工具。

近年来，人工智能技术得到高度重视和广泛应用，人工智能迅猛发展，引起了全世界范围内人工智能的研究热潮。在算法、数据、算力三方面的突破下，人工智能开始成为新的竞争焦点，大数据、云计算、机器学习、深度学习、虚拟现实、自动驾驶、3D 打印等研究方向成为各个国家争夺的科技制高点。

我国文化创意产业，一直得到国家政策的大力支持。文化创意产业离不开高新技术的发展，文化创意产业应该与时俱进，与"人工智能＋5G"深度融合，寻求更快的发展速度及更多的发展路径。

本文认为：文化创意产业与"人工智能＋5G"的数字技术将加速融合；新形势下数字文化创意产业的形成指日可待；数字文化创意产业将拥有更为广泛的用户基础，数字文化创意产业的市场将越来越大；"人工智能＋5G"技术将对数字文化创意产业形成有力的支撑；随着"人工智能＋5G"的大规模商用，我国数字文化创意产业的发展将达到一个新的高度；"人工智能＋5G"是我国数字文化创意产业在全球数字文化产业中进行弯道超车的重要机遇；"人工智能＋5G"将通过虚拟现实、增强现实、8K 视频、移动智能终端等具体技术，使用户更加方便地体验数字文化创意资源，增加人民的获得感；"人工智能＋5G"将助力数字文化创意产业的发展，成为国民经济增长的重要引擎和有力抓手；"人工智能＋5G"将助力文化创意城市的建设，提高城市的软实力；"人工智能＋5G"将促进数字文化创意产业的转型升级，产生数字文化创意产业的新业态、新模式，满足人民日益增长的对新型数字文化创意产业的需要，促进国家数字文化创意产业的生产和出口;"人工智能+5G"将助力数字文化创意产业的供给侧改革。

本文首先,介绍了5G、人工智能的相关技术及发展现状;其次,介绍了文化创意产业的发展现状,重点研究了"人工智能+5G"对文化创意产业的影响,在现有研究的基础上,提出相关的研究框架、研究模型,研究路线,探讨了"人工智能+5G"与文化创意产业的融合模式及融合路径,最后,提出一系列的建议。

二、人工智能技术、5G技术

本节介绍了人工智能技术、5G技术的发展历史及发展现状,重点介绍了人工智能技术、5G技术在数字文化产业中的的应用场景。

(一)人工智能技术

图灵被称为"人工智能之父",他在1950年发表的论文《机器能思考吗?》中,提出了"图灵测试"的思想实验。"人工智能"这个名词是在1956年达特茅斯(Dartmouth)学术会议上正式提出的。

人工智能研究经历了许多的坎坷。人工智能近年再次引起研发热潮,很大程度上是因为人工智能在游戏方面的突飞猛进,例如2016年AlphaGo战胜人类围棋冠军。但是游戏不等于人工智能,游戏只是人工智能的一部分。

人工智能的相关理论、方法不断完善,相关技术日益成熟,应用领域不断扩大。人工智能涉及的学科包括:计算机科学、信息论、控制论、自动化、仿生学、生物学、心理学、数理逻辑、语言学、医学和哲学等。人工智能的研究领域极为广泛,包括:机器人、语音识别、图像识别、自然语言处理、专家系统、深度学习、机器学习、大数据、云计算、虚拟现实、增强现实、3D打印、无人机、自动驾驶、机器视觉、指纹识别、人脸识别、视网膜识别、虹膜识别、掌纹识别、专家系统、自动规划、智能搜索、定理证明、博弈、自动程序设计、智能控制、机器人学、语言理解、遗传编程、智能问答、智能搜索引擎、计算机视觉和图像处理、数据挖掘和知识发现等。

(二) 5G 技术

2019 年被称为是 5G 的元年。各国对 5G 技术寄予厚望,把 5G 技术作为产业更新换代的重要抓手,几乎可以肯定地说,5G 技术的大规模商用,将对经济发展、社会发展产生深远的影响。中国正在抓紧时间争取 5G 的商用。2016 年 6 月 6 日,中国工信部向中国电信、中国移动、中国联通、中国广电 4 家运营商发放 5G 商用牌照,争取早日实现 5G 技术的大规模商用。5G 技术的大规模商用,将有助于传统行业的更新换代,甚至催生新的行业。例如,4G 的大规模商用催生了快手、抖音等移动小视频,以及网络直播等,这是 3G 时代无法想象的。5G 的大规模商用也会催生新的行业,在 5G 技术研发方面,我国企业(如华为公司等)属于第一梯队成员。

5G 技术的优势在于:①高速度。5G 网络速度极快,理论下载速度为 10Gb/s,是 4G 网络的 20 倍。②耗电低。是 4G 的 1/10。③体积小,便于安装。④容量大。每平方公里支持百万台设备的同时连接,这就为物联网的迅速发展提供了技术支持。⑤通信成本低。大规模商用之后,通信成本降至 4G 的 1%。⑥时延低。时延 1ms 左右,约为 4G 网络的 1/10,这就为自动驾驶、远程实时医疗等提供了技术支持。⑦支持高速设备。支持速度高达 500km/h 的设备连接,这就为在高铁上普及 5G 提供了技术支持。

5G 技术的劣势在于:5G 网络传输距离短,大规模商用需要安装大量的 5G 基站,所需投入的人力物力财力非常大;5G 网络将是超密集的异构网络,网络拓扑的复杂度大大增加,与现有移动通信系统容易不兼容,还易于造成同频干扰等各种网络干扰问题。

从研发到大规模的商用,5G 技术将形成一个庞大的产业链:①5G 产业链的上游,主要是基站及相关产业,包括基站射频芯片、基带芯片、基站器件、基站天线、基站安装、基站升级换代等。②5G 产业链的中游,包括 5G 网络维护、5G 网络优化、5G 网络设计、基站通信、5G 网络设备、光纤光缆、5G 光模块、5G 系统集成与服务商、5G 运营商等。③5G 产业链的下游，包括 5G 网络运营、5G 产品终端（如 5G 手机、5G 平板电脑等电子产品）、5G 应用场景（如云计算、远程医疗、物联网、虚拟现实 VR、增强现实 AR）等。

（三）人工智能 +5G 技术的应用场景

人工智能技术擅长数据存储与处理、高性能计算、智能算法等，5G 技术大大提升了通信速度，"人工智能 +5G"技术，有很多应用场景。

（1）远程医疗。5G 远程医疗技术，使得医疗专家可以远程指导手术、远程会诊，顶级医疗资源可以得到快捷的分享。

（2）火车站、飞机场等重要场所。这是 5G 典型的应用场景，上海虹桥火车站，第一个引进 5G 技术，建设智能化数字系统。5G 的高带宽、高速度、高容量、低延时，有助于接入大量的物联网设备，促使上海虹桥火车站更加数字化、智能化管理。在 2019 年举办的"两会"上，首次采用 5G 网络覆盖了人民大会堂、天安门广场等重要场所，通过 5G 网络，记者、电视台可以更加快捷（几乎实时）的报道和转播两会。

（3）汽车自动驾驶、无人机。通过 5G 对汽车、无人机自身状况、周边状况等各种数据进行实时采集，从而为后台的应急调度提供保障和监督。

（4）数字文化产业。包括远程 3D 高清激光全息投影、远程虚拟现实（VR）、远程全息扫描、远程 3D 打印、远程增强现实（AR）等。人工智能 +5G，将为数字文化产业插上腾飞的翅膀。

（四）人工智能 +5G 技术的局限

无论是人工智能技术，还是 5G 技术，都是工具和手段，都有自身的局限性。特别是 5G 技术，不但基础设施不完善，而且相关技术、算法、设备都有待完善，这就给我国的 5G 自主知识产权提出了新的课题。总体来讲，5G 技术的大规模商业化应用还需要较长时间。

三、数字文化创意产业研究现状

本节介绍了文化产业、文化创意产业、数字文化产业的研究现状,并在现有研究基础上,探讨了基于"人工智能+5G"发展数字文化创意产业的可行性。

(一) 文化产业研究现状

文化产业(Culture Industry)这个名词产生于20世纪初期。文化产业可以看作一种文化形态和经济形态,按照工业标准,文化产业同样需要生产、流通、销售、消费等一系列活动,只不过文化产业生产的产品是精神产品(如文学艺术作品、音乐作品、摄影作品、舞蹈作品、工业设计作品、建筑设计作品等),从而满足人民日益增长的对文化的需要。习近平同志提出,我们要坚持"四个自信",其中就包括文化自信,因此要大力发展文化产业。

文化产业相关的研究论文较多。刘淑娟(2019)以浙江省为例,探讨了文化产业与旅游产业融合发展的方法、路径和对策。范周、胡音音(2019)回顾了我国2018年文化产业发展状况。马健(2019)从区域文化产业发展观与布局观的角度,分析了文化产业生态圈。石媛、闫增峰(2019)从文化自觉的角度,研究了文化产业融合的内生性动力。施兰英(2018)论证了文化产业不但可以提升经济效益,而且能够增强中国人民的文化自信。晏雄(2019)以丽江古城民族文化产业集群发展为例,研究了世界文化遗产全球化与地方化的冲突与协调,以及文化产业集群的自我修复机制。宗祖盼(2019)论述了中国文化产业观念与三种因素有关:文化转型、研究拓展、体制改革。万生新(2019)探究了通过推动乡村文化产业的发展,促进乡村振兴。

(二) 文化创意产业研究现状

文化创意产业,是指以文化创造力为核心的新兴产业,强调通过创意、创新和创造，开发文化产业。和传统文化产业相比，文化创意产业的附加值往往较高。文化创意产业体现了一个国家的软实力，例如，美国的文化创意产业（主要集中在好莱坞），不但给美国带来巨大的经济效益，而且将美国的价值体系（包括价值观、生活习俗等）向全世界传播，并给其他国家的文化产业造成很大的冲击。我国也正在努力挖掘传统的中国文化创意元素，大力发展我国文化创意产业，大力营造我国自己的文化创意品牌。

傅冰（2019）从产业融合的角度，探讨了我国文化创意产业与金融业相融合的模式及路径。王惟惟（2019）分析了文化创意产业与非物质文化遗产的融合发展问题。赵楠（2018）分析了如何让文化创意产业步入发展的快车道。田菲、孙怡（2019）以唐山市"启新1889"文化创意产业园为例，研究了如何发展工业遗产文化创意旅游。陈相芬（2019）分析了江苏省文化创意产业人才的供需现状。王毅、廖卓娴（2019）研究了湖南文化创意产业园区的发展分析与建设路径。解学芳、臧志彭（2019）研究了如何在文化创意产业中应用人工智能，从而增强文化创意产业的创新能力。李雅丽（2019）从教育的视角，探究了我国文化创意产业人才的培养模式。陈小龙（2018）分析了基于文化创意产业，如何在国际上传播中国文化形象的相关策略。

（三）数字文化产业研究现状

数字文化产业，是文化产业的重要组成部分，数字文化产业在整个文化产业中的比重越来越高，数字文化产业已经形成"数字技术+文化产业"的、充满活力的生态，引领着文化产业的创新和发展方向。预计到2035年，我国的数字文化产业的规模将达到万亿美元。

孙清清等（2019）从电影《流浪地球》的视角，分析数字经济、数字文化产业的发展现状，指出了数字文化产业经济普及是一个大趋势。徐淑芳（2019）研究了湖南省数字文化产业发展状况。特里·弗卢（Terry Flew，2018）通过三个场景，分析文化创意产业中数字社交媒体的重要作用。金迈克等（2018）研究了数字创意时代，如何通过文化创新，加强中国和澳大利亚的文化交流。李凤亮、赵雪彤（2019）研究了数字创意产业与国家文化软实力提升路径，指出需要加强文化与科技的融合，以市场为导向，培养创新型数字化人才。潘道远、李凤亮（2018）研究了区块链技术在文化产业中的应用，指出文化产业应用区块链技术，会导致四个方面的变革。

四、"人工智能+5G+文化产业"应用研究

文化产业离不开高科技，高科技为文化产业的发展插上腾飞的翅膀，人工智能技术、5G技术在文化产业中有着广泛的应用前景。本节在现有研究的基础上，分析了人工智能技术、5G技术在文化产业中的应用途径以及应用场景。

（一）"5G+文化产业"应用研究

5G技术是一项新兴的技术，虽然还没有大规模商用，但是人们对5G技术寄予厚望。人们希望文化产业中引进5G技术，在文化产业中深度应用5G技术。5G技术在文化产业中的应用，目前研究的较少，从一个侧面反映出这方面的研究很有潜力可挖。李思屈（2019）从宏观的角度，探索了文化产业中引进5G技术的可能性。金元浦（2019）论述了在5G背景下，创意经济是粤港澳大湾区的头部经济，应该大力支持。

（二）"人工智能+文化产业"应用研究

这是一个"互联网+"的时代，也是一个"智能+"的时代，应该在文化产业中广泛地引进人工智能技术。文化产业引进人工智能技术，从而增加文化产品的附加值，这是一个大趋势。因为人工智能发展时间长，相对成熟，因此"人工智能+文化产业"的研究较多。解学芳（2019）从范式与边界的视角，研究了人工智能时代文化创意产业的智能化创新问题。宣晓晏（2019）研究了人工智能时代的文化生产与管理机制革新问题。许志强、刘彤（2018）从人工智能的角度，研究了媒体创新发展问

题、数字生态体系问题。桑昀（2017）研究了人工智能与图书出版的融合发展问题。人工智能技术重构了文化产品的生产、制作、传播，同时也改变了传统出版业的出版模式、发展方式。王茜（2018）研究了人工智能与数据驱动下的出版业转型问题。陈明涛、王涵（2017）研究了人工智能时代文化产品的版权问题。

（三）"人工智能+5G+文化产业"应用场景

随着互联网用户（特别是移动互联网用户）的大规模增长，数字文化产品已拥有广泛的用户基础。人工智能技术、5G技术的大规模商用，将在很大程度上改变文化产业，甚至重构文化产业。"人工智能+5G+文化产业"的应用场景很多，下面举出几个"人工智能+5G+文化产业"的应用场景。

1. 人工智能+5G+皮影戏

中国古老的戏剧"皮影戏"，在年轻一代中的市场较小，如果将"皮影戏"与时俱进、进行数字化改造，在融入现代化元素的同时，引进人工智能技术、5G技术，将有机会获得新生，甚至数字化改造之后的"皮影戏"有可能打入国际市场，在国际文化市场上占有一席之地。

例如，通过虚拟现实（VR）、增强现实（AR）技术，对皮影戏进行全息立体3D光影播放，通过5G中的8K视频技术、沉浸式移动计算技术，用户与皮影戏中的角色进行实时互动等。数字化改造之后的皮影戏，无论内容还是形式，都将以新面孔示人，这就使得皮影戏这个古老的中国文化符号有重获新生的可能。

2. 人工智能+5G+故宫文化旅游

随着人们生活水平的提高，旅游产业越来越兴旺，而旅游的一个重要内容是文化旅游。通过可穿戴设备，甚至通过裸眼3D，足不出户就可以沉浸式体验文化旅游景点，这将成为文化旅游的一个可选择的发展方向。

中国的故宫是一个取之不尽的宝藏，需要大力挖掘，近年来故宫推出的明信片、化妆品、手链等文化创意产品受到广大消费者的欢迎，这就说明人们对故宫文化很感兴趣。通过虚拟现实（VR）技术，通过可穿戴设备、通过 3D 技术，足不出户，就可以对故宫中的建筑、藏品进行沉浸式体验，甚至可以进行远程互动。

3. 人工智能 +5G + 运动式电子游戏

电子游戏深受年轻人的喜爱，电子游戏也是文化产业的重要组成部分。但是长期沉溺电子游戏对人的身心健康不利。深入利用人工智能技术、5G 技术，是有可能改进现有的电子游戏模式的。

例如，有人对著名的传统电子游戏"CS"进行了改造，游戏者站在跑步机设备上，戴上头盔，手持电子枪，一边手持电子枪向"敌人"射击，一边走路躲避敌人并占领有利的作战位置。这种沉浸式、运动式电子游戏，不但可以享受电子游戏的快感，而且身体还得到了运动，可谓一举两得。

无论是人工智能技术，还是 5G 技术，都只是技术手段，文化产业的核心竞争力是文化的创新、创意。目前，我国文化产业急需发展，通过人工智能技术和 5G 技术，对中国传统文化元素进行数字化建设，用户通过移动智能终端（手机、平板电脑等）对数字文化进行可视化、交互式、沉浸式高质量体验，这是对文化资源的数字化重构，是文化产业的发展方向。

五、结论和下一步的工作

本文分析了"人工智能 +5G"对文化创意产业的影响，展望"人工智能 +5G"与文化创意产业融合的各种应用场景。本文提出如下建议：

（1）深入研究能够应用于文化产业中的人工智能技术、5G 技术。人工智能技术是一个大的框架，很多技术（如机器学习）还不够成熟，5G 技术也还很不成熟，甚至很多行业标准都没有统一，距离大规模商用还有很远。

（2）深入挖掘中国传统文化元素，并通过人工智能技术、5G 技术进行数字化创作。中国传统文化元素很多，是一个很大的宝藏，应该深入挖掘，并以数字化的形式展现在广大的互联网用户面前，发展中国特色的文化产业。

参考文献

[1] 陈明涛,王涵.人工智能创作物的版权问题研究 [J].中国版权,2017(3):21-26.

[2] 陈相芬.江苏省文化创意产业人才供需现状分析 [J].江苏商论,2019(5):71-73.

[3] 陈小龙.基于文化创意产业的中国文化形象国际传播策略分析 [J].民族艺术研究,2018,31(6):54-59.

[4] 范周,胡音音.坚定文化自信,促进文化产业繁荣——2018年我国文化产业发展回顾 [J].出版广角,2019(3):6-9.

[5] 傅冰.我国文化创意产业与金融业融合模式探讨 [J].中国集体经济,2019(17):115-116.

[6] 解学芳.人工智能时代的文化创意产业智能化创新:范式与边界 [J].同济大学学报(社会科学版),2019,30(1):42-51.

[7] 解学芳,臧志彭.人工智能在文化创意产业的科技创新能力 [J].社会科学研究,2019(1):35-44.

[8] 金迈克,李竞爽,王青.数字创意时代中澳文化产业"走出去"的问题与路径 [J].深圳大学学报(人文社会科学版),2018,35(3):43-50.

[9] 金元浦.创意经济是5G背景下粤港澳大湾区综合融会发展的头部经济 [J].深圳大学学报(人文社会科学版),2019,36(3):46-53.

[10] 李凤亮,赵雪彤.数字创意产业与国家文化软实力提升路径研究 [J].广西民族大学学报(哲学社会科学版),2017,39(6):2-7.

[11] 李思屈.5G时代展望——给5G技术加上一双文化慧眼 [J].人民论坛,2019(11):15-17.

[12] 李雅丽.我国文化创意产业人才培养模式探析 [J].郑州航空工业管理学院学报(社会科学版),2019,38(1):139-144.

[13] 刘淑娟. 文化产业与旅游产业融合发展研究——以浙江为例 [J]. 价值工程, 2019, 38 (8): 96-98.

[14] 马健. 文化产业生态圈: 一种新的区域文化产业发展观与布局观 [J]. 商业经济研究, 2019 (2): 174-176.

[15] 潘道远, 李凤亮. 区块链与文化产业——数字经济的新实践趋势 [J]. 文化产业研究, 2018 (3): 1-13.

[16] 桑昀. 人工智能与图书出版融合发展研究 [J]. 科技与出版, 2017 (9): 94-97.

[17] 施兰英. 促进文化产业繁荣发展增强文化自信 [J]. 人民论坛, 2018 (36): 133-135.

[18] 石媛, 闫增峰. 文化自觉: 文化产业融合的内生性动力 [J]. 华中科技大学学报 (社会科学版), 2019, 33 (3): 135-140.

[19] 孙清清, 李韫琪, 杨时怡, 张耿瑞, 丁力. 数字文化产业经济普及化大趋势——从《流浪地球》视角看数字经济发展现状 [J]. 现代经济信息, 2019 (10): 398.

[20] 特里·弗卢. 数字社交媒体与文化创意产业 [J]. 深圳大学学报 (人文社会科学版), 2018, 35 (1): 64-71.

[21] 田菲, 孙怡. 工业遗产文化创意旅游发展研究——以唐山市启新1889文化创意产业园为例 [J]. 经济研究导刊, 2019 (11): 95-96.

[22] 万生新. 文化产业如何促进乡村振兴 [J]. 人民论坛, 2019 (14): 136-137.

[23] 王茜. 人工智能与数据驱动下的出版业转型研究 [J]. 科技与出版, 2018 (12): 157-163.

[24] 王惟惟. 文化创意产业与非物质文化遗产融合发展 [J]. 大众文艺, 2019 (2): 3.

[25] 王毅, 廖卓娴. 湖南文化创意产业园区发展分析与建设路径 [J]. 经济地理, 2019, 39 (2): 215-223.

[26] 徐淑芳. 湖南省数字文化产业发展研究 [J]. 经济研究导刊, 2018 (9): 36-38.

[27] 许志强,刘彤. 人工智能视域下媒体创新发展与数字生态体系探索 [J]. 中国出版,2018 (16):36-39.

[28] 宣晓晏. 人工智能时代文化生产与管理机制革新 [J]. 艺术百家,2019 (1):70-75,124.

[29] 晏雄. 全球化与地方化:世界文化遗产与丽江民族文化产业集群发展研究 [J]. 西南民族大学学报(人文社科版),2019,40 (2):34-38.

[30] 赵楠. 文化创意产业何以步入发展快车道 [J]. 人民论坛,2018 (36):136-137.

[31] 宗祖盼,李凤亮. 论中国文化产业观念的发生 [J]. 学术研究,2019 (1):162-168.

韩国端午节庆文化旅游的发展经验及对我国的启示*

范 靓**

摘 要：作为世界文化空间类非物质文化遗产保护的典范，江陵端午祭以端午节庆为重要载体，通过强大的社区参与、丰富的节目内容和各方保护主体的有效配合，将文化与旅游深度融合，成功实现了两者的有效结合。端午节庆文化旅游在促进区域经济发展的同时，满足了群众的文化精神需求，提升了江陵地区的国际形象，更增加了当地居民的文化自豪感。"他山之石，可以攻玉"，韩国端午节庆文化旅游的成功经验对我国开展节庆文化旅游建设有着积极的借鉴意义。

关键词：韩国 江陵端午祭 节庆文化旅游

韩国位于朝鲜半岛的南端，国土面积约为10.329万平方公里，多山地、丘陵，北部属温带季风气候，南部属亚热带气候，四季分明，春秋两季较短，自然风景旅游资源十分有限[①]。因此，韩国政府积极挖掘本国的历史、文化资源，探索文化旅游之路，并取得了一定的成效。"江陵端午

---

* 基金项目：本文为2018年度山东省艺术科学重点课题阶段性研究成果之一（项目编号：201806324）。

** 作者简介：范靓（1982— ），女，汉族，山东东营人，中国石油大学（华东）文学院，副教授，研究方向：中韩文化对比。

① 百度百科. 韩国. https://baike.baidu.com/item/韩国/6009333？fr = aladdin, 2018 - 1 - 1.

祭"是韩国节庆与文化、旅游相结合的成功代表之一。韩国"江陵端午祭"节庆文化旅游的成功经验对我国开展节庆文化旅游建设有着积极的借鉴意义。

一、江陵端午祭概貌

"江陵端午祭"是在以江陵市为中心的朝鲜半岛岭东地区举行的韩国规模最大、历史最为久远的传统庆祝活动。经过学界专家的积极呼吁和重构，江陵端午祭在1967年被批准为韩国第13号重要无形文化遗产和重要无形文物，2005年11月25日，韩国江陵端午祭被联合国教科文组织正式确定为"人类口头和无形遗产"。

（一）江陵端午祭的日程

江陵端午祭是江陵民众长期以来集各类民众文化于一体的民俗庆典活动。从日程上看，"江陵端午祭"在每年的阴历四月初到五月初举行，历时一月有余（见表1）。以阴历四月五日的"酿神酒"仪式为开端，拉开江陵端午祭的帷幕。阴历四月十五日，民众登上大关岭，进行"山神祭"，把城隍神从国师城隍祠请到位于江陵市区的国师女城隍祠。阴历五月初三的"迎神祭"至初七晚上的"送神祭"是"江陵端午祭"最为重要的祭祀部分，此时在江陵市以南大川河边为中心的地方举行一系列端午节庆祝活动。

表1　　　　　　　　　　江陵端午祭的日程

江陵端午祭内容	江陵端午祭日程
"迎神祭"起，"送神祭"止	阴历五月初三～初七
"山神祭"起，"送神祭"止	阴历四月十五～五月初七
"酿神酒"起，"送神祭"止	阴历四月初五～五月初七

注：根据韩国文化财厅网站信息进行整理．http：//chn. cha. go. kr/chinese/html/sub4/sub3. html.

(二) 江陵端午祭的主要活动内容

1. 指定文化财活动①

"江陵端午祭"的"祭"主要由"儒教式祭仪"和"巫俗祭仪"两部分组成,这是"江陵端午祭"最为核心的部分。儒教式祭仪是由按祭官的笏记奉读祝祷词,献官按一定程序执行的祭祀。巫俗祭仪是每场儒教式祭仪结束后,在同一场地由巫师和民众共同执行的仪式(见表2)。

表2 江陵端午祭指定文化财活动

类型	主要项目
儒教式祭仪	酿神酒,大关岭山神祭,大关岭国师城隍祭,邱山城隍祭,鹤山城隍祭,奉安祭,迎神祭,迎神行车,朝奠祭,端午祭,官奴假面剧,送神祭,消祭
巫俗祭仪	不净巫祭,大关岭城隍巫祭,入座巫祭,和解巫祭,祭祖巫祭,世尊巫祭,山神巫祭,成造巫祭,七星巫祭,群雄将帅巫祭,沈清巫祭,天王巫祭,天花巫祭,龙王巫祭,巫祖巫祭,花歌巫祭,灯歌巫祭,船歌巫祭,还于巫祭

注:根据韩国江陵端午祭委员会网站信息进行整理. http://www.danojefestival.or.kr/contents.asp? page=380.

2. 民俗文化活动

江陵端午祭除指定文化财活动以外,还有多种民俗文化活动,风物(农乐)、农谣(民谣)、假面舞剧、民俗游艺等都很繁盛。以2019年江陵端午祭委员会公布的主要活动为例,活动包括12类,共57项(见表3)。这些民俗文化活动,不仅内容丰富、形式多样,且每年都会推陈出新,以满足不同人群的需求,因此它极大地调动了民众参与的积极性,同时也增加了江陵端午祭的观赏性和趣味性。

---

① "文化财",韩语意为"文件遗产"。

表 3　　　　　　　　　　2019 年江陵端午祭主要民俗活动

类型	主要项目
企划公演	다노네다노세（一起玩，一起玩），단오새로이날다오비이락（端午重新飞翔，鸟飞梨落），강릉아리랑소리극울어머이왕산댁（江陵阿里郎清唱剧，我的母亲王山夫人）
传统宴会	无形文化遗产邀请演出，国家无形文化财演出，地区无形文化财演出，传统婚礼
舞台公演艺术节	舞台公演艺术活动选定作品，国内艺术团邀请演出，黄金庆典，月火街头表演
比赛庆典	第 38 届 KBS 农乐表演大会，第 25 届全国风物（巫俗乐）表演大会，第 26 届江陵方言表演大赛，第 52 届全国男女时调演唱大赛，迎端午第 7 届全国民谣大赛，第 3 届江陵端午祭全国韩国舞蹈大赛
青少年舞台	迎端午第 23 届青少年歌谣节，迎端午 2019 青少年舞蹈庆典，青少年端午舞台 D. Y. F
海外邀请演出	拉脱维亚，德国，洪都拉斯，中国四川省德阳市
端午体验村	制作山牛蒡糕，品尝端午神酒，菖蒲洗发，端午扇子绘画，端午梳头体验，官奴面具绘画，制作官奴项链，端午茶体验，神酒交换，彩色端午体验
神通大道表演	神通大道表演
市民参与庭院	新驻民赠送活动，端午愿望等活动，微笑一场，端午市民市场，青年市场
民俗游戏活动	摔跤大赛，荡秋千大赛，投壶大赛，拔河大赛，掷柶游戏大赛
庆祝文化艺术活动	大韩民国端午菖蒲酒选拔大赛，端午旗帜摄影展，学生美术大赛，第一足球定期展，江陵端午祭体验记读后感大赛
附带活动	多样文化体验村，线上摄影征集赛，手册展，烟花秀，抽奖活动，端午 e—体育大赛，全国学生外国语 UCC 征集赛

注：根据韩国江陵端午祭委员会网站信息进行整理. http: //www. danojefestival. or. kr/contents. asp? page = 380.

3. 江陵端午祭的"乱场"

江陵端午祭的"乱场"是全韩国最大规模的户外集市，这里贩售的东西包罗万象，包括地方特产、工艺品、特色小吃、日常生活用品等。类似于中国集市的乱场因其周期长、规模大、物品全、价格合理、娱乐节目丰富，每年都会吸引众多市民和游客，规模一年大于一年。乱场与江陵端午祭的指定文化财活动、民俗文化活动相辅相成，互惠互利，延长和扩充了民众参与江陵端午祭的时间和空间，同时也丰富了江陵端午祭的文化内涵。

二、"江陵端午祭"文化旅游发展成功经验

江陵端午祭完美地保留了韩国庆典活动的原型，在韩国政府的有效管理、专家学者的智力支持、当地群众的热情参与，以及新闻媒体的积极宣传下，成功地将江陵端午祭打造成了江陵地区的文化旅游精品品牌，如今，江陵端午祭已成为韩国传承传统文化的纽带和文化教育的空间。

（一）强大有效的社区参与为江陵端午祭提供了强有力的保障

为了更好地管理江陵端午祭和反映全体居民意见的民主性，1973年，韩国政府依托江陵文化院，成立了由地区居民代表组成的江陵端午祭委员会。江陵端午祭入选"人类口头与非物质遗产代表作"之后，为了便于管理，2006年3月13日，江陵端午祭委员会从江陵文化院独立出来，2007年1月18日成为江陵端午祭委员会社团法人。江陵端午祭委员会负责江陵端午祭整个活动的策划、运作、管理和宣传，委员会直接分5级管理，同时还配有附属机关、咨询委员会和执行委员会辅助运行，理事会和监事负责监督管理（见图1）。

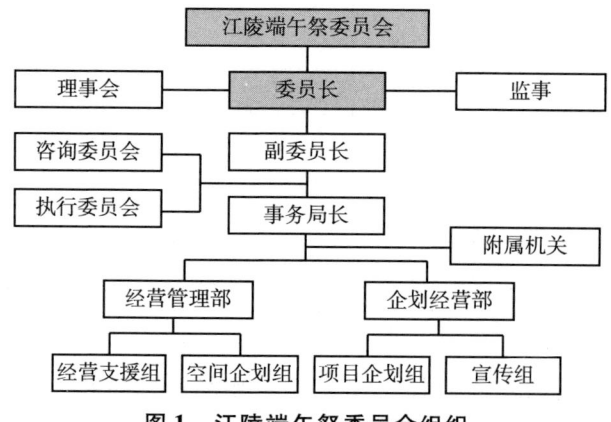

图1 江陵端午祭委员会组织

注：根据韩国江陵端午祭委员会网站信息进行整理．http://www.danojefestival.or.kr/contents.asp? page=12.

从组织图来看，江陵端午祭委员会结构完备、分工明确，为江陵端午祭活动的开展提供了强有力的保障。从端午祭宏观的核心项目组织策划，到琐碎的志愿者翻译征集训练、停车场布置等，委员会工作事无巨细、井井有条，保障了活动的有序进行，方便了前来参加活动的群众，提高了群众的观感度和舒适度，为江陵端午祭赢得了良好的口碑。

（二）丰富多彩的节目极大地调动了群众的参与积极性

韩国江陵端午祭的节目形式多种多样，注重参与性、趣味性。这些节目五花八门，即有本国文化的展示，如企划公演，又有海外文化的展示，如海外邀请演出；既有传统文化的宣传，如传统宴会，又有现代艺术的展示，如舞台公演艺术节；既有适合成人参与的比赛，如方言表演大赛，农乐表演大赛，又有适合青少年参加的比赛，如青少年舞蹈庆典、青少年歌谣节等青少年舞台，同时还有各类免费体验活动，如端午体验村中的制作山牛蒡糕，品尝端午神酒，菖蒲洗发，端午扇子绘画，官奴面具绘画等，投壶、荡秋千、拔河等各类民俗活动等。江陵端午祭的各项活动成功地将本国民族文化国际化，将古今文化融合，传统与创意搭配，极大地调动了群众的参与积极性，同时注重迎合文化消费核心市场——青少年的文化需求，使青少年在文化消费中"参悟"其民族文化的教化，达到"润物细无声"的文化自觉效果。据韩国 NOCUT 新闻报道，2019 年 6 月 3～8 日进行江陵端午祭成功吸引了大约 7000 名青少年参与，其中 2019 年首次举办的端午 e—体育大赛就有近 2500 余名青少年进行网上报名，112 名青少年参加，2019 年江陵端午祭成功变身为"青年庆典"。

（三）各方有效配合助推端午祭的持续活性发展

江陵端午祭从国家重要无形文化财到入选世界非物质文化遗产目录，离不开各方保护主体的有效配合。国家层面，从文化战略、政策法规等方面给予江陵端午祭极大地支持和保护。如韩国政府 1962 年颁布《文化财保护法》，并以法律的形式制定出建立一套完善的管理体系，为包括江陵端午祭在内的非物质文化遗产提供制度、财政等方面的支持；学界层面，从学术指导、活动策划等方面为江陵端午祭提供了强大的智力支持。如江陵端午祭被列为国家重要文化财得益于中央大学任东权教授的多方奔走和呼吁。张正龙、黄缕诗、金善丰、金京南等人的学术研究和指导,不仅丰富了江陵端午祭的文化内涵,还完善和创新了端午祭的活动形式和活动内容;媒体层面,从新闻宣传、文化传播等方面为江陵端午祭进行舆论造势,扩大了其影响力。根据江陵端午祭委员会对韩国国内各大媒体的报道搜集整理(见表4),可以看出近5年韩国国内媒体对江陵端午祭的关注度基本呈上升趋势,报道较为频繁的媒体主要集中在《江原日报》《江原道民日报》等地区媒体,同时全国性的媒体,如《朝鲜日报》《东亚日报》《中央日报》《每日经济》等也会在端午祭举行的期间进行报道宣传。

表4　　　　2015~2019年韩国国内媒体对江陵端午祭的新闻报道

年份	报道数量（件）	主要媒体
2015	114	《江原日报》《联合新闻》《江原道民日报》《东亚日报》《中央日报》等
2016	151	《江原日报》《联合新闻》《江原道民日报》《东亚日报》《朝鲜日报》等
2017	180	《江原日报》《联合新闻》《江原道民日报》《国民日报》《亚洲经济》等
2018	135	《江原日报》《江原道民日报》《MBC江原岭东》《每日经济》等
2019	171	《江原日报》《江原道民日报》《MBC江原岭东》《东亚日报》等

注:根据韩国江陵端午祭委员会网站信息进行整理(http://www.danojefestival.or.kr/contents.asp?page=380)。

三、"江陵端午祭"文旅开发对我国的启示

作为世界文化空间类非物质文化遗产保护的典范,江陵端午祭以端午节庆为重要载体,将文化与旅游深度融合,成功实现了两者的有效结合。端午节庆旅游在促进区域经济发展的同时,满足了群众的文化精神需求,提升了江陵地区的国际形象,更增加了当地居民的文化自豪感。韩国端午非遗节庆文化旅游开发的成功经验对我国开展节庆文化旅游建设有着积极的借鉴意义。

（一）节庆文化旅游要突出内涵，打造精品

节庆是文化与旅游融合发展的重要载体。节庆文化旅游不是简单地将"节庆""文化"和"旅游"三者相叠加，而是要充分利用节庆这一平台，紧紧围绕发扬优秀传统文化这一思想，深入挖掘与节庆相关的文化内涵和潜在价值，科学开发旅游项目，创新设计旅游产品，积极向游客展示和传播节庆文化中民族的、传统的、积极的内在价值，从而实现旅游项目的精品化，最大限度地提高旅游资源和旅游产品的附加值，增加其竞争力，以满足游客"求新、求异、求乐、求知、求同及寻根"的心理需求，增强节庆文化自身可持续发展的能力。

（二）节庆文化旅游要统筹规划、长远打算

具有悠久历史的节庆文化是一个国家宝贵的优秀传统文化。开发利用节庆文化，要注重顶层设计、长远规划。在发展传统文化，推动民族文化国际化的同时，一是要注重保护其传统性、民族性和地域性的鲜明特点，绝不可以"脱域"发展，避免同质化的危险。二是文化和经济紧密相连，但不可急功近利，为追逐眼前的经济利益将节庆文化沦为一种仪式的表演，而忽略节庆文化内涵。

（三）节庆文化旅游要充分发挥民众的文化自觉

"传承主体"是文化传承的根本。能够保留和传承下来的节庆文化一般具有良好的民众基础，是民众乐于参加的文化形式之一。但是，民众作为节庆文化的"传承主体"，对文化的承载并非均质化的，因此，节庆文化不仅需要向外来者推广，也需要向内推介，引导民众的文化认知，保护好民众参与的积极性，提高民众对自我文化的自豪感，增强民众的文化认同感，引导他们由"文化他者"转向"文化承载者"与"文化传承主体"，自觉地、积极地向外来者展示自我传统文化，并将其转换为"我者"文化的标志。

参 考 文 献

[1] 朝戈金. 非遗保护应把传承主体放在首位 [N]. 人民日报, 2017 - 06 - 08.

[2] 高静. 从原形解构看韩国学术界对江陵端午祭的认识论转变 [J]. 文化遗产, 2016 (3): 54 - 63.

[3] 贺学君. 韩国非物质文化遗产保护的启示——以江陵端午祭为例 [J]. 民间文化论坛, 2006 (1): 67 - 75.

[4] 洪西表. 2019 江陵端午祭, 120 余项活动丰富 [EB/OL]. (2019 - 05 - 28) [2019 - 6 - 12]. http://www.g1tv.co.kr/index.php?type=newsPara&page=1&nth=0&viewNum=206250.

[5] 黄秀琳. 韩国文化旅游的发展经验及对我国的启示 [J]. 经济问题探索, 2011 (3): 124 - 127.

[6] 李祗辉. 韩国文化旅游节庆政策分析及启示 [J]. 理论月刊, 2013 (7): 181 - 184.

[7] 毛巧辉. 非物质文化遗产与民俗节庆文化的建构——基于广西百色市布洛陀民俗文化旅游节的考察 [J]. 贵州社会科学, 2018 (3): 52 - 57.

[8] 全英来. 江陵端午祭, 变身为青年庆典、市中心庆典 [EB/OL]. (2019 - 06 - 11) [2019 - 6 - 12]. https://www.nocutnews.co.kr/news/5164871.

[9] 苑利. 韩国文化遗产保护运动的历史与基本特征 [J]. 民间文化论坛, 2004 (6): 64 - 69.

[10] 周平, 刘婷, 熊少波. 民族传统节庆体育与旅游产业融合发展研究 [J]. 广州体育学院学报, 2017 (11): 50 - 53.

产品二维属性视角下的高质量品牌塑造：以雨林古茶坊的品牌构建实践为例[*]

邱 晔　李先军　刘保中[**]

摘　要：品牌是企业保持竞争优势和长久发展的基石。本文以"基于产品二维属性的品牌塑造"为研究主题，在文献综述和理论分析的基础上建立了分析框架，并以云南西双版纳州的一家茶叶企业作为研究对象，运用规范的案例研究方法深入分析了如何基于产品二维属性实现产品差异化和品牌塑造的机制和过程。研究结果表明，针对产品功能性和情感性二维属性的功能性开发和情感性开发是实现产品差异化的两条基本路径，高品质产品既为消费者提供了多种功能品质，同时也与消费者建立了强情感联系，由此从认知与情感两个层面实现了消费者与品牌之间积极关系的塑造。本文的研究发现丰富了品牌塑造理论的研究成果，并为企业的品牌化实践提供了启示。

关键词：功能性属性　情感性属性　产品差异化　品牌塑造

---

[*] 基金项目：国家社科基金青年项目（项目编号：17CGL066）；北京师范大学青年教师基金项目（项目编号：310422110）。

[**] 作者简介：邱晔，北京师范大学文化创新与传播研究院讲师；李先军：中国社会科学院工业经济研究所助理研究员；刘保中，中国社会科学院社会学研究所助理研究员。

品牌无疑已经成为当今企业保持竞争优势和长久发展的基石。塑造拥有积极品牌资产的强势品牌能够为企业带来诸多好处，例如提升顾客的忠诚度、带来更好的市场表现和更可观的利润、增加品牌延伸的机会、提供更佳的传播效果等。科特勒和凯勒（Kotler and Keller，2012）认为，品牌化（branding）的本质是向产品或者服务赋予品牌的力量，将本企业的产品或者服务与其他竞争者的产品或者服务区分开来。因此，构建差异化的高品质产品是企业实现品牌化的核心。但是，目前国内关于品牌理论的研究，以及企业的品牌化实践中，却在一定程度上存在着脱离产品的问题。从品牌理论的发展来看，蒋廉雄等人（2012）认为，重视从非产品的视角理解品牌知识、品牌意义和塑造品牌的研究取向，虽然推动了品牌理论的发展，但是这一倾向的过度强调则使得品牌的产品属性在品牌塑造中的基础性地位被严重忽视。从企业的品牌化实践来看，脱离产品的品牌化发展表现为部分企业过分追求品牌包装和品牌知名度而脱离了产品品质，导致"品牌泡沫"和"品牌空心化"。实际上，产品品质属性则是包括了功能实用属性和主观情感属性的多维概念，品牌塑造需要回归产品本位，辅之以多维面向的产品属性定位开发产品的多维品质，增加差异化的路径，打造符合消费者更多需求的高品质产品，提升品牌价值。因此，重新研究产品本位辅之以多维的品牌构建思路、塑造高质量品牌，对于适应当前我国从高速发展向高质量发展，培育中国品牌具有重要的现实意义。

本文将以一家茶叶企业的品牌化发展为例，探讨如何通过产品属性分析来建立产品的差异化竞争优势，进而塑造强势品牌。本文以下部分安排如下：第一部分将就相关文献进行回顾，并在此基础上提出本文的研究框架；第二部分介绍研究方法、案例选择和资料来源；第三部分是案例分析与讨论，将运用本文构建的理论框架对所选取的雨林古茶坊品牌案例进行研究，分析该企业如何基于产品属性分析进行产品开发，形成差异化的高品质产品，从而获得品牌化成功的过程和机制，本部分还将结合案例分析对本文的理论框架进行补充和修正；第四部分是结论，提出相关理论贡献与实践启示，以及下一步的研究展望。

一、文献回顾与研究框架

从现有的研究来看,立足于已形成的产品品牌,剖析品牌的多维属性,尤其是品牌作为维系购买者和企业纽带的研究较多,在品牌管理方面形成了较为丰硕的研究成果。但是,品牌并非"生而有之",反推品牌的多元属性,以更加微观化的案例方法来探寻品牌的构建过程及其机理的研究相对较少,这是本文研究的重要切入点。本文在这一基本思路之下,从消费者的需求出发,构建作为生产者的企业通过功能性开发和情感性开发打造高品质产品进而塑造高品质品牌的基本研究框架。

(一) 文献回顾

1. 产品属性的二维性

传统的消费者行为理论(理性选择理论)通常把产品的功能绩效视为影响消费者产品态度的重要因素,即消费者主要关注产品客观特征(如汽车的油耗等)的功能实用性表现,但是消费者的需求并不总是依据个人工具性收益的理性算计,也受到消费者总体主观感受的影响,比如时髦、身份象征、生活方式等对消费者购买决定的影响。霍布鲁克和赫希曼(Holbrook and Hirschman)的研究也指出了消费所具有的情感属性特征,即使再寻常的产品,也会具有(被赋予)一种符号意义特征。消费者购买产品或者服务的同时受到两个基本因素的影响:基于产品感官特征(sensory attributes)的情感性考虑和基于产品功能特征(functional attributes)的工具性(instrumental)或者实用性(utilitarian)考虑。马诺和奥利弗(Mano and Oliver)的研究指出,产品所具有的两种基本属性(特征)为消费者提供了两种价值:工具性或者实用性属性提供产品的使用功能价值,享受性(hedonic)或者美学性(aesthetic)属性提供产品的内在快乐情感价值。沃斯和格罗曼把这两种属性维度作为消费者对产品态度的评判维度,功能性(工具性)维度的评判受到产品功能的影响,享受性(美学性)维度的评判则受到产品感官和情感特征的影响。赵占波、涂荣庭(2009)

的研究也证实了产品属性中的二维结构现象,消费者通常会根据产品在功能性和享受性两方面属性上的表现对其做出评价。

综上所述,产品属性实际上包含了功能性和情感性两个基本维度,功能属性代表着产品的使用价值或功能性价值,情感属性代表着产品的多元价值,包括了产品的符号价值、美学价值或者情感价值等。因此,产品吸引消费者的维度包括了使用价值和情感价值两种,而高品质的产品既要很好地满足消费者功能性和经济性的需求,同时也要很好地满足消费者快乐性和情感性的需求。在维甘提(Verganti,2009)看来,前一种维度依赖于技术或者工艺的水平,后一种维度则受到消费者心理因素和社会文化的影响。实际上,产品的二维属性反映了消费者的客观认知评价和主观情感评价。

2. 产品二维属性与品牌塑造

品牌塑造包括了企业建立品牌、发展品牌与管理品牌等一系列品牌战略行为,体现了企业产品品牌化的过程。品牌塑造的目的是努力在消费者与品牌之间营造一种"忠诚性"的品牌关系。品牌忠诚的顾客在购买态度和购买行为都更加偏爱关联品牌。产品的"功能+情感"属性,或者说消费者对产品的"认知+情感"模式决定了产品实际上在客观功效和消费者主观感受两个维度上都会表现出差异。越来越多的研究指出,产品的二维属性价值在"消费者—品牌关系"(Brand–Consumer Relationship)建立与发展中的关键作用。Ok 等人基于咖啡馆顾客群体的研究发现,产品的二维属性价值分别对品牌信誉度(brand credibility)和品牌声誉(Brand prestige)施加影响(Ok,2011)。针对数码相机消费者的研究发现,产品的功能性价值和享乐性价值显著影响着消费者的品牌情感,并进而对品牌信任产生影响(Dastan and Gecti,2014)。

尽管都表现出显著的影响,但实际上两种不同产品属性(价值)对消费者与品牌关系的建立具有不同的作用机制。产品功能属性表现从认知层面影响着二者关系,功能性好的产品促进消费者形成以产品认知为基础的品牌信任,比如产品质量好、易用性强,产品情感属性表现从情感层面影响着二者关系,具有高快乐价值的产品为消费者提供了无形的符号获益,能够唤起积极的情感，继而促使消费者形成以品牌情感为基础的品牌信任。

（二）研究框架

在以上文献梳理的基础上，本文以"产品二维属性——高品质产品——品牌塑造"为链条，建立了本文案例分析的理论框架（见图1）。本文分析的出发点是基于产品具有功能性和情感性双重属性，功能性属性代表着产品的使用价值，情感性属性代表着产品的多元价值，两种产品价值分别满足消费者在产品消费过程中的功能性需求，以及快乐、象征、美学等多种情感性需求。生产者需要有效认知消费者的双重需求，识别产品的二维属性，对产品进行富有针对性的功能性开发和情感性开发。产品最终的功能性表现和情感性表现分别从认知与情感两个层面影响着消费者与品牌的关系。

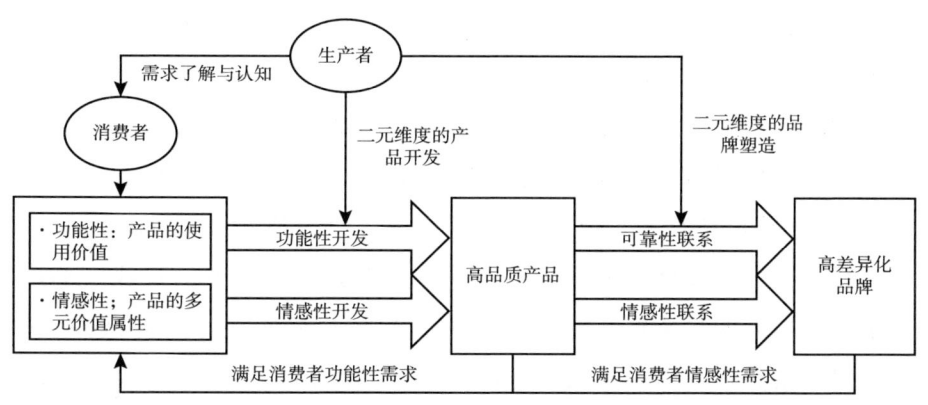

图1 "产品二维属性——高品质产品——品牌塑造"的影响机制

资料来源：笔者根据调查资料整理绘制。

二、研究方法和案例来源

（一）研究方法

本文选择单案例的研究方法，主要基于以下原因：第一，作为实证研究中的质性研究，案例研究通过对案例的"深描"与剖析，可以实现对现实问题的系统把握和理解，达到发展新理论和丰富现有理论的目的；第二，案例研究的对象既可以是单个案例的，也可以是多个案例的，戴尔或威尔斯（Dyer and Wilkins）认为，与多案例研究相比，单一案例研究更利于"讲述好故事"，有助于更为深入地了解案例背景和透析案例情况；第三，单一案例研究可以作为多案例研究的基础，通过个案分析形成的理论模型可以通过后续的多案例比较来进行检验。

（二）案例选择

本文选择了云南省西双版纳州雨林古茶坊的快速品牌化过程作为案例研究的对象。与定量分析方法不同，艾森哈特（Eisenhardt）认为，案例研究方法中分析样本的选择并非基于统计意义上的随机抽样，而是在理论分析的基础上选择有代表性的典型案例作为分析样本。本文选择雨林古茶坊作为分析案例主要基于三个原因：第一，我国普洱茶市场潜力巨大，普洱茶企业众多，然而普洱茶品牌却十分混乱，良莠不齐，缺乏具有领导地位的优质品牌。普洱茶主要产于我国云南西双版纳、思茅、临沧与保山等地区，是具有悠久历史和深厚文化的传统名茶，正所谓"夏喝龙井，冬饮普洱"。由于普洱茶具有丰富迷人的口感、温和的茶性、多种医疗保健功效以及特殊的金融属性，普洱茶在市场上一直颇受消费者的青睐。不过与普洱茶在市场上的日渐扩大对比明显的，却是普洱茶品牌的混杂和无序，大多数普洱茶企业都尚未形成自己品牌资产。很多普洱茶企业缺少对产品质量的培育，低品质的产品严重侵害了自身的品牌形象，有些企业则脱离产品鼓吹品牌。有研究提到，仅有8%左右的消费者根据品牌来购买普洱茶，而81%左右的消费者表示购买普洱茶前要先开汤审评。由此可见，消费者对普洱茶企业严重缺乏品牌信任和品牌认同。第二，雨林古茶坊作为一家以产品品质建设为中心，依托资源禀赋而使品牌迅速发展起来的企业，在通过打造高品质的产品来推动品牌化成长方面具有非常的典型性。云南地区悠久的历史和优越的自然条件为古树普洱茶提供了得天独厚的资源条件，虽然古树普洱茶由来已久，但以产业化方式生产制作古树茶的企业却凤毛麟角。雨林古茶坊全称勐海雨林古茶坊茶叶有限责任公司，是一家专注于手工制古树普洱茶的茶叶品牌。该公司于 2012 年才成立，依靠卓越的产品，目前在全国的零售门店已超过 2000 家，产值突破 1 亿元，并已成为古树普洱茶领域的领军品牌。在混乱的普洱茶品牌市场，雨林古茶坊在短时间内依靠过硬的产品品质迅速取得了市场上的成功，赢得了极大的品牌口碑和品牌认同。第三，雨林古茶坊与笔者所在的课题组建立了良好的合作关系，使得本研究的开展具备了可行性。课题组在雨林古茶坊开展了深入的实地调研，采用多种方式详细了解公司品牌化过程，课题组获得了大量的案例数据和资料，对于调研资料和信息不明确的地方及时与公司沟通核实，保证了相关案例资料的原始性、丰富性和准确性，也保证了本研究数据来源的信度。

（三）案例数据和资料来源

本次研究的案例数据和资料来源于课题组在雨林古茶坊调研所获得的一手资料和二手资料。其中，一手资料主要包括：（1）课题组与雨林古茶坊公司领导和公司员工开展深度访谈和小组座谈的谈话记录及录音；（2）参与雨林古茶坊内部会议及日常工作的记录等。二手资料主要包括：（1）公司内部网站资料、公司年度报告、部门工作总结、内部刊物和影音资料等；（2）新闻媒体、网站等关于雨林古茶坊成立以来的公开报道。通过一手资料和二手资料的交叉验证及互补，保证了数据资料来源的可信度。

三、案例分析与讨论

（一）产品属性的识别与维度拓展

在基于产品属性的品牌塑造策略中，对于产品二维属性的准确定位是非常关键的。在本文的研究案例中，雨林古茶坊从两个方面实现了产品属性的有效识别。首先，公司识别了顾客的核心功能需求，即渴望喝到真正的古树茶，这决定了产品的核心功能属性定位：纯正的古树茶。在雨林古茶坊出现之前，资深茶友都知晓古树茶的品质最高，也必须要坚持传统古法制作才能将其品质最完美展现，但是由于当时普洱茶市场还比较混乱，古树茶又是极其稀有的资源，整个行业中缺乏拥有强大实力和影响力的企业品牌出现。在经历近5年对古树茶资源分布详细调查的基础上，雨林古茶坊将要实现的核心市场需求定位为"做真正古树茶"。其次，雨林古茶坊充分认识到消费者对产品的渴望既是一款真正口味纯正的古树茶，同时又希望在享受极高品饮价值的过程中享受情感上的美妙。因此，在提供纯正古树茶的同时同样需要对产品的情感性价值进行挖掘。

在识别产品功能性和情感性这两个产品基本属性的基础上，依据消费者的显性需求与隐性需求，雨林古茶坊拓展了产品属性的维度。范晓屏（2003）认为，显性需求是消费者自己已经意识到的，能够明确清楚表达出来的，有明确的抽象或者具体需要满足物的一种内在要求；而隐性需求是人们尚未意识到的、朦胧的、没有明确抽象满足物的内在要求。隐性需求指的是消费者有时候并不明确自己的需求是什么，是没有直接认识到的要求，由于这些要求出于次意识层次，所以用户无法清晰地表达出这些需求。企业针对消费者隐性需求的挖掘和满足，有利于开发极富差异的产品，增加产品卖点，并推动形成市场新空间。雨林古茶坊意识到制茶工艺、原材料、科学化的生产和制作都是消费者的显性需求。而绝佳的生茶品饮、多重口感、针对产品的感官形象和情感体验设计等则有可能成为消费者的隐性需求。针对消费者显性需求和隐性需求的分野，雨林古茶坊拓展了产品二维属性，产品显性属性对应着消费者显性需求的品质，而隐性属性则对应着消费者隐性需求的品质。

帕克（Park）等人根据消费者的基本需求和动机，将产品划分为象征、情感和功能三种价值定位，其中情感价值是指在消费者情感需求的基础上，通过所提供的产品给消费者带来内在的愉悦感、多样化和认知方面的刺激。本文基于产品自身属性的考虑，从产品可满足消费者需求的角度将产品的属性分为功能性属性和情感性属性。但事实上，由于消费是一个复杂的过程，很难简单地将一个产品视为功能性产品或者情感性产品，但不同产品所体现出来的功能性、情感性表现出一个程度上的差异，即所有产品都是在功能性到情感性功能连续统一体中的某一个阶段。雨林古茶坊在产品设计过程中,以生产真正的古树茶为理念,以高品质的产品满足消费者的功能性需要,并在此过程中通过茶山行等体验活动满足消费者的情感性需求。

从雨林古茶坊的实践来看,其不断开发普洱茶的隐形属性和情感性属性,推出诸多品类和口感的古树茶,以满足消费者在基本功能性需求的基础上,能够较好地满足消费者的情感性需求,并在此过程中着重关注于普洱茶自身隐形属性的发掘,以独特的市场定位(见图 2 椭圆部分)形成对消费者的高度吸引力。

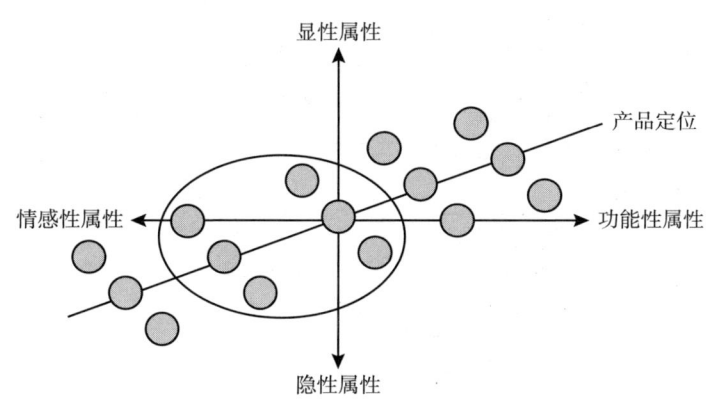

图 2　产品属性维度的拓展

资料来源:笔者根据调研资料绘制。

(二)产品开发与品牌塑造的二元路径

在有效识别产品属性与消费者需求的基础上,雨林古茶坊依循了产品功能性开发和情感性开发的二元路径,并在此基础上实现二元维度的品牌塑造。图 3 展现了雨林谷茶坊从产品到品牌的总体形成机制,该图核心圆表示雨林古茶坊的核心功能属性定位即"做真正古树茶"。第二层同心圆的八个矩形框代表雨林古茶坊的产品开发的具体路径,以中间横线区分,处于上半圆部分的三条路径代表产品的功能性开发;而处于下半圆部分的三条路径表示产品的情感性开发。第三层同心圆的圆角矩形表示每条产品开发路径的主要措施。最外围同心圆的六边形框反映了每条差异化产品路径所塑造出来的品牌形象。由此可见，雨林古茶坊实现了从产品到品牌的转化，即品牌化的过程。接下来本文将结合案例，解析雨林古茶坊差异化产品开发的具体措施和路径，以及从产品到品牌的转换。

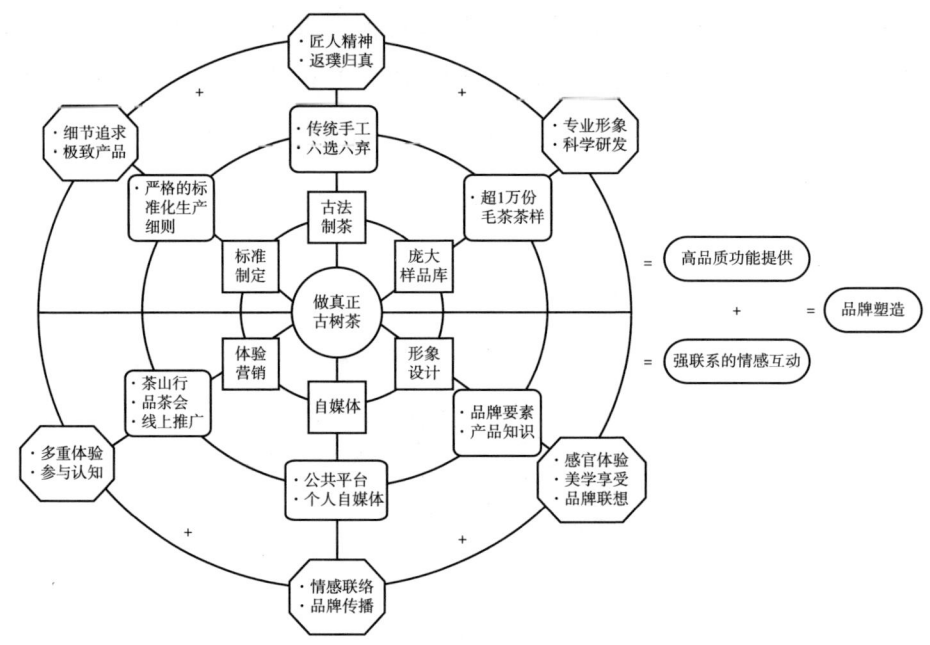

图3 雨林古茶坊从产品到品牌的形成机制

资料来源：笔者根据调研资料绘制。

1. 古法制茶

雨林古茶坊坚持采用传统的古法手工技艺制作普洱茶，在具体做法上是邀请当地祖祖辈辈种茶制茶、世代守护古茶园、传承制茶工艺的少数民族师傅来带领制作每款产品，采用"六选六弃"① 古法手工制作。对古法手工的秉承一方面，保证了制茶工艺的纯正和专业；另一方面，赋予了产品更好的情感象征。工业革命以来，人们的生活开始远离自然，这种与自

---

① 普洱茶"六选六弃"制茶工艺其主要内容为：选春茶，选嫩尖，选产地，选净度，选滋味，选香气；弃粗老，弃味劣，弃不洁，弃杂物，弃异味，弃质变。

然的疏离，以及与机器为伍，让人类陷入一种冷冰冰的、缺乏生机与意趣的生存方式。手工制作是心手相通的完美结合，蕴含着创作者的智慧和体温，既体现了"天人合一""敬天爱人"的手工精神，同时也更好地实现了消费者与产品之间的情感交流。手工制品更容易让消费者感受到农业和手工业时代的生产与生活方式，从心灵上体会自然、舒适、简约、质朴、充满有机能量的"慢生活"。在茶叶市场机器大行其道的当下，雨林古茶坊投入大量的时间和经济成本，传承和发扬中国传统古老的手工制作技艺，既保证了精良的茶叶品质，又充分体现了一种匠人精神，赋予了产品返璞归真的情感。

2. 标准制定

雨林古茶坊在普洱古树茶行业中率先推出标准化生产细则，并严格按照标准生产实施。该公司的生产标准包括鲜叶原料采收标准、制作标准、设施标准和包装标准等，每一标准下又有设定了细化标准指标。以鲜叶的采收标准为例，采摘的鲜叶最多为一芽二叶，部分为一芽一叶或单芽，茶农收茶必须使用雨林古茶坊设计生产的特制布袋，这种布袋具有良好的透气性，能最大程度地保证鲜叶的新鲜和完好。再如制作标准，除了严格遵循"六选六弃"古法手工制作工艺标准，还设立了20余项生产细则来确保鲜叶制作的高品质。雨林古茶坊在每个环节均制定极其严苛的生产标准，体系化的标准化努力体现出对每个产品细节精致完美的追求，提升了消费者对品牌的信任。

3. 样品库

雨林产品的研发依赖于对古树茶的调配过程，强大的样本库是调配的基础。雨林古茶坊100座古茶坊遍布各个核心茶产区，覆盖300多个村寨，庞大的样品库使雨林得以开发出丰富多样、高品质的古树茶产品。针对每款茶的特性，公司完善了样本搭配机制，通过利用不同样本的补充，不断尝试多种产品的组合方案。目前，雨林古茶坊产品研发中心已形成超过10000份来自各个村寨的各个古茶坊制作的、不同年份、不同地域海拔、不同季节的毛茶茶样，经过不同比例的搭配和反复尝试，直到最满意的产品方案诞生。对于产品种类的深度挖掘，塑造了公司重视科学研发与专业化的形象。

4. 形象设计

雨林公司从两个方面对产品形象进行设计，一是通过整合品牌要素，影响消费者对产品的感性认识与直观印象，二是通过宣传产品知识影响消费者对产品的主观理解和认知。常见的品牌元素包括品牌名称、网址、标识、符号、个性、包装，以及口号等，企业通常会选择将部分或者全部要素组合形成品牌。雨林公司整合品牌要素，打造"雨林古茶坊"品牌，并通过公司网站、微博、微信和销售平台网站对"雨林古茶坊"品牌予以展示和推广，阐释雨林古茶坊"年轮符号"所代表的品牌文化，并通过高品质的包装和响亮的口号强化雨林古茶坊品牌。

研究者将与产品有关的知识视为消费者对品牌认知的重要基础。Kotler 和 Keller 将品牌知识区分为产品相关的品牌知识和非产品相关的品牌知识。产品知识一般包括产品如何制作、与产品有关的文化历史传承、产品背后的故事、产品理念等。雨林古茶坊自成立起，就尤其注重对其产品知识的宣传，不仅出版了精巧而又古朴的《雨林问茶》，以问答的形式，简练与严谨地回答了包含雨林古树茶相关的核心产品知识，诸如什么是古树茶、雨林为何要建那么多的古茶坊、为何只收鲜叶、为何只用传统手工工艺制作等共46个问答。立足于产品本身的独特性与制作过程的产品知识，有助于消费者对产品知识深入了解，并能促使消费者在使用产品时更容易激发对该产品品牌的联想，以及产生情感的联结。

5. 体验营销

体验营销是体验经济时代的营销策略。在品牌竞争时代，品牌不再仅仅表示有功能性的产品，而是意味着为顾客提供并改善体验感觉。传统的营销强调"临门一脚"，关注于一线市场部门对消费者的直接促进，而体验营销是一种全过程的体验，是一种全方位的体验，也是与企业品牌共同发展的过程。体验营销的实施过程也是与顾客互动和沟通的过程，要将顾客纳入企业营销的全过程。体验营销的关键是使消费者在体验中得到满意，进而塑造企业在消费者心目中良好的品牌形象，建立品牌忠诚，构筑竞争优势。

雨林公司通过多种方式组织和开展体验营销活动。首先，通过参加会展活动吸引消费者停留、品茶和购茶，满足随机性顾客消费和购买的体验需求；其次，稳定的普洱茶消费者在分销商品茶、聊茶、斗茶、买茶、荐茶，可以获取消费、购买、社交等方面的体验；再次，线上的产品推广为年轻消费者提供了消费纯正古树普洱茶的机会，消费者可以在线上购买获得超预期体验；最后，各类消费者和顾客通过"茶山行"活动体验到雨林公司所创造的高品质普洱茶、高度参与的休闲娱乐，以及雨林文化，获得对雨林公司及其产品和服务的总体体验。雨林古茶坊将古茶坊初制所、精制茶厂、古茶山、研发中心等核心生产环节全部开放参观，并通过有效的组织，创建"茶山行"，为茶商、顾客、消费者更全面、准确地了解雨林提供了平台。"茶山行"让消费者深入参与、学习体验茶叶种植、茶文化、植物学，以及雨林古树茶的各个制作流程。这种围绕产品原料来源、产品加工生产而建立的体验参与活动，将现代体验经济的很多元素精妙的融入其中。消费者"茶山行"所下榻的"雨林庄园"满布原始森林，远离市中心处选址建立，这又为消费者平添了一份神奇自然之旅。茶山行进一步拓展和丰富发展成为生态、科普旅游，使得茶叶消费者与旅游消费者二者合一，带给茶友们对公司"只做真正古树茶"品牌理念的切身感受，以及美好而又难忘的身心体验，为其产品赢得了极大的赞誉和口碑。雨林公司通过全方位和深度的体验营销，拥有了一大批懂茶、爱茶的消费者，这些消费者在当前的网络条件下成为新的专业社群，成为雨林公司进一步拓展和丰富体验旅游的支持者和实践者，有助于雨林公司发现消费者的体验需求并提供体验产品，推动消费者在体验过程中提高对雨林公司高品质和高附加值产品及品牌的认知，促进雨林品牌的发展，最终促进了雨林古树茶市场形象的塑造和品牌价值的实现。

6. 自媒体

随着互联网和新媒体技术的发展，新技术下的产品用户的培育也呈现出了新的特征。雨林公司通过现代公共媒体及销售平台（例如微信公众平台、微博、企业网站、Tmall网站以及京东商城），以及员工的个人自媒体（微信朋友圈、个人微博）进行推广，实现线上线下传播媒介的一体化和共同促进，用户以口碑扩散，加速了雨林品牌的传播和扩散。

综合上述，古法手工、标准制定、庞大的样品库等功能性开发的路径形成的高品质产品，最终塑造出雨林古茶坊匠人精神、专业制作、可靠信赖、专业科学等品牌形象，使得消费者建立起了品牌信任。形象设计、体验营销、自媒体等情感性开发的差异化路径形成的高品质产品，使得雨林古茶坊品牌带给消费者感官美学享受、品牌认同、珍惜回味、难忘体验等积极性品牌情感。

（三）理论框架的修正

在上述案例分析的基础上，本文对前文提出的理论框架进行了修改和完善。如图4所示，产品属性的界定实际上也是对消费者需求的分析，由此产品属性可以体现为"显性功能""隐性功能""显性情感""隐性情感"四个象限的坐标。功能性开发和情感性开发实际上成为紧密联系甚至相互循环的两条路径，功能性开发有可能为消费者带来积极的情感和体验，而情感性定位和开发又可能成为产品功能性开发的依据和动力。

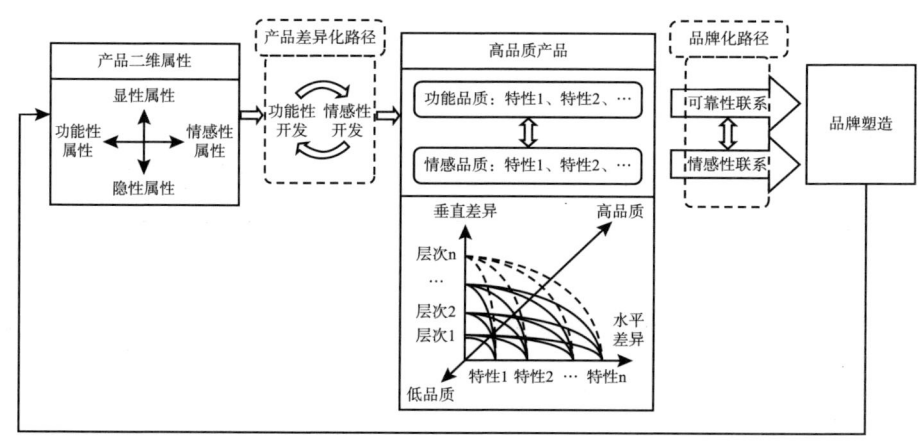

图4　理论框架的修正

资料来源：笔者根据调研资料绘制。

围绕着产品二维属性，产品开发遵循功能性和情感性两条基本路径，在每一条基本路径下又可能包含多条差异化的开发路径。差异化包括了水平差异化和垂直差异化。基于产品的二维属性，产品的水平差异化包括了产品的特征（功能性的或者情感性的）分布，是否具有更丰富、更多元地满足消费者独特需求的产品特性，进而创造出不同于竞争对手的特性。垂直差异化则指的是产品在功能性和情感性产品特性上的表现水平，表现越好，消费者越青睐。

高品质的产品既要具有多种功能属性和情感属性特征，又要提高产品在每一特征上的表现层次。相反，低品质或者次品质产品则无法同时在产品水平差异及垂直差异均表现优秀。基于二维属性的品牌塑造也表现出二元性，高品质产品既为消费者提供了多种功能品质，同时也与消费者建立了强情感联系，由此从认知与情感两个层面实现了消费者与品牌之间积极关系的塑造。

四、研究结论和展望

（一）主要结论

产品是品牌的核心，品牌构建应回归"品质为王"，产品品质依然是品牌塑造的核心和基础。针对当前品牌理论研究中偏离产品的倾向，以及现实中企业品牌化过程中产品缺位的问题，本文以"基于产品二维属性的差异化与品牌塑造"为研究主题，借助雨林古茶坊典型案例进行了系统分析和深入研究，主要得出以下两点研究结论：

第一，品牌化成功的关键是打造差异化的高品质产品，品牌化的过程依赖于产品差异化的功能性品质和情感性品质与消费者发生认知和情感上的联系。高品质的产品既要具有多种功能属性和情感属性特征，又要提高产品在每一特征上的表现层次。高品质产品既为消费者提供了多种功能品质，同时也与消费者建立了强情感联系，由此从认知与情感两个层面实现了消费者与品牌之间积极关系的塑造。

第二，产品开发主要依循功能性属性和情感性属性，两条路径呈现差异化。功能性开发和情感性开发是紧密联系甚至相互循环的两条路径,功能性开发有可能带来消费者的惊喜和极高的体验,情感性定位又推动了功能性开发的动力。高品质的产品无论在垂直差异还是水平差异上都表现优秀,既要具有多种功能属性和情感属性特征,又要提高产品在每一特征上的表现层次。

(二)理论贡献与实践启示

本研究的理论贡献主要表现在三个方面:首先,本文基于理论综述和案例分析提出了"围绕产品塑造品牌"的理论框架,是对建立以产品为核心的品牌塑造理论的尝试。其次,本文丰富了关于产品质量研究的理论成果。本文的研究再次证明产品品质是一个多维度的概念,而不是功能一维的,产品品质既可以表现为功能性的属性,也可以体现出情感性的特征。而本文关于现实案例的分析对产品属性分析的意义提供了有益的证据。

本文的研究发现对于企业如何利用产品塑造品牌提供了实践启示。第一,企业在实现重要的品牌化过程中,必须坚持产品至上原则,围绕产品塑造品牌。第二,准确识别和定位产品属性,有效挖掘潜在属性,并据此制定产品差异化的具体措施是实现从产品到品牌的关键。

(三)不足与展望

本研究还存在一些不足及未来改进的方向。首先,本文基于单案例进行了探索性研究,以后可以继续在多案例分析和比较的基础上,对研究结论进行更为深入的补充和完善。其次,本研究仅局限于制茶企业,未来的研究可以扩展到更多制造业,以及其他产业领域的企业,进一步验证模型和结论。

参 考 文 献

[1]范晓屏. 基于隐性需要的消费倾向及其营销启示[J]. 商业研究,2003(16):5-8。

［2］蒋廉雄，冯睿，朱辉煌．利用产品塑造品牌：品牌的产品意义及其理论发展［J］．管理世界，2012（5）：88-108．

［3］李飞，陈浩，曹鸿星，马宝龙．中国百货商店如何进行服务创新——基于北京当代商城的案例研究［J］．管理世界，2010（2）：114-126．

［4］刘凤军，雷丙寅，王艳霞．体验经济时代的消费需求及营销战略［J］．中国工业经济，2002（8）：81-86．

［5］苏潇，吴茵，薛玉．关于促进普洱茶产业健康持续发展的研究［J］．生产力研究，2010（5）：206-207．

［6］汪涛，周玲，彭传新，朱晓梅．讲故事 塑品牌：建构和传播故事的品牌叙事理论——基于达芙妮品牌的案例研究［J］．管理世界，2011（3）：112-123．

［7］赵占波，涂荣庭．产品属性测量中的二维结构：一项实证研究［J］．管理学报，2009，6（1）：70-77．

［8］朱世平．体验营销及其模型构造［J］．商业经济与管理，2003（5）：25-27．

［9］AAKERr, David A. Managing Brand Equity ［M］. New York：Free Press, 1991.

［10］BATRA., Olli, T. A. Measuring the Hedonicand Utilitarian Sources of Consumer Attitudes. Marketing Letters, 1991, 2（2）：159-170.

［11］CHAUDHURI, A., Holbrook, M. B. The Chain of Effects From Brand Trust and Brand Affect to Brand Performance：The Role of Brand Loyalty ［J］. Journal of Marketing, 2001, 65（2）：81-93.

［12］CREMER, H., Thisse, J. F. Location Models of Horizontal Differentiation_A Special Case of Vertical Differentiation Models ［J］. Core Discussion Papers Rp, 1991, 39（4）：383-390.

［13］DASTN, I., Gecti, F. Relationships among Utilitarian and Hedonic Values, Brand Affect and Brand Trust in the Smartphone Industry. Journal of Management Research, 2014, 6（2）：124.

［14］DYER, W. G., Wilkins, A. L. Better Stories, Not Better Constructs, to Generate Better Theory: A Rejoinder to Eisenhardt [J]. Academy of Management Review, 1991, 16 (3): 613 - 619.

[15] EISENHART, K. M. Building Theories from Case Study Research [J]. Academy of Management Review, 1989, 14 (4): 532 - 550.

[16] EISENHART, K. M., Graebner, M. E. Theory Building from Cases: Opportunities and Challenges [J]. Academy of Management Journal, 2007, 50 (1): 25 - 32.

[17] HOLBROOK, M. B., Hirschman E. C. The Experiential Aspects of Consumption: Consumer Fantasies, Feelings, and Fun [J]. Journal of Consumer Research, 1982, 9 (2): 132 - 140.

[18] KANO. Attractive Quality and Must-be Quality [J]. Journal of the Japanese Society for Quality Control, 1984, 14 (2): 147 - 156.

[19] KELLER, K. L. Building Customer - Based Brand Equity: Creating Brand Resonance Requires Carefully Sequenced Brand - Building Efforts [J]. Marketing Management, 2001, 10 (2): 15 - 19.

[20] KOTLER, P., Keller K. L. Marketing Management: Analysis, Planning, and Control, 14th ed. Englewood Cliffs [M]. NJ: Prentice Hall, Inc, 2012.

[21] MANO H, OLIVER R L. Assessing the Dimensionality and Structure of the Consumption Experience: Evaluation, Feeling, and Satisfaction [J]. Journal of Consumer Research, 1993, 20 (3): 451 - 66.

[22] MATZLER, K., Grabner - Kräuter, S., Bidmon, S. The Value - Brand Trust - Brand Loyalty Chain: An Analysis of Some Moderating Variables [J]. La Semana Médica, 2006, 2 (231): 76 - 88.

[23] OK, C., Choi, Y. G., Hyun, S. S. Roles of Brand Value Perceptions in the Development of Brand Credibility and Brand Prestige [M]. MA: ICHRIE Conference Refereed Track, University of Massachusetts, 2011: 1 - 8.

[24] O'SHAUGHNESSY, J. A Return to Reason in Consumer Behavior: An Hermeneutical Approach [J]. Advances in Consumer Research, 1985, 12

(3): 305-311.

[25] PARK, C. W., B. J. Jaworski, D. J. MacInnis, Strategic Brand Concept – Image Management [J]. Journal of Marketing, 1986, 50 (4): 135-145.

[26] RYU, K., Han, H., Jang, S. Relationships among Hedonic and Utilitarian Values, Satisfaction and Behavioral Intentions in The Fast-casual Restaurant Industry [J]. International Journal of Contemporary Hospitality Management, 2010, 22 (3): 416-432.

[27] VERGANTI, R. Design Driven Innovation [M]. Brighton: Harvard Business Press, 2009.

[28] VOSS K E, GROHMANN B. Measuring the Hedonic and Utilitarian Dimensions of Consumer Attitude [J]. Journal of Marketing Research, 2003, 40 (3): 310-320.

武汉市居民文化消费及文化市场管理的现状及策略[*]

刘旺霞[**]

摘 要：武汉市居民文化消费水平近年来虽然得到了一定的发展，但发展仍然不足，且文化产业滞后、整体消费水平等偏低。根据相关调查并结合《武汉市统计年鉴》，运用比较分析等方法对武汉市居民文化消费方面存在的消费总量不足且增长缓慢、消费水平和比例偏低、消费结构失衡、消费观念落后、消费主体分布不合理等现状，以及文化市场与管理方面存在的文化产业发展滞后、文化产业相关人才稀缺、产品差异化程度低、文化产业进退制度不完善等问题进行具体分析的基础上，找出其原因，并提出培养文化消费习惯以提升文化消费理念、调整文化消费结构以提高文化消费层次、加大对文化产业的财政支持力度、加快文化体制改革以寻找新发展模式，以及吸引各方面资金创新文化产业等策略。

关键词：武汉市居民 文化消费 文化市场管理 现状 策略 人均文化消费

---

[*] 基金项目：湖北省普通高校人文社会科学重点研究基地——湖北文化产业经济研究中心重点资助项目"基于'两型社会'的湖北省文化产业集群发展及投融资实证研究（HBCIR2017Z001）"；2016年度湖北省教育厅人文社科一般项目"基于文化产业的武汉市民文化消费和文化市场管理研究（16Y200）"。

[**] 作者简介：刘旺霞（1975— ），女，汉，湖北崇阳人，湖北第二师范学院数学与经济学院，副教授，经济学博士，研究方向为文化产业及文化消费等。

一、文化消费及文化市场的相关理论概述

(一) 文化产品的概念

人类通过文化这一媒介不断刷新对内在的认知,并实现改造自我,在这个过程中,所创造且得到广大群众认可。因此,文化是认识自我、改造自我的符号。这包括物质、制度和心理三个方面的文化。人类创造出来的种种物质方面的业绩可称为物质文明,包括代步工具、服饰、日常用品等,是一种可见的显性文化;制度文化和心理文化,分别指掌管生活、家庭规则、社会制度,以及思维想法、宗教信仰、审美爱好,这些都属于看不见的隐性文化。包括文学、哲学、政治等方面内容。

生产者为满足需求者而生产出来的物品称作产品,包括有形的和无形的。为了满足人们特殊需求,提升人类精神追求而制造出来的产品可称为文化产品,其涵盖了精神和物质两种不同的形态。而带有营业性质的各种形态的艺术类表演和民间艺术活动等是精神类的文化产品。各种速写绘画、物体刻制和复刻文物等可称为物质文化产品。人们对观赏、娱乐有了需求,便有了精神文化产品供应,人们需要收藏、传承、研究和纪念,则选择物质文化产品。其实二者本质上是一样的,虽然呈现的形式不同,都是通过审美、教益、娱乐赋予人类的功能和作用。作为一种文化产品,文化是需要的:第一是载体,第二是生产,第三是成本。因此,文化产品是指按照一定的标准生产、复制、储存、分销并消耗一定的商品或服务成本的实体。

(二) 文化消费的定义

人们去欣赏、占有、享用和使用精神文化产品,以及精神文化性服务,即文化消费。文化消费是社会精神财富的消耗,是由他人提供的物质化形式和非物质化形式,虽然都基于物质消费,且是前提,但增长和发展中的文化消费需求是受到社会生产力发展影响的。因此,文化消费水平在物质文明和精神文明的出现中可以更加直接和突出地体现出来。

(三) 文化市场的含义

广义的文化市场指的是一个能容纳文化运行的环境；狭义指的是一个提供文化服务的地方。文化市场是行业市场的重要组成部分。从基本内容来讲，文化市场是指消费者和生产者之间因文化类商品所产生的各种经济联系，其实投射的是文化发源处、销售者和消费者之间因为文化商品而联系起来，以及服务和文化资源之间的融合。这既包括文化发源处和销售者，以及消费者与供求之间的文化交流关系，还包括在文化发源处所发生的商业往来，销售者与资源所有者之间的关系。

二、武汉市居民文化消费的现状分析

(一) 武汉市居民文化消费水平偏低

我国现处于经济转型期，面临的是去泡沫时期，在外汇市场上，人民币的贬值自然会影响对外贸易，自然需要扩大内需，维持经济发展，文化产业市场目前可开辟的蓝海空间巨大，居民在满足温饱之后自然会有精神需求，武汉作为一个中部大城市，发展潜力巨大，是周边城镇居民前往并定居的不二之选，人口众多，而居民的文化素养恰好反映出这个城市的经济发展水平和城市建设水平，而且对我们了解武汉市文化产业市场的发展极其有帮助。所以调查研究武汉市居民文化消费水平及其偏好的趋势走向十分重要，影响居民文化消费水平的因素除了经济发达程度还有对文化市场的管理，会影响到居民的文化消费选择。本文主要会通过分析对比武汉市居民文化消费水平，了解政府对文化市场的管理现状提出建议性的发展策略。

近年来，基于信息技术之上的全球化进程，在国家层面上，文化建设不再是单纯地发展文化事务，已经成为国家软实力的象征之一。党的十八届五中全会通过的《中共中央关于制定国民经济和社会发展第十三个五年规划的建议》，对物质文明与精神文明的推动有了具体要求，"构建更加优质的文化产业""对文化业态进行翻新,对文化消费进行引导和推动",武汉市的文化产业想要获得长足发展,必须得到政府的扶持。

得到丰沛资源发展的武汉市文化市场,渐渐拥有了娱乐市场、互联网文化市场、电影市场、音像市场、演出市场、艺术指导培训市场、美术市场、书刊市场、文物市场等,文化经营项目涵盖了文化市场现有经营单位共3474家,网吧1473家,音像批发零售单位344家,音像制品出租单位28家,文艺演出团队14家,文化艺术培训单位50余家。

2003年以来,武汉地区迎来新中国成立以来文化体育设施建设的一轮新高潮,共建设改造场馆63个(其中,体育场馆60个,文化场馆3个),建成大型群众文化广场23处。另据统计,到2016年为止,武汉市现有区级以上公共图书馆17座,其中省市级图书馆3座,图书1549.36万册,图书流通713.08万次,为读者举办活动1814次,2016年购置图书95.11万册,阅览室坐席1.22万个。

据统计,自2012年以来,武汉文化产业在全市经济总量中的占比逐年提高。2012年,武汉市实现文化产业总收入670.05亿元,占全市地区生产总值的6.7%;2015年文化产业总收入915.22亿元,占地区生产总值的8.4%;2016年文化产业总收入1027.18亿元,占地区生产总值的8.6%(见图1)。

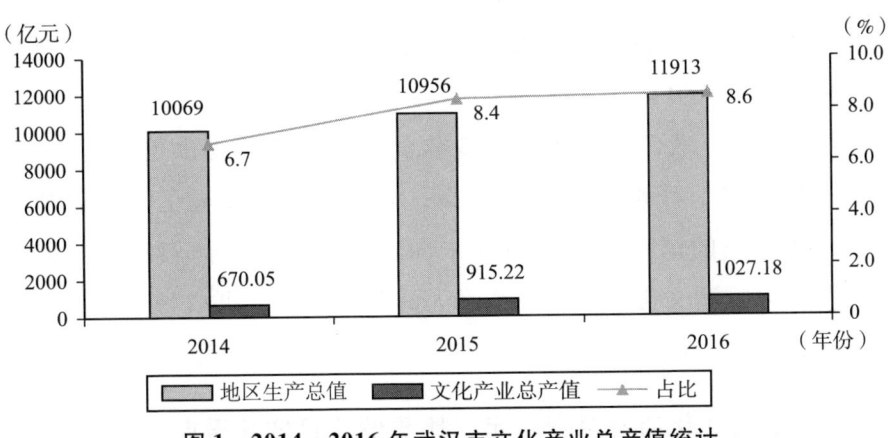

图1 2014~2016年武汉市文化产业总产值统计

资料来源:武汉统计年鉴委员会.武汉统计年鉴2017[M].北京:中国统计出版社,2017.

同时，2012～2016年，城市居民人均教育文化娱乐服务消费支出分别达到2402.16元、2600.52元、2130.36元、2372.04元和2463.96元（见图2）。

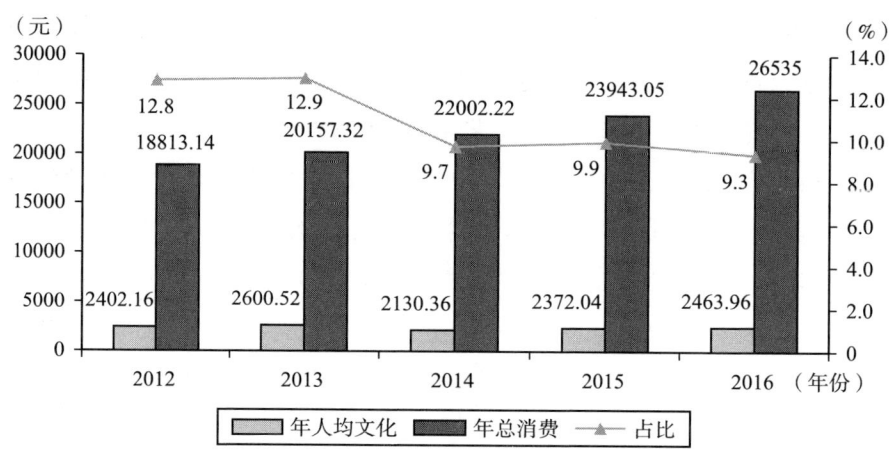

图2　2012～2016年武汉市人均文化消费支出统计

资料来源：武汉统计年鉴委员会．武汉统计年鉴2017［M］．北京：中国统计出版社，2017.

由图1可知，武汉市近3年地区生产总值稳中缓慢增长，文化产业总收入也逐年上涨，所占比重也在逐步上升。由图1可见，武汉市文化产业呈稳步发展状态，经济呈稳步发展状态，其文化产业的繁荣兴衰可变相反映出武汉市整体经济的发展状态，武汉市的发展状态稳定，可对文化产业潜在空间进行深入开拓。

由图2可知，武汉市居民在近5年的人均年消费支出也在稳步上升，而人均文化消费上浮水平却不是很高，而所占比重甚至呈下降趋势。可见，武汉市居民的消费支出比重并未向文化消费支出倾斜。从发展趋势看，同样可以推测文化产业是一个巨大的蓝海市场，可成为今后武汉市发展的重点产业之一。

（二）居民文化消费总量不足、比重偏低且增长缓慢

2016年，武汉市居民文化消费支出的总量不足300亿元，虽然从纵向

比较的角度来看，总量发展速度比较快，但是与北京市、上海市、广州市、深圳市等一线城市相比，有着不小的鸿沟，就算是与杭州市、长沙市、南京市等二线城市比较，差距也从多方面体现出来，在全国具有中低层次文化消费水平的副省级城市中就有武汉市。统计资料显示，2017年，武汉城市居民家庭人均文化消费支出占消费支出的9.3%，不但低于北京市的16.6%、上海市的16.4%、广州市的13.1%，而且低于杭州市的12.3%、青岛市的12.7%，甚至远低于西部城市西安市的15.7%。2017年上半年，武汉市城市居民家庭人均文化消费支出占比为9.3%，与同类城市相比仍然偏低。除了总量偏中下水平以外，武汉市居民文化消费比重增长也相对缓慢。

统计资料显示，2016年与2014年相比，虽然武汉市居民在交通通信、医疗保健、娱乐教育文化等方面的消费支出呈加速上升趋势，恩格尔系数呈缓慢下降趋势，但武汉市城市居民人均教育文化娱乐服务消费支出的增长速度仍仅处于80%，远远落后于衣着的95.6%、食品的89%、交通通信的99.5%的增长。2016年上半年，武汉市居民教育文化娱乐服务支出比2015年同期增长25.0%，与衣着支出增长持平，但仍低于居住支出增长速度（37.5%）和其他商品和服务增长速度（68.3%）。2017年1~9月，城市居民人均教育文化娱乐服务消费支出同比增长3.4%，低于人均消费支出平均增速（15.5%），在八大类居民消费性支出中，文化消费支出排在倒数第2位。因此，武汉市居民消费结构的基本物质型消费特征比较明显，需要提高享受型、精神型、智能型消费。

（三）居民文化消费层次较低，结构失衡

从武汉市文化消费支出结构来看，大部分居民文化消费支出主要集中在文化消费娱乐享受，而发展消费支出相对不足。武汉市、北京市、上海市、沈阳市是中国四大文化艺术部艺术表演中心，省市级专业剧团实力较强，社会文化娱乐企业规模、业绩和营业收入规模位居全国前列。社会效益的发展促进了文化市场的繁荣，但在享受文化消费和娱乐消费的热潮中，出现了大众文化消费的庸俗化现象。娱乐、趣味性的消费增加，而高层次的精神消费内容很少见。

总体而言,从文化消费热点来看,知识文化形式的消费少,休闲娱乐消费少,普通市民的高端文化消费比例不大,发展型、知识型和智慧型文化消费发展还不够。因此,目前武汉市的文化消费水平不高,消费等级和消费质量有待提高。

(四) 文化消费观念有待进一步提升

随着经济的不断发展,人民的物质生活也越来越富足,居民的文化消费能力也在逐步增强,文化消费支出不断提高。但相当一部分居民的文化消费理念并没有跟上时代进步的脚步,居民中存在偏向物质消费和娱乐休闲消费,不注重精神文化消费和知识文化消费;喜爱享乐,不注重长远发展的现象。休闲娱乐消费在文化消费中仍占很大比重,如打羽毛球,玩游戏,上网,看电视,打麻将,盆景和花卉,绘画,书法,郊游,露营,展览,去动物园,听讲座,登山等几十种选择,但大众的选择主要集中在互联网上,看电视,看娱乐书,打羽毛球,打麻将,盆景和花卉等选项。调查还显示,普通民众对文化消费支付的认识不正确,觉得应由政府免费提供。一些民众不愿意投资教育,对自己的教育漠不关心,文化消费仍处于被动的阶段。这表明居民的娱乐活动主要集中在简单和低成本的活动上,武汉市拥有潜力巨大的文化消费市场,需要提倡文化消费的概念,并对居民加以正确的引导。

文化消费在武汉市还没有形成流行趋势。特别是文化消费仅局限于文化娱乐,忽视了自我教育、体育健身(特别是付费的体育运动和健身),习惯了享受公共文化资源。不愿意过多地投资其他文化消费,宁愿出国度假,但不愿意去发现和欣赏本土景点的美丽。

(五) 文化消费主体分布不合理

武汉市居民消费呈现出许多明显的特征。首先,年龄的特征。老年人通常更注重参加文化活动和体育锻炼,特别是团体活动,愿意投入更多时间和金钱;年轻人很少参与体育锻炼,而文化消费则更集中于唱卡拉OK、上网、看电影、跳舞、旅游等,很少有户外运动。其次,城乡居民消费存在差异。城市居民的文化消费类型多种多样。有足够的空间可供选择，而且支付能力也很强。农村居民文化消费品的供给相对较弱，消费类型集中、单一，主要为看电视和上网，消费能力相对较低。疲软的消费者往往更年轻。最后，收入与户籍的区别。相当一部分流动人口的收入水平较低，收入与户籍有一定的关系。据统计，武汉市常住人口910万人，户籍人口835.55万人，流动人口74.45万人[①]。流动人口的相当一部分人的收入水平较低，文化消费非常贫乏，其中，中老年人群受到文化和家庭因素的影响，闲暇时间主要是看电视和打扑克；年轻人大多是上网。当然，武汉市的户籍人口中也有相当多的低收入人群，他们的文化消费类型也较为单一。

（六）收入水平较低，削弱了文化消费的支付能力

影响文化消费的重要因素之一是收入水平。2016年，武汉市城市居民人均可支配收入39737元，人均消费支出26535元，人均教育文化娱乐服务消费支出2463.96元，在19个副省级城市中处于中下水平。仅以经济总量与武汉市接近的南京市和杭州市为例，据抽样调查结果显示，南京市、杭州市2016年城市居民人均可支配收入分别为44009.4元和46116元，城市居民人均消费支出分别为26802元和31905元，比上年增长8.8%和5.4%，均比武汉市高。特别值得注意的是，武汉市中等以下及低收入人群占人口总量比例较高，居民收入差距较大，这部分居民收入不高，医疗、子女教育和住房的压力较大，对收入预期不是很乐观，因此消费行为比较谨慎，文化消费能力严重不足。

三、武汉市居民文化市场管理的现状分析

（一）文化产业发展滞后

武汉市拥有开发潜力巨大的文化资源，但文化中心、公共图书馆、少

[①] 武汉统计局.2009年武汉市国民经济和社会发展统计公报［EB/OL］.http://tjj.wuhan.gov.cn/tjfw/tjgb/202001/t20200115_841056.shtml, 2014-5-21.

年宫等公共文化设施建设缓慢,布局不够合理,公民日渐增长的精神和文化需求不能及时得到满足。经过近30年的发展,武汉市的文化产业逐渐由小到大、由弱到强,它已成为武汉市工业发展的重要支柱之一。然而,与城市的经济发展速度和发达沿海城市的文化产业规模相比,差距仍然很大。在国内,武汉市的文化产业还没有进入"第一军团",这是一个相对较低的百分比,而且还不够快。此外,武汉市文化资源的使用与整合、规划的实施与完善、人才的使用与引进、文化优惠政策体系的建设与实施均显不足,文化体制改革任重道远。此外,政府缺乏公共文化投资,文化投资分布不均,经济社会发展总体水平较低,是城市居民缺乏文化消费的原因。

(二)文化产业相关人才稀缺

武汉市的文化产业资源还没有完全转变,也没有转化为真正的文化产业资本。例如,武汉市的各种旅游资源缺乏整合,缺乏可视性,难以实现经济效益。与此同时,文化产业链也不完善。例如,动漫产业相关衍生产品的发展滞后,这也限制了相关产业的盈利能力。此外,展览和表演等新兴文化产业在武汉市的人才相对稀缺。相对于其他行业的人才比较来说,动画、动画游戏,还有广告设计的人才资源是分布不均的,在戏剧表演和传统产业中,这种现象更加严重。在一定程度上,相关行业管理人员也存在与"互联网+"时代脱节的现象。武汉市文化产业的可持续发展受到人才稀缺的严重制约。

(三)产品差异化程度低,同质化竞争严重

当前,文化产业同质化严重。武汉市政府对文化产业发展的关注缺乏准确定位,政策上没有统一的标准。以报纸行业为例,武汉市两大报业集团旗下有4个品牌的市民报,角逐激烈。虽然这有利于提高武汉市报业的水平,但也极具破坏性。不畏原则的恶性竞争使得武汉四大报纸浪费了丰富的社会资源。这也导致了一些低俗报道的出现,虚假广告层出不穷。各家报纸为了增加发行量,抢占更多的商机,增加自己的读者群体,获得更

大的经济效益，纷纷运用各种手段，扰乱了竞争秩序和市场规则，导致低价倾销和低价竞争。报纸市场的同质竞争日益激烈：市场定位的趋同、报道内容的趋同、栏目设置的趋同、商业行为的趋同、广告商的相似性等。竞争在一定程度上有利于报业的发展，然而，如果演变成无序的恶性竞争，则会对报业的发展造成损害；报道的内容相近，导致社会资源（包括读者时间、纸张等）的浪费；假新闻事件不断出现，发行打折、低价倾销等恶性竞争。

（四）文化产业进入和退出制度还不够完善

因为受中国传统理念的影响，很长一段时间，中国文化产业一直被认为是一个纯粹的政府管理。因此，居民都认为应当由政府财政组织并负责，从而导致投资渠道过度单一和窄小，而大多数文化产业采用"准入"的制度，导致武汉市地方的国有经营性文化产业与公益性文化产业融合，脱离市场，缺乏活力。在文化产业投资的规模中，国有性资产在文化产业投资的结构中所占的比例是73%，企业资产的比例只有27%，也就是说可经营性的企业资产比重较小。除了所有权的障碍之外，还有行业壁垒、区域壁垒等。由于部门来源、产业来源、地域出身和所有权的限制，这些来源已经成为进入文化市场的基本条件或"潜规则"，这样导致私人资本进入的几率微乎其微，社会闲散投资很难向文化产业靠拢。在市场准入方面，受到国内文化限制的外来投资，也受到一定程度的影响。

武汉市居民在文化消费水平和文化市场及管理方面存在的上述问题主要与以下几个原因有关：一是因为居民自身的观念并未跟随经济的飞速发展而与时俱进，也与部分居民自身传统落后的文化思想观念有关。文化产业健康、快速的发展离不开健康的消费观念，而观念的改变需要花费一定的时间。二是武汉市居民的文化消费层次和能力较低，有待进一步提高。三是武汉市文化产业缺乏相应的政策支持。虽然武汉市对文化产业越来越重视，也比较支持，但是与文化产业的发展目标与趋势相比还是明显不够。四是武汉市文化产业体制及机制不完善。文化产业的发展对资金的需求量很大，仅仅依靠来自政府方面的资金是远远不够的，需要改革文化产业的现有体制、机制,充分发挥社会各界的力量,吸引社会、民间,以及国外资本投资到文化产业中来。此外,还有管理等方面的相关原因。

四、促进武汉市居民文化消费及文化市场管理的策略

(一)提升文化消费理念,提高文化消费层次和文化消费能力

以健康消费作为文化消费的一大理念,从培养文化习惯和引导文化消费入手,促进居民对精神文化产生兴趣并且愿意为其消费。采用大众宣传等办法对武汉市居民产生潜移默化的影响,让居民明白健康文化消费的重要意义,要舍得对健康文化进行消费。要让他们意识到进行这类消费的价值所在。同时,在健康消费的基础上要知道如何更加合理地消费。通过舆论导向,合理的文化消费观念,提高文化消费者的审美水平,使更多人有精神领域的追求。

要抑制和打击不健康的消费行为,破除封建制度,封建迷信,遏制色情、暴力、盗版等行为,引导消费者支出结构的合理化。重点发展武汉市居民和农民工的文化消费需求,继续建设公共文化设施,丰富公共文化产品供给,美化图书馆、博物馆等相关文化场所的环境,进一步培育文化艺术、健身旅游等文化消费市场。为了增加公民的文化消费能力,政府应增加文化投资,使用政策和奖励措施,比如发放文化消费的折扣券,鼓励文化产业单位为公众实施低价票,向社会弱势群体赠送政府门票,减免税收。合理引导消费,调整文化消费和其他消费的比例结构,群众的主观需求转化为客观需求,将内部需求转化为现实需求,激发市民消费文化的意愿。

(二)加大对文化产业的财政支持力度

文化产业是新型资本要素,作为核心竞争力在改变国家经济发展格局中起着至关重要的作用。党的十八大报告明确指出,文化软实力明显增强。丰富文化产品的种类,稳固公共文化服务体系,文化产业已经被视为

中国发展必不可少的支柱产业，并且夯实了社会主义国家的基础。国家和地区如果要提升软实力必须支持文化产业，提升综合竞争力和核心实力更是离不开文化产业。想要加大对文化产业的投入，武汉市政府就必须积极调整支出结构，增加在公共文化事业上的投资力度，并确保资金对重大文化活动和文化项目、艺术画廊、文化中心、图书馆等的有效利用。调整支出结构也需要各地级政府积极响应，在整合现有文化基金的基础上，建立文化产业发展专项基金；在武汉市文化产业的发展中加大财政支持力度；为公益性文化机构的日常工作提供必要的资金保障。加大对基层文化设施、配套设备和维护、保障信息网络畅通等资金的投入，重要的文化遗产和优秀的民间艺术应被列为保护的重点对象。实施文化事业单位和捐赠文化事业的税前扣除政策，文化中心、图书馆、科技馆、博物馆等公共文化设施建设也需要被社会资金顾及。武汉市政府相关文化产业的文化机构需要创造和生产更多既健康又受欢迎的文化产品，努力将文化产业培育成支柱产业。

（三）加快文化体制改革，寻找新发展模式

文化产业，特别是广播影视、报纸、杂志出版、广告设计产业，是科技含量高、投入高、设备重、消费高的产业。可以加大力度发展多种多样的民营文化企业，深入挖掘优秀文化资源，发展高技术含量的现代文化娱乐项目。武汉市政府还必须加强对民营文化企业的宏观指导和管理，将民营文化企业纳入武汉市地方产业发展规划中，利用武汉市的文化资源，加快文化体制改革，加快文化产业的发展步伐，生产更多优质文化产品。将武汉市作为文化产业区域创新中心，将周边城市纳入武汉城市圈，在"同城文化消费"和"同行业文化消费"中寻找新的发展模式。

大卫·斯洛斯比（David Throsby，1999）在传统经济学家所提出的物质资本、人力资本、自然资本这三种资本的基础上提出文化资本，他认为文化资本体现了资产的内在文化价值，表现出文化与经济价值之间的关联，强调对经济概念的文化资本依赖。武汉市政府要落实《国务院关于非公有制进入文化产业的若干规定》，放手发展非公有制文化企业，支持和

引导非公有制资本以股权受让、合资合作方式参与国有文化企业的改组、改制，鼓励私有资本在政策允许的情况下建立文化企业，加强信用担保体系的完善，鼓励金融机构对民间文化企业给予支持，提高对私企的贷款比重。

（四）积极调动社会各界力量发展、创新文化产业

约翰·霍金斯 2007 年在《创意经济》著作中探讨了创意经济的全球影响，他认为在创意领域处于世界领先地位的美国运用这种优势比新技术和新型生产方式所带动的生产力增长方面的优势更加明显，而这样的过人之处让美国立于国际竞争中的不败之地。武汉市政府应当积极动员社会各界力量，发展文化产业。在不违背相关的国家法律、法规的情况下，鼓励个体、企业和社会团体建立自己的文化机构，合并和收购商业性质的文化单位，发展城乡文化产业，在规划和建设方面，土地使用、税收和费用政策、专业职称评估和其他方面的处理方式上应与国有文化单位相同。建立公共福利文化产品和商业投标制度，鼓励社会各界平等参与文化产业竞争。

大力发展文化市场，吸引人才，吸纳有实力的劳动者，扩大就业。文化产业不仅适用于具有高科技设备的现代大型企业，还适用于接受个性化的、依赖个体创造的小型市场实体。因此，它具有吸收社会各界劳动力，并有助于增加就业机会的优点。为了多多呈现高质量的文化产品和优秀的作品，支持鼓励各种个人或团体创作，以满足武汉市居民日益增长的精神和文化需求。鼓励有能力的个人、团体和企业发起设立地方性文化发展基金和各类文化投资公司。可在国家政策范围内，吸引外资和外商投资文化产业项目，建立中外合资文化企业。奖励、补贴和利息补贴等可以用来刺激文化产业的社会资本投资。

创造一个轻松的、海纳百川的文化创造环境，让百花齐放，百花争艳，为文化创造增添活力和自由。重视文化创意中小企业和团体的发展，支持原创作品，保护知识产权，出台鼓励和支持各类文化研发机构的政策。加强引导，强调创新，促进产业链延伸，优化文化产业结构。

参考文献

[1] 360百科. 文化的概念［EB/OL］.（2017-12-27）. https：//baike. so. com/doc/5366095-5601798. html.

[2] 360百科. 文化市场的基本概念［EB/OL］.（2017-12-25）. https：//baike. so. com/doc/6183784-6397032. html.

[3] 范恒山，赵凌云. 促进中部地区崛起重大战略问题研究［M］. 中国财政经济出版社，2010.

[4] 国务院. 国务院关于非公有制进入文化产业的若干规定［EB/OL］.（2005-04-13）. http：//www. gov. cn/xxgk/pub/govpublic/mrlm/200803/t20080328_32685. html.

[5] 王萍. 政府在促进城市居民文化消费中的作用研究——以上海城市居民为例［D］. 上海：上海交通大学，2007（1）：52-59.

[6] 武汉市人民政府网. 以新理念引领文化产业转型升级——《武汉市文化产业发展"十三五"规划》解析［EB/OL］.（2017-02-24）. http：//www. wuhan. gov. cn/hbgovinfo_47/szfggxxml/gzghjh/ghjhjd/201702/t20170224_102073. html.

[7] 武汉统计年鉴2017［M］. 北京：中国统计出版社，2017：29.

[8] 新浪博客. 文化市场的分类及功能［EB/OL］.（2013-03-21）. http：//blog. sina. com. cn/s/blog_69bf7c910101a9vu. html.

[9] 杨晓光. 关于文化消费的理论探讨［J］. 山东社会科学，2006（3）：12.

[10] 约翰·霍金斯. 创意经济［M］. 上海：上海三联书店，2007.

[11] 浙江省人民政府网. 2016年浙江居民消费情况分析［EB/OL］.（2017-02-17）. http：//www. zj. gov. cn/art/2017/2/17/art_5499_2217584. html.

[12] David Throsby. Cultural Capital. Journal of Cultural Economics. 1999（2）：23.

博物馆公共文化服务绩效评价指标体系国际比较研究

张安琪[*]

摘 要：绩效评估是博物馆建设发展的重要环节，我国的博物馆评估工作已广泛开展并取得一定成效，但评估体系过于单一化、程式化，以及对于广大行业博物馆并不适应。通过对文献的收集整理，从指标维度、理念、效能的发挥及运用方面进行比较，对比我国博物馆与国外博物馆绩效评估体系的区别，分析国外博物馆公共文化服务指标体系的侧重点，从静态指标体系演变出绩效评价工作的问题，从而得出博物馆绩效评估体系的一些启示。

关键词：博物馆 公共文化服务 绩效评价体系

一、博物馆绩效评估

（一）绩效评估的必要性

博物馆是我国公共文化事业的重要组成部分，是群众感受我国深厚历史文化积淀的主要场所，在社会文化建设中具有不可替代的教育作用，同

---

[*] 作者简介：张安琪（1997— ），女，山西运城人，管理学学士，长安大学公共管理与法学院硕士研究生。

时对于国家和当地历史文化的传承有着极其重要的意义。当前我国博物馆普遍存在的问题是社会效益不高，在社会中没有发挥应有的作用，造成投入产出不对等，引入绩效管理是博物馆自身建设发展的要求，改善博物馆治理结构，推行绩效管理是博物馆摆脱困境的必经之路。

博物馆评估是管理部门获得决策依据的重要途径，是引导博物馆发展的重要手段，是管理部门与博物馆之间的政策对话工具，是建立博物馆与观众良性关系的必要途径，也是博物馆考评和激励的重要方式。博物馆绩效评估是为了通过规范和强化管理，促进博物馆提高效率、改善效果、增强效能，最终实现提高博物馆建设与发展的水平，从而更好地发挥其社会功能。

（二）绩效评估的理念

博物馆绩效评估的主体是多元的，不仅有政府、专家机构、社会公众，还有第三方评估，同时，公共文化服务绩效评估理论基础是服务，所以应将公众满意度作为核心指标，建立以观众为先的博物馆绩效评估体系。

1. 多元评估主体，纳入第三方评价机制

变单一评估主体为多元评估主体，吸收公众参与到公共文化服务绩效评估中，这是中国公共文化服务绩效评估理论研究和实践操作的一个重要发展方向。绩效评估主体有三类：一是政府组织评估；二是专家机构评估；三是社会公众评估。其中，以专家机构为主的第三方评估已得到充分认可。第三方评估实质上是把具体的工作委托第三方承担，能够弥补内部评估的一些缺陷，提高评估的专业性、公正性及评估效率，促进评估向科学化、规范化发展。第三方评估可以分为独立第三方评估和委托第三方评估。委托第三方评估是由政府部门或者其他机构委托进行的第三方评估。因为委托方为政府部门，所以在获得评估所需要的各种资料方面较为顺利，也容易得到评估对象的支持和协助。独立第三方评估是第三方独立进行的评估，一般是利用公开的数据或者从评估对象处获得相关的数据进行评估。目前，从公开渠道获取博物馆第三方评估所需的全部数据或者得到博物馆的支持获得第三方评估所需要的全部数据具有较大的难度，因此，

博物馆第三方评估界定为委托第三方评估。

2. 建立以观众为先的博物馆绩效评估体系

博物馆在评估指标设计上，多为突出硬件绩效，如公共文化服务设备设施和财政投入，忽视了软件绩效，如公共文化服务供给对公众文化需求满足度和公众对所享有公共文化服务的满意度。而作为公共文化服务的对象——公众，却难以对自己应有的文化权益实现程度作出评价。公共文化服务的供给不仅是政府的责任，也是公众文化权益的实现。公众文化权益的实现需要政府在公共文化服务供给中，在公共文化服务之初、之中、之后为公众提供参与途径。只有将公众作为公共文化绩效评估的主体，才能为政府在公共文化服务质量和供给能力的改进上提供指导和努力的方向。

复旦大学的郑奕提出，要建立以观众为先的博物馆绩效评估体系，我国博物馆当前还有一个突出的问题是按照自己的想法向公众提供公共文化产品与服务，没有考虑公众的意愿，从而造成效率低下，比如博物馆的"藏品"与受众需求不能有效接轨；博物馆服务的民众数量、服务受众的观赏体验质量与"产出"也不成正比等。"以观众为先"将是博物馆公共文化服务绩效评估体系的重中之重，这也是对"公共,强调的即是文化的普惠性、共享性和基本性"这一核心要义的践行。

二、博物馆绩效评估体系比较

（一）评估机构不同

英国博物馆起源于 17 世纪，对公立博物馆的评估工作始于 20 世纪 20 年代末期，之后政府部门不定期开展了针对不同对象（例如，国立博物馆、地区性博物馆）的评估工作。10 余年来，英国政府部门开展了两项对博物馆工作的重要评估活动，一项是公立博物馆的主管政府部门——英国数字、文化、媒体和体育部（Department for Digital, Culture, Media and Sport, DCMS）于 2016 年 9 月启动的历时约 1 年时间的"门多萨评估（The Mendoza Review）"，另一项是 DCMS 对其直接资助的博物馆开展的年度监测工作。两项工作的评估对象中，相当一部分为科学技术类博物馆，例如科学博物馆集团、自然历史博物馆、格林尼治皇家博物馆、利物浦世界博物馆，以及众多大学博物馆等。

美国是世界上博物馆事业最为发达的国家之一。博物馆常常依靠来自联邦、州，以及地方公共财政的资助，以稳定其运行。美国没有大规模实施过对博物馆的整体性评估，但一些部门的博物馆工作开展过相关评估，例如美国国家科学基金会（NSF）、博物馆和图书馆服务学会（Institute of Museumand Library Services，IMLS）。两家机构是美国联邦对全国各类博物馆进行竞争性项目资助的最主要公共机构。2000~2006 财年，二者对博物馆的资助分别达到了 2.89 亿美元和 2.05 亿美元。为了保证其资助项目的质量和效果，两家机构针对所资助的博物馆项目开展了评估工作。

加拿大新斯科舍省博物馆协会（Association of Nova Scotia Museums，ANSM）负责本省博物馆的组织、协调、沟通等工作，会员中包括了工业博物馆、自然历史博物馆、地质博物馆、大西洋渔业博物馆等一批科学技术类博物馆。2014 年，ANSM 接管新斯科舍省社区、文化和遗产部（Department of Communities，Culture and Heritage）对会员博物馆的评估工作，经过 1 年时间的准备，于 2016 年对 66 家博物馆进行了第一次评估。此次评估完成后，评估报告建议评估工作每 4 年开展一次。ANSM 最终确定在 2018 年 1 月启动第二次评估，工作将于当年的 11 月完成。该评估工作纳入 ANSM 对本省博物馆的资格认定工作，评估结果优秀的博物馆将获得 ANSM 认定并有资格得到博物馆基金的资助。

（二）评估内容与指标体系不同

博物馆绩效评估指标体系是公共文化服务体系的一部分，毛少莹提出公共文化服务体系发展水平测度可以从政府投入、发展规模、产品及服务、社会参与、人才队伍及公众满意度等维度来考虑指标体系的设定。我国公共文化服务体系建设是政府主导、鼓励社会参与的模式，现阶段政府资金仍是最主要的来源；文化设施是公共文化服务的主要载体，主要设施的基本建设标准、布局和拥有的资源，直接反映公共文化服务的公平性原则、基本性原则，以及公共文化参与的便利性原则，博物馆数量、人均占有公共文化设施面积等；公共文化产品及服务是公共文化服务体系中重要的内容，公共文化产品及服务的种类、层次及特色反映公共文化产品及服务的多样性原则，公民参与度反映公共参与性原则，可供选取采纳的指标包括博物馆的参观人次、全年展览数等；鼓励社会参与，建立公共文化项目的社会联动机制是公共文化服务体系建设发展的一项重要内容，一些指标如社会捐助资金占博物馆总收入的比例、文化义工数量等可以用来衡量社会力量是否在活动参与中具有主体地位，人才队伍的总量及专业技术人员所占比重等可以反映人才结构是否合理；公共文化服务水平的高低最直接、最客观的反映是公众满意度。

博物馆公共文化服务绩效评估研究的关键是评估指标体系的确定，这是区别于其他公共文化服务绩效评估的标志。指标体系的设定既要兼顾各个方面，又要有相关性。博物馆公共文化服务绩效评估的指标体系的研究是多样的，但这些指标体系大多都涉及观众、网络互动体验与财务状况3个一级指标，其中观众均为考评中的核心指标之一。

英国在国立博物馆方面，除适用英国的博物馆认定原则外，国立博物馆关于博物馆使用的评估指标另外由英国国家审计署于2004年签订，并在3年一期的补助协议书中明列。国立博物馆与审计署的补助协议书中，审计署要求接受文化媒体体育部补助的国立博物馆必须提出5项核心绩效评估指标，此外文化媒体体育部另外要求1项绩效评估指标，共计6项（见表1）。

表1　　　　　　　　英国国立博物馆绩效评估指标

项目	指标
核心指标	参观人数： 1. 15岁以下儿童的参观人数； 2. 英国16岁以上低社会经济地位（NS–SEC中5~8级）的成人参观人数； 3. 参与博物馆规划的馆内外教育活动的儿童人数； 4. 使用博物馆的网页人数； 5. 营业净利（包含公司租用）（DCMS）

续表

项目	指标
附属指标	1. 16 岁以上（含外国人士）成人参观人数； 2. 60 岁以上（含外国人士）成人参观人数； 3. 国外游客人数； 4. 重复参观人数； 5. 英国少数族裔占总参观人数的比例； 6. 英国 16 岁以上低社会经济地位（NS – SEC 中 5 ~ 8 级）的成人参观人数； 7. 参观者满意或非常满意占总参观人数的比例； 8. 参与博物馆规划的馆内外教育活动的学习者人数； 9. 英国或国外人士租借博物馆场地的次数； 10. 典藏品储放在正确的环境下的比例； 11. 典藏品可供网络查询或浏览的比例； 12. 博物馆开放的时间比例； 13. 每次参观的政府补助金额； 14. 每位参观者的政府补助金额； 15. 每位参观或者捐助（sponsorship）或捐献（donation）； 16. 每位参观者的非政府补助金额； 17. 每日平均请病假的员工数（不含长期病假者）

资料来源：笔者根据资料整理所得。

绩效管理是美国政府迈向企业化的最重要工具，在美国政府绩效评估的制度上，以 1993 年美国国会制订的《政府绩效和成果法》影响最为直接，美国国会要求联邦政府须重视绩效成果表现，其目的主要在于提升政府计划的管理、加强责任，并提出任务、目标、衡量与评估四个概念。以史密森尼机构为例，要求各机关必须提出 5 年的"策略计划"，同时要求发展年度的"绩效计划"与"绩效报告"，使目标能以量化的方式测量。机构的策略计划与绩效计划乃基于四项策略目标，分别为增加公共参与、强化研究、追求卓越管理与强化财务能力。而根据这项策略目标，进一步发展出 4 项计划目标、20 项评估指标。史密森尼机构的策略与计划目标如表 2 所示。

表 2　　　　　　　　　　史密森尼机构策略与计划目标

项目（一级指标）	指标（二级指标）
公众参与：传播知识	1.1　教育； 1.2　公众活动； 2.1　展览； 3.1　收藏

续表

项目（一级指标）	指标（二级指标）
研究：增进知识	4.1 史密森尼科学研究； 4.2 艺术、历史与文化研究
优质管理	5.1 资产资本； 5.2 资产维护； 5.3 资产营运； 6.1 保全； 6.2 安全； 7.1 信息科技； 8.1 绩效管理； 8.2 人力资源管理与多样性； 8.3 财务管理； 8.4 公共与政府关系； 8.5 采购与合约
财务能力	9.1 开发； 9.2 史密森尼企业与业务活动； 9.3 捐款管理

资料来源：笔者根据资料整理所得。

公共政策的目标是服务社会大众，满足大众的公共利益。因此，绩效评估指标设计应以满足公共利益为前提。评估的指标设计实行新公共管理的去中心化原则，仅着重设计与公共利益方面有关的指标，并不全面扩及机构本身管理上的指标。中国台湾地区大型公立博物馆的绩效指标共分观众、网络使用、教育推广活动、近用、国际交流与财务6个层次和16个指标（见表3）。

表3　　　　　　　　中国台湾地区大型公立博物馆绩效指标

项目	指标
观众	1. 参观人次； 2. 每平方公尺服务观众人数（展场）； 3. 重复参观的观众比例； 4. 当地县、市观众比例； 5. 国外游客比例； 6. 14岁以下学童比例； 7. 上年全户之可支配所得为最低1/5所得的观众比例； 8. 原住民观众比例； 9. 观众满意度为满意、非常满意的比例

续表

项目	指标
网络使用	10. 浏览博物馆网页的次数
教育推广活动	11. 参与馆内外举办教育推广活动的国家中小学童人数； 12. 教育人员占全体馆员比例
近用	13. 网页可供查阅的馆藏占全部藏品的比例
国际交流	14. 与国际合作（交换）展览次数
财务	15. 每人次参观的政府补助金额； 16. 政府补助金额占总收入比例

资料来源：笔者根据资料整理所得。

国家一级博物馆运营评估指标体系一级指标主要为观众满意度，二级指标包括场管环境、设施设备、展览状况、服务质量、配套设施，三级指标是在二级指标的基础上进一步细化（见表4）。

表4　　　　　国家一级博物馆运营评估指标体系

一级指标	二级指标	三级指标
观众满意度	场馆环境	1. 整体外观设计
		2. 环境舒适、整洁
		3. 文物展厅的总体感觉
	设施设备	1. 出入口的通道和秩序
		2. 安全标志
		3. 疏散通道
	展览状况	1. 展厅内秩序
		2. 开馆时间是否合理
		3. 领取免费门票的便捷性
		4. 参观等候时间

续表

一级指标	二级指标	三级指标
观众满意度	展览状况	5. 文物展品丰富程度
		6. 文物展品文字说明通俗易懂程度
		7. 展厅动画、电视等多媒体效果服务质量
	服务质量	1. 导览人员的讲解
		2. 服务台的咨询服务
		3. 博物馆的宣传资料
		4. 工作人员的服装仪容
		5. 工作人员的服务态度
		6. 工作人员的专业素质
		7. 志愿者的服务
	配套设施	1. 纪念品商店出售的商品
		2. 提供免费存寄处
		3. 无障碍通道及提供残疾人士服务
		4. 休息区的座位数量
		5. 公共卫生间
		6. 停车场的面积

资料来源：笔者根据资料整理所得。

通过对国外博物馆相关机构的绩效考核指标的分析，绩效指标涵盖博物馆管理的最大面向，以追求博物馆的整体发展，指标相对多元、数量也较多。国外绩效考核指标均涉及观众、学术研究和对外合作、推广和教育、网络互动体验和财务状况，其中，对观众人群进行了细分，同时还提到了参观者的政府补助金额，这也是一项非常重要的考核指标。

国内绩效评估指标体系的分类多样，由于博物馆最基本的功能有教育功能，博物馆丰富的文物藏品使其拥有丰富的教育活动，博物馆免费开放后教育功能越来越明显，所以除了观众这一指标外，人才培养与社会教育这一指标十分关键。博物馆建设与安全保障的重视程度不够，同时，博物馆应当根据办馆宗旨，结合本馆特点开展形式多样、生动活泼的社会教育和服务活动，积极参与社区文化建设。

三、结果应用问题

评估结果应用是决定评估效果的重要因素,将评估结果及时反馈给评估对象及社会公众,建立与评估结果挂钩的激励机制和资源分配机制,突出正向激励和反向警示;适时根据评估结果及实际需要对博物馆绩效评估指标体系进行动态调整。为了提升博物馆运营质量,开展博物馆绩效评估,2008年国家文物局委托中国博物馆协会首次进行国家博物馆定级评估工作。此后每3年开展1次国家一、二、三级博物馆的定级评估工作,以按照自主申请、行业评估、灵活管理、分层指导的方式进行,希望能将"以评促建"作为原则,推动我国博物馆行业健康发展。截至2016年,已经组织实施了3次定级评估工作,先后定级评估了789家国家一、二、三级博物馆,为博物馆行业树立发展标杆、规范业务内容,乃至指引政府决策、满足社会群众文化需求都提供了良好的参考借鉴。

目前,各地相关部门和博物馆对绩效考评很重视。陕西省文物局发布的《陕西省博物馆纪念馆绩效考核暂行办法》中,既有定性考核标准,也有定量考核标准。博物馆绩效考评起到了强化博物馆绩效管理,提高博物馆管理水平的作用。然而,博物馆绩效评估指标体系还需要进一步优化提高,国内相关部门和各博物馆应根据各地绩效指标建立一套动态管理系统,及时督促博物馆制定有针对性的措施,提高运行效率,不断创新,扩大服务范围,改善服务质量,提高其整体运行管理水平。在我国,实行博物馆绩效评价机制还需要做很多的工作,但必须往前走,并制定相配套的法律法规加以保障,使其成为有效的博物馆绩效评价运行机制。

参 考 文 献

[1] 陈波,耿达. 博物馆免费开放绩效评价指标体系研究 [J]. 艺术百家,2013,29(2):74-82+23.

[2] 巩家兴. 基于公民文化权益的我国公共文化服务绩效评估研究

[D]. 浙江大学,2014.

[3] 郭译阳. 现行国家博物馆定级评估工作研究 [D]. 南昌:江西财经大学,2018.

[4] 蒋名未. 中国公共文化服务绩效评估研究 [D]. 北京:中国社会科学院研究生院,2010.

[5] 李春辉. 博物馆绩效考核之我见 [J]. 前沿,2013 (10):135-136.

[6] 刘栋. 博物馆纪念馆免费开放工作绩效评价制度设计 [N]. 中国文物报,2012-01-11 (6).

[7] 刘海涛. 图书馆公共文化服务绩效评估指标体系研究 [D]. 大连:辽宁师范大学,2013.

[8] 苏祥,周长城,张含雪. "以公众为导向"的公共文化服务绩效评估:理论基础与指标体系 [J]. 黑龙江社会科学,2016 (5):85-90.

[9] 单霁翔. 关于建立科学的博物馆评价体系的思考 [J]. 国际博物馆(中文版),2014 (Z1):105-111.

[10] 王学琴,陈雅. 公共文化服务绩效评估基本理论辨析 [J]. 图书馆,2015 (7):18-21.

[11] 王学琴,陈雅. 国内外公共文化服务绩效评估比较研究 [J]. 情报资料工作,2014 (6):89-94.

[12] 吴新. 博物馆绩效测评指标面面观 [N]. 中国文物报,2017-01-31 (7).

[13] 吴新. 国内博物馆绩效考评指标探讨 [J]. 文博,2016 (5):73-76+112.

[14] 向勇,喻文益. 公共文化服务绩效评估的模型研究与政策建议 [J]. 现代经济探讨,2008 (1):21-24.

[15] 谢媛. 我国公共文化服务绩效评估的理论与实践研究综述 [J]. 四川行政学院学报,2012 (4):17-21.

[16] 闫丝路. 基于BSC的我国博物馆绩效评估指标体系设计及实践 [D]. 西安:西安外国语大学,2018.

[17] 杨郦. 博物馆绩效考评体系研究 [D]. 开封: 河南大学, 2013.

[18] 张楠. 纵横结构的公共文化服务绩效评估体系模型 [J]. 领导科学, 2012 (20): 25-29.

[19] 张文珺. 简述国内外对博物馆公共文化服务绩效评估研究比较 [J]. 现代经济信息, 2016 (5): 131-132.

[20] 郑奕. 建立以观众为先的博物馆绩效评估体系 [N]. 光明日报, 2016-08-26 (5).

[21] 朱旭光, 王莹. 公共文化服务绩效评估体系研究: 基本框架与政策建议 [J]. 中国出版, 2016 (21): 29-32.

国产电影如何参与社会主义核心价值观传播

赵晨越[*]

摘 要：自党的十八大正式提出社会主义核心价值观的定义以来，就不断被人们反复提及，24个字不仅仅是一个标语，更是人们的行为准则。国产电影近几年的发展变化有目共睹，在对于社会主义核心价值观的传播上也发生了很大变化，从以前题材较为单一的"主旋律电影""红色电影"到如今叫好又叫座的多种题材的国产大片，国产电影参与的价值观传播也在调整步伐，与时俱进。

关键词：国产电影 社会主义核心价值观 艺术人才培养

国产电影自党的十八大以来取得了长足的发展和巨大的进步，在电影类型、故事情节、题材选择等方面都能体现出来。从2012年小成本、小人物、轻松搞笑为主的影片到2017年、2018年大成本、英雄主义、爱国情怀为主的影片，从电影创作的改变中不难看出社会主义核心价值观在其中所起到的作用，即对于电影导向的"拔高"、与观众产生更多的共鸣、激发观众的爱国主义情怀等的影响。这样的改变不仅为电影产业带来了更大的发展空间，同时也对人们的生活和行为产生了不可估量的影响。

---

[*] 作者简介：赵晨越（1994— ），女，汉族，四川绵阳人，四川音乐学院学生，硕士在读，研究方向：文化建设与文化管理。

一、社会主义核心价值观理论基础

价值观是基于人的一定的思维感官之上而作出的认知、理解、判断或抉择,也就是人认定事物、辨别是非的一种思维或取向,从中体现出人、事、物一定的价值或作用。在阶级社会中,不同阶级有不同的价值观念;在不断发展的时代中,不同时代也具有不同的价值观念。价值观具有稳定性、持久性、历史性、选择性及主观性的特点。价值观对人的行为动机有导向性作用,同时也反映着人们的认知和需求状况。

价值观作为一种意识形态反映,是由当下时代背景、地理因素、社会状况等许多因素综合形成的,且并非是个体体现,而是一个群体的共同反映。

不同的价值观会在各种条件相同的情况下,对同一件事有不同的看法,并且作出不同的反应。比如严复的《天演论》,在当时的英国并不是一本特别优秀的书,赫胥黎在当时也不是英国数一数二的思想家,但是当严复把《天演论》介绍到中国时,中国恰好处在救亡图存的关键时期,"物竞天择,适者生存"的理念一下子就触动到了中国人的心,这本在当时的英国并不是特别受欢迎的书,在中国反而成了仁人志士必读的书目[①]。

这样的例子不胜枚举,不同的因素综合形成的价值观在反映着群众所想,同时也引导着群众所向。

自"社会主义核心价值观"的定义在党的十八大被正式提出以来,各种途径都在对此进行宣传,民众也已经有了一定的认知。党的十九大对"社会主义核心价值观"的重要性再次做了阐述,通过3个层面:国家、社会、公民,24个字:富强、民主、文明、和谐;自由、平等、公正、法治;爱国、敬业、诚信、友善,深入回答了要建设什么样的国家、构建什么样的社会、培育什么样的公民的重大问题,这24个字犹如公民行为的

---

① 胡泳. 众声喧哗——网络时代的个人表达与公共讨论[M]. 广西:广西师范大学出版社,2008.

指导、社会发展的方向。

良好的、符合国情的价值观的树立和导向可以引领国家走向富强、人民走向富裕。在适当的时间、结合当下的国情提出的"社会主义核心价值观",为国家、社会和人民的发展指明了方向,为培育担当民族复兴大任的时代新人作出了思想上的指引。

社会主义核心价值观不是口号,也不是标签,而是中国公民的基本行为准则,它告诉了人们什么是应该赞扬的,什么是必须反对和否定的,国家的发展和社会的前进是离不开人们努力的,要劲往一处使、心往一处想,才能群策群力、集中力量办大事。社会主义核心价值观便是方向,每一个词、每一个字都是与人们的生活息息相关的,要高扬爱国主义旋律,抒写改革开放和社会主义现代化建设的蓬勃实践,抒写多彩的中国、进步的中国、团结的中国!

二、2012年以来国产电影传播社会主义核心价值观情况

培育和践行社会主义核心价值观作为根本任务,需要用栩栩如生的作品来告诉观众什么是需要被肯定和赞扬的,什么是必须要否定和反对的。

自党的十八大以来,社会主义核心价值观通过各种途径的宣传,民众对其已经有了一定程度的认知,但要使其成为广大人民群众的共同信仰、行为准则还需要通过更多的途径以及时间来实现。当今社会的发展决定了民众获取信息的渠道已经从文字向视觉艺术转移,这种转换从根本上不可逆地改变了公众话语的内容和意义①,电影作为视觉艺术的一个重要分支,其强大的传播能力和信息承载能力在诞生以来就被各界专家重视。自2012年以来,社会主义核心价值观与视觉艺术相融合的优势越来越明显,相对于传统传播方式而言,这是一条更加优化的传播途径和方式,并且也更有利于提高社会主义核心价值观传播的有效性。

党的十八大以来,中国文艺创作持续繁荣,文化事业和文化产业蓬勃

---

① 尼尔·波兹曼. 娱乐至死 [M]. 北京:中信出版集团,2015.

发展，中国电影也在这几年之间发生了巨大的改变。

2012年，全国总票房170.73亿元，当年的票房冠军是《人再囧途之泰囧》，票房9.89亿元①。4年后，2016年，全年总票房达457.12亿元，年度票房冠军《美人鱼》收获33.92亿元②，经过4年的时间，中国电影市场成长为稳居全球第2位的电影市场，艳惊全球。再到2018年，600亿元目标达成③，这6年来国产片首次攻进全年票房前三名，将最大对手进口片《复仇者联盟3》甩在身后。从2012年票房冠军《人再囧途之泰囧》，影片风格搞笑，注重小人物的刻画，更多反映的是一种市井生活，人与人之间的种种利益、情感纠葛。2018年票房总冠军《红海行动》，是中国首部现代化海军题材影片，节奏紧张，从撤侨、营救一个中国公民这样的故事点扩展到爱国主义这样宏大的情怀，从而使整个电影"有血有肉"。

党的十八大以来，无论是电影创作者还是观众，都对中国电影有着越来越高的要求，不仅是电影制作、故事情节、演员演技，大家也都不约而同地对电影所承载的信息、传播的精神有了更高的要求。从哄堂大笑的《泰囧》、小人物故事的《失恋33天》、成龙延续一贯风格的《十二生肖》，到全程紧张的《红海行动》、个人英雄主义的《战狼2》、平凡的小人物但是有大格局的《我不是药神》，观众和电影制作方都不再只是花钱进电影院笑一笑就满足了，而是将国产电影从制作、情节、演技等各方面整体拔高提升，让观众不再只是笑完就忘，而是真的发人深思，带着观众走进了编剧、导演所营造的氛围中。

从市井生活到热爱生命、热爱祖国的内容升华，中国电影的发展一直紧跟着国家发展的步伐，从影片制作、影院基建、消费群体等的变化，都能看出中国电影所承载的信息、传播和宣扬的精神，以及对观众所产生的影响。

---

① 陈滨. 2012年21部国产片票房过亿，总票房收入170.73亿元 [N]. 北京晚报，2013-1-10.

② 新华社. 2016年全国电影总票房为457.12亿元，同比增长3.73% [EB/OL]. http://www.199it.com/archives/553341.html，2017-1-3.

③ 白瀛，史竞男. 国家新闻出版广电总局：2018年中国电影票房首次突破600亿元，国产片市场占比超六成 [EB/OL]. http://www.xinhuanet.com/2018-12/31/c_1123931741.htm，2018-12-31.

对于社会主义核心价值观的传播和影响不仅仅局限于横幅、标语,而是在电影、电视等新媒介的运用中悄无声息、潜移默化地影响着人们。电影作为一个载体、一种媒介,可以有超前的想象力和强大的影响力去影响观众的所感所想,自党的十八大以来,中国的电影也有着很大的变化,有多少人饱含热泪的看完《红海行动》,在海外上映的《战狼2》又收获了多少华人观影完后的起立鼓掌。电影不再只是一种消遣、一种娱乐,而是一种传播信息的方式,通过电影可以激发观众的爱国情怀、通过电影可以让人看到国家富强、通过电影可以感受到不论生病还是健康,人人都是平等的。

电影作为媒介技术进步的产物,其作用和影响力都远远超乎人们的想象。社会主义核心价值观的培育和践行需要栩栩如生的文艺作品,电影的制作和传播需要更高层次的精神指导和发展导向,两者更优化的融合必定会带来更好地传播效益,也能使社会主义核心价值观的传播更具有效性。

三、国产电影参与社会主义核心价值观传播存在的问题及对策建议

国产电影在党的十八大以来取得的进步显著,各线城市的影院银幕数呈上涨趋势、影院票房日益攀升、占全球电影市场份额逐渐上升等。在十八大的指导下,国产电影不仅在国内交出了满意的答卷,在国外也创造了良好的口碑,对于社会主义核心价值观的传播也作出了很大贡献。然而,即使自2013年以来连续6年打败进口影片所占全年票房份额,但中国影片的发展依旧存在很多问题,国产电影产量虽高,但质量却不够高,2018年国产电影总共生产2846部,但上映的仅有504部;国产影片票房个别偏高,总体仍然还需提升;国内票房分布情况仍有差异,西部仅占全年全国票房的16.1%,中部为28.7%,东部为55.2%;国产影片国内票房虽高,但国产电影海外电影票房情况仍然不够乐观,《红海行动》和《唐人街探案2》分别位列2018年度最卖座影片的第12位、第14位,但内地票房贡献比均超过99%;观影人数远超北美,但与北美市场仍然存在差距;

优秀的宣传社会主义核心价值观的电影仍然难以大规模地走进观众的心中，观众仍然对"主旋律""红色电影"等带标签化的电影稍有抵触情绪等。

国产电影要更好地传播社会主义核心价值观，使其成为广大民众的共同信仰，并且在全球文化竞争中突出自己的文化优势，发展民族文化品牌，创造出既有民族特色，又符合全人类普世价值的电影精品，就要改善电影产业结构，从制作到宣传，再到电影的传播，都要进行构架优化的改变，这样创作出的电影产品才能经得起时间的考验，时代的变迁。

（一）坚定社会主义核心价值观的创作导向

社会主义核心价值观作为文艺作品的创作导向，在电影制作的过程中应该以更加生动的镜头语言和更贴近人们生活的故事进行创作，这样的作品既能走进观众的内心，也能让观众对影片想要表达的深层次的含义有所思考。

社会主义核心价值观不单单只是24个字，也不单单只是一句口号，而是中国公民的行为准则，是人民对于社会的期许，是国家能兴旺发达的基本要求。社会主义核心价值观要坚持以人为本，尊重群众的主体地位，关注人们的利益诉求和愿望，促进全面发展，在全社会牢固树立中国特色社会主义共同理想。这就要求文艺作品，特别是电影、电视等视觉艺术媒介，要联系实际，区分受众，有效地、正确地传播价值观；找准人们思想的共鸣点，接地气的将人民群众身边的小事搬上大银幕，让观众在观影的同时能在影像中找到自己的影子，并对作品产生好感；坚持改革创新，运用观众喜闻乐见的电影制作手法，搭建电影制作方与观众之间的沟通桥梁，用镜头语言讲故事，进行更有效的价值观传播；开辟更多渠道，令观众能够积极并乐于参与到观影后的反馈环节，电影的传播和输出不应该只是单向的，而应该是有效的双向传播，"一千个读者就有一千个哈姆雷特"，观众的思考和建议对于电影的制作能够起到良好的促进作用，只有供销相平衡，才能物尽其用，才能将电影作品的作用发挥到最大化[①]。

---

① 王木. 基于视觉艺术的社会主义核心价值观传播途径研究[D]. 成都：西华大学，2018.

坚定社会主义核心价值观的创作导向能让电影作品更加深入人心，也能让电影的效用发挥到更高一层次，更能提升社会主义核心价值观传播的有效性。

（二）培养专业艺术人才

电影创作的每一环节都离不开人，从剧本创作，到影片拍摄，再到影片宣发，这些都是一种脑力和体力相结合的成果，这样的创作过程在每一个阶段都是离不开专业人才，所以人才的培养和储备就显得尤为重要。

电影作为第七艺术，是一种综合艺术，可以涵盖音乐、美术、舞蹈等各方面的艺术，好的电影本身就是一件艺术品，所以对于电影的制作和观看，都是具有一定的艺术要求的，艺术造诣不高的电影制作团队制作出的电影产品不会有太高的市场价值和艺术价值，如每年都会有的许多网络大电影或者是拍摄完毕后排名末位的电影，而如果电影制作方有很超前的艺术欣赏水平但观众的欣赏水平跟不上时，也会导致电影遭遇滑铁卢，例如中国著名导演田壮壮，他曾自我评价说自己的电影是拍给下个世纪的观众看的，他是第五代导演，当其他导演还在拍"革命历史传奇"故事的时候，田壮壮将镜头对准了异域空间中的少数民族的边缘人群，他对于艺术，对于电影有自己的解读，或许是超前的，或许是不适应当下社会的，在这个电影作品繁盛的年代并没有他的一席之地，他的作品并不能与大多数观众产生共鸣。

电影作为艺术的一个分支，想要拍一部好的电影作品并不单单只是懂得电影拍摄技巧和镜头就可以的，以美国为例，美国的《艺术教育国家标准》就从音乐、舞蹈、戏剧、视觉艺术四个方面，将具体的培养目标量化到每个年龄阶段的学生应该达到什么样的标准，这样多方面的艺术教育能够让学生真正地融入艺术的氛围里，更好地体会多种艺术形式对于自身综合艺术水平提高的作用，这样的艺术教育是系统的、长期的，能让学生从小接受专业的艺术教育，培养高质量的艺术品位。对于这样的艺术教育，党的十九大以来，我国也有一定的政策和措施去推行，"加强中小学影视教育"就是其中的政策之一。早期的艺术教育能够为学生未来的艺术品鉴能力和创作能力打下坚实的基础，越早推行对于社会主义核心价值观的培育和践行越能更好地与艺术创作相结合，两者对于人们的影响都是潜移默化的、是深刻的，优化对于两者的结合能更好地实现社会主义核心价值观传播的效用。

当艺术真正存在于我们的生活中时，我们才能更好地享受艺术，当社会主义核心价值观真正成为广大民众的共同信仰时，我们才能感受到其带来的影响和作用。

参 考 文 献

[1] 陈清峰. 探究新主旋律电影的思想政治教育价值回归——以电影《战狼2》为例 [J]. 成都大学学报（社会科学版），2018（10）：112-120.

[2] 胡婕. 新世纪以来国产喜剧电影的价值观传导研究 [D]. 焦作：河南理工大学，2016.

[3] 胡泳. 众声喧哗——网络时代的个人表达与公共讨论 [M]. 南宁：广西师范大学出版社，2008.

[4] 尼尔·波兹曼. 娱乐至死 [M]. 章艳，译. 北京：中信出版集团，2015.

[5] 王木. 基于视觉艺术的社会主义核心价值观传播途径研究 [D]. 成都：西华大学，2018.

京津冀现代公共文化服务体系建设协同发展的路径研究

——以廊坊市为例*

张荣齐**

摘 要：我国"十三五"时期是廊坊市功能定位重新调整、京津冀协同发展上升为国家战略后的第一个5年，也是廊坊市融入大格局、转换新动力、实现跨越式发展的关键时期。研究立足廊坊市公共文化现实，重点关注廊坊市融入"三地"协同发展的路径问题和衔接解决办法，确保廊坊市融入京津冀三地的公共文化服务将在战略、资源、活动、服务、管理机制等方面共建共享共赢，实现公共文化均等化、一体化，并给出廊坊市融入三地协同发展的具体内容和项目。

关键词：京津冀协同发展 公共文化服务体系建设 廊坊市

我国"十三五"时期是廊坊市功能定位重新调整、京津冀协同发展上升为国家战略后的第一个5年，也是廊坊市融入大格局、转换新动力、实现跨越式发展的关键时期。研究按照"创新、协调、绿色、开放、共享"的发展理念，遵循党中央、国务院，河北省委、省政府关于《加快构建现

---

* 基金项目：本文由北京社科基金京台文化交流研究中心基地资助。
** 作者简介：张荣齐，籍贯湖北省仙桃市，北京联合大学，博士/副教授。主要研究方向为营销管理。

代公共文化服务体系的意见》和廊坊市委市政府有关意见，坚持以正确导向、政府主导、社会参与、共建共享、改革创新为原则，探求廊坊市融入京津冀现代公共文化体系建设协同发展的路径，并协同衔接解决办法，确保廊坊市融入京津冀三地的公共文化服务将在战略、资源、活动、服务、管理机制等方面共建共享共赢，实现公共文化均等化、一体化。

一、廊坊市融入京津冀协同发展的意义

（一）廊坊市融入京津冀协同发展已升为国家战略

京津冀地缘相接、人缘相亲，地域一体、文化一脉，历史渊源深厚、交往半径相宜，相互融合、协同发展。廊坊市地处北京市、天津市两大直辖市之间，被誉为"京津走廊上的明珠"，这一区位得天独厚。解决好户籍和社会保障问题，廊坊市将比京津两地更有优势。外来人口的涌入，农民市民化，都会对城市的公共服务和社会保障提出更高的要求，一个开放的城市才能更好地接纳转移和推动转型。文化是京津冀区域的文脉和纽带，也是实现京津冀协同发展的重要因素和重要支撑。河北省廊坊市应该以此次京津冀协同发展为契机，把本省本地发展战略自觉融入国家战略当中去，探索实现公共服务均等化的新模式。廊坊市主动融入京津冀现代公共文化体系建设已提升为国家战略。

（二）打造"京津冀公共文化服务示范走廊"

2016年，"京津冀公共文化服务示范走廊"发展联盟在各地举办了一系列的京津冀文化交流活动，促进了三地文化资源的共建共享、融合发展。2015年10月21日，"京津冀公共文化服务示范走廊"发展联盟成立大会在北京市东城区召开。成立"京津冀公共文化服务示范走廊"发展联盟，旨在联合京津冀公共文化服务示范地区，共同谋划公共文化服务领域协同发展大局，以整合优势文化资源为重点，以构建跨区域文化战略合作机制为抓手，推动京津冀三地文化交流与合作向更高水平、更深层次、更

宽领域发展。根据战略协议内容，京津冀的相关区（市）文化部门将联合编制专题发展规划，制定详细实施方案，在文艺展演、非遗展示、干部挂职、经验交流等方面展开深度交流与合作，推动形成集中连片的公共文化示范区域，打造共有文化品牌，促进京津冀公共文化服务体系建设资源共享、全面合作、深度交流、整体提高。

（三）构建全覆盖京津冀现代公共文化服务体系

河北省加快构建现代公共文化服务体系总体目标明确指出："到2020年，基本建成覆盖城乡、便捷高效、保基本、促公平的现代公共文化服务体系。"继秦皇岛市2014年成为我国首批国家公共文化服务体系示范区之后，廊坊市成为第二批创建国家公共文化服务体系示范区的地区。此外，廊坊市霸州县级公共文化服务体系和邯郸的"千村万户"文化家园工程成为首批国家公共文化服务体系示范项目；张家口市张北城乡文艺演出服务体系和石家庄市井陉文化广场项目成为第二批创建国家公共文化服务体系示范项目。

（四）共同繁荣发展京津冀文化生态

廊坊市历史悠久，文化底蕴深厚，现有国家级、省级非物质文化遗产项目数量位居全省前列。据了解，廊坊市特色文化博览会自2013年以来已经成功举办三届，成为展示廊坊市民间民俗文化、地域特色文化，扩大对外交流合作的文化品牌。2016年的展会进一步提档升格，与第一届京津冀非遗精品联展共同举办。文化发展联盟将发挥公共文化示范区的辐射作用，放大示范效应，推动形成集中连片的公共文化示范区域，促进京津冀公共文化服务体系建设多元共享，使京津冀三地公共文化共同繁荣发展。

二、与京津冀协同发展路径

廊坊市融入京津冀文化产业协同发展应建立在三地政府战略共识的基础上，以公共文化服务平台共建、对接为主要方式，重点在战略、资源、活动、服务、管理机制方面寻找共建共享共赢的对接点，逐步实现"三地"公共文化服务均等化、一体化。从实地调研分析来看：京津冀三地近年来通过一系列有力措施为如今的深化合作打下扎实基础，比如，在制度方面，形成区域联动机制，建立三省市文化部门联席会议制度。三地还签署了京津冀文化领域协同发展战略框架协议，除了关注三地文化产业理念、功能、政策的对接外，廊坊市与京津冀公共文化协同衔接，应重点在切入点上加强三地公共文化在动漫游戏、文艺演出、艺术品展示领域的合作对接。

（一）认同"三地"公共文化协同发展已上升为国家战略

要按照中央、京津冀、廊坊市委市政府的要求，以新的理念、新的机制、新的举措，推动廊坊市融入京津冀文化协同发展迈向更高水平、更深层次、更宽领域。首先，京津冀文化协同发展有着深厚的基础。从历史上看，北京市、天津市、河北省在古代都属于燕赵之地，相连的地域人缘，同习俗的文化认同感，厚重的燕赵文化的品格，深深地熔铸在京津冀三地的文化中。三地文化虽各有特色，但体现着燕赵文化的累积与裂变、传承和发展，是不可分割的文化整体。其次，文化作为软实力，潜移默化地影响着区域协同发展。从国际国内来看，有30%的经济合作是由于技术、资金或者战略方面出现问题而搁浅，而有70%是跨文化沟通方面的问题而造成的阻碍。所以说，京津冀协同发展，文化的先导和凝聚作用不可替代和忽视，必须同步和先行。最后，京津冀是中国文化资源丰富、文化底蕴深厚、文化特色鲜明、文化发展最具活力的重要地区之一，是中国先进文化的重要示范引领区域。要深入挖掘研究三地丰厚的历史文化资源，传承京津冀区域共有的文化基因，引领统一的文化品牌形成，打造丰富多元而又各具特色的具有京津冀气派的，既与传统不可分割、又闪耀鲜明的时代精神的京津冀特有地域文化。

（二）参与"三地"公共文化协同发展的制度设计

以三地公共文化协同化发展的制度为共识，统领廊坊市顶层设计。发挥市政府主导作用,将廊坊市文化协同发展纳入京津冀大局中进行统筹规划,形成分工合理的互补式发展格局,是京津冀文化实现协同共赢的重要基础。一是参与建立"三地"联席会制度,统筹谋划协同发展。依托三省市建立起文化部门联席会议制度、文化产业协调发展联席会议制度,依据签署了《京津冀三地文化领域协同发展战略框架协议》和《京津冀三地文化产业协同发展战略框架协议》,在统筹规划廊坊市文化发展布局、推进现代公共文化服务体系建设、推进演艺文化交流与合作、加强文化产业协作发展、加快优秀传统文化的保护与利用、培育统一开放的区域文化市场等方面加强沟通协调协同,从政策、制度层面上,研究制定协同发展政策措施、探讨合作模式和搭建合作平台。二是参与顶层设计,统筹规划廊坊市文化发展布局。为制定好"十三五"文化发展规划,在文化部门的指导下,站在京津冀合作与发展的顶层,共同开展调研,以各自文化优势为基础,对接各项合作进行整体规划,使廊坊市规划与京津冀协同发展战略相衔接(见表1),又与三地文化发展相同步,推动三地文化发展实现同城化谋划、联动式合作、协同化发展。

表1　　　　廊坊融入京津冀公共文化服务体系建设衔接项目一览

序号	廊坊融入京津冀公共文化服务体系建设协同发展项目名称	与三地衔接路径
1	《廊坊宣传文化体育事业发展专项资金管理暂行办法》	制度
2	《廊坊扶持非国有博物馆暂行办法》	制度
3	《廊坊引进世界冠军和文化名人暂行办法》	制度
4	《廊坊高雅艺术推广低票价惠民工程暂行办法》	制度
5	《廊坊群众文化团队扶持暂行办法》	制度
6	文化"三会"(示范区理事会、文化议事会、文化项目理事会)	制度
7	举办一批品牌活动及对外文化交流活动	活动
8	亲民10~100元本土化"公益小剧场""快乐剧场"项目	活动
9	"京津冀河北梆子优秀剧目巡演(廊坊站)"活动	活动
10	京津冀非物质文化遗产大展暨传统手工艺作品设计大赛	活动
11	京津冀地区举办文化巡展活动	活动
12	京津冀地区公共文化服务精品力作	产品

续表

序号	廊坊融入京津冀公共文化服务体系建设协同发展项目名称	与三地衔接路径
13	京津冀综合文化服务中心的积分"义工卡"	服务
14	京津冀公共文化服务"消费卡"	服务
15	与北京同步社区学雷锋志愿者服务站点	服务
16	京津冀演艺领域深化合作项目	资源
17	群众性文体活动场地建设	资源
18	京津冀历史文脉研究保护传承工程	资源
19	京津冀政府出面购买剧场资源	资源
20	京津冀建设世界级运河文化	资源
21	"宽带中国""智慧城市"等信息工程建设如数字图书馆、数字博物馆、数字电影放映、数字农家书屋等项目	网络
22	《京津冀协同发展规划纲要》	机制（战略）
23	《京津冀图书馆深化合作协议》	机制（战略）
24	《京津冀演艺领域深化合作协议》	机制（战略）
25	《京津冀三地文化产业协同发展战略框架协议》	机制（战略）

（三）建立"三地"公共文化服务协调发展长效机制

以创新体制机制为重点，配合建立三地协调发展长效机制。京津冀公共文化协同发展战略的关键在于突破旧有机制障碍，实现三地资源优化配置、公共文化协同发展。廊坊市从体制机制建设入手，配合建立协同发展的新机制。一是配合建立舞台艺术精品剧目交流演出机制。履行《京津冀演艺领域深化合作协议》职责和义务，三地将突破地域限制，统筹演艺资源，加强演艺合作，相互采购演艺剧目、统一发布演艺资讯、共同培育演艺品牌。二是共同建立艺术创作交流机制。整合艺术创作力量，挖掘区域特色文化资源，在剧本创作、剧目创排、展演会演等方面，加强交流合作，推动三地艺术院团打造具有地域特色的舞台艺术精品，携手打造一台具有京津冀特色、中国气派、国际水准的艺术作品。三是协作建立非物质文化遗产联合保护机制。针对三地丰厚的非物质文化遗产项目，联合开展保护理论研究，共同举办展览演出、讲座论坛以及咨询服务等，拓宽交流渠道，促进活态传承。四是合作建立群众文化活动联动机制。廊坊市举办的相声艺术节、京津冀曲艺节、京津冀青年歌手电视大赛等活动，将吸引支持北京市、天津市等地参加，共同打造涵盖京津冀的群众文化品牌。五是探索建立知识产权评估、执法联防机制。三地将探索建立知识产权共同评估体系、文化市场综合管理和执法联防协作机制，进一步净化区域文化市场，促进区域文化市场健康发展。

（四）开展"三地"公共文化资源的共建共享共赢

充分利用中央单位文化资源优势，提升廊坊市公共文化服务质量。加强与京津冀文化合作共享，发挥三地文化部门联席会议制度作用，拓展廊坊市公共文化资源空间。利用公共文化资源库，创新京津冀三地公共文化资源整合利用方式，通过在津冀地区举办文化巡展等方式，吸引设施资源和服务功能进入津冀地区发展。加快推进基层综合性文化服务中心建设，推动全市各乡镇（街道）和行政村（社区）普遍建成集宣传文化、党员教育、科学普及、普法教育、体育健身等功能于一体，设备齐全、服务规范、群众满意度较高的基层综合性公共文化设施和场所。利用互联网、移动通信网、广播电视网等，综合实施三地数字化图书馆、数字文化社区、广播电视户户通等重点项目，打造公共文化服务云系统和云平台，构建公共数字文化资源库群，实现网上网下互联互通、共建共享。

（五）搭建"三地"演艺活动合作新平台

以整合资源、聚合优势为抓手，搭建三地演艺合作新平台。一是搭建演艺平台。以政府文化部门主导、专业演出机构运营、三地戏曲院团联手的模式，举办"京津冀精品剧目展演""京津冀河北梆子优秀剧目巡演"等演出活动。集中了三地的优秀剧目、优秀院团和著名艺术家，实现了双赢。演出将每年举办一次，并持续坚持下去，打造成三地共有的文化品牌。市图书馆、博物馆相继推出"书香廊坊"读书会、"文化沙龙""廊博伴我成长"等一系列品牌服务项目。下一步，还将共同举办"京津冀话剧儿童剧优秀剧目展演""京津冀杂技精品展演""京津冀歌舞剧展演"。二是搭建演艺交易平台。举办了京津冀演艺项目推介会、演艺项目交易会，推出260个优秀演艺项目，通过市场手段，加快演艺资源流动和整合，实现三地演艺资源优势互补、协作发展。2015年12月2日，由中国合唱协会、京津冀三地群艺馆和廊坊市文广新局联合主办的"和声廊坊"京津冀合唱音乐会在廊坊市明珠影剧院举行。在这次盛况空前的音乐会上，中国合唱协会授予廊坊市"中国合唱基地"称号，廊坊市因此成为全国第7个被授予合唱基地的城市。三是打造文化产品展示交易平台。坚持"走出去"与"请进来"相结合，廊坊市加快构建京津冀文化协同发展长效机制，奋力开辟京津廊文化协同发展新格局。通过中国（河北廊坊）国际文化创意展交会、京津冀文化企业与金融企业项目洽谈会，为三地互补性对接（见表2），培育小微文化企业，创新合作模式，加速跨界文创产业共赢。以北京市民系列文化活动、天津市合唱节和运河文化节、河北民俗文化节等活动为依托，组织举办三地群众文化展演展示、研讨交流等活动。

表2   廊坊融入京津冀公共文化服务体系建设对接内容一览

举措	具体内容（与企事业对接点）	参与行业及相关部门	建议参与社会力量
共同力推精品力作	文化艺术、影视制作	文广新局/分管	各相应协会/企业
	出版发行、设计服务	文广局/分管部门	各相应协会/企业
	广告会展、艺术品交易	文广局/分管部门	各相应协会/企业
	动漫网游	文广新局/分管部门	各相应协会/企业
文化演艺平台	新媒体内容研发基地（创新创业基地）	文广新局/分管部门	各相应协会/企业
	"1+1"演艺、展示、教育、服务	展示、教育/分管文教	各相应协会/企业
	农康旅文体融合互联网平台	线上线下融合互动/分管	各相应协会/企业
文化服务标准	公共文化设施示范标准	文广新局/分管文体	各相应协会/企业
	财政保障标准	文广新局/分管财政、文体	各相应协会/企业
	微影视、书画、广告	作品交流/分管文化	各相应协会/企业
	民间民俗文化旅游	旅游局/分管文化	各相应协会/企业

续表

举措	具体内容（与企事业对接点）	参与行业及相关部门	建议参与社会力量
文化交流合作	人才、资金、项目、企业、政策等	吸纳团队/人事局	各相应协会/企业
	招高精尖人才	吸纳团队/分管人事	各相应协会/企业
	高技能人才智库	吸纳团队/分管外事	各相应协会/企业
文化产品与服务供给	共同打造政府采购协作平台	文广新局/分管外事	各相应协会/企业
	共建共享演艺精品剧目展演	文广新局/分管外事	各相应协会/企业
	共同委约创作舞台艺术作品	文广新局/分管外事	各相应协会/企业
	共同搭建演艺资讯推广平台	文广新局/分管外事	各相应协会/企业
	共同组建京津冀演艺协作平台	文广新局/分管外事	各相应协会/企业
基底帮扶	票价补贴	文广新局/财政局	各相应协会/企业
	免除贫困县配套投入	文广新局/财政局	各相应协会/企业
	免场地租金	文广新局规划局	各相应协会/企业

（六）共享"三地"公共文化服务网络

以信息互通资源共享为目标，构建三地公共文化服务网络。"互联网+"的大趋势，给京津冀文化资源共享提出了新的要求。我们充分利用"互联网+"数字技术，加快京津冀公共文化服务平台建设。一是构建互联网时代下的现代传播体系。增强舆论引导实效和水平，推动传统媒体和新媒体融合发展，培育新型媒体集团，推进网络文化建设，加强网络社会管理。坚持政治家办报、办刊、办台、办新闻网站、办政务微博微信，通过专业、权威报道满足用户信息需求，多生产精准短小、鲜活快捷、吸引力强的信息，充分运用大数据、云计算等新技术，把传统媒体的内容原创、权威报道、深度解读等优势通过网络、手机报、客户端、微博、微信等各类传播形态和终端广泛延伸，做到新闻信息内容一次性采集、多媒体呈现、多渠道发布，建设"内容+平台+终端"的新型传播体系。通过市场化、公司化转型，打造搭载各类新媒体的总平台和用户综合服务入口，使之具有技术孵化和循环发展能力。加强对属地重点新闻网站、政务网站的支持，强化对属地商业网站的引导。推动优秀文艺作品和文化内容的数字化、网络化传播,在网络上积极传播优秀传统文化瑰宝和当代文化精品。加强对网络名人的团结引导,通过其传播力影响力,带动更多网民建设优秀网络文化,使互联网真正成为社会主义先进文化建设新阵地、公共文化服务新平台、群众精神文化生活新空间。落实网站主体责任,将网站作为管理的第一道"闸门",督促网站健全内控机制、总编辑责任制、自律专员机制,完善网络社区公约,强化网络社区自治,健全行业自律规范。二是推进文化信息资源共享工程。整合三地公共文化信息资源,大力推进数字图书馆、数字博物馆、数字美术馆、数字群艺馆、数字非物质文化遗产等平台建设,实现三地互联网对接,构筑涵盖京津冀三地展示演出、场馆导览、图书阅读、文博及非物质文化遗产保护等信息服务为主的数字化公共文化服务体系。建立互通互联的演艺信息共享平台,统一发布京津冀地区的演艺信息。将综合性文化服务中心打造成终端平台,推进文化信息资源共建共享,并利用与行政服务中心一体化建设的优势,发挥中心场地和设施作用。三是推动三地演艺要素市场联网,完善服务供给和反馈模式。建立"京津冀演艺网络平台",集剧目宣传推介、票务营销、观众需求反馈为一体,实现演艺信息互联互通,线上线下双向资源统一,构建辐射三地的演艺市场,激活文化协同发展活力,促进三地演艺市场一体化。廊坊市应重点加强三地在动漫游戏、文艺演出、艺术品交易领域的合作对接。通过区、镇、村三级互动,组织引导社区结合风俗、节庆等元素办好各类群众文体活动,鼓励群众自办文化。四是创新服务方式和手段,实现有效供需对接。通过点单式服务、提前预告方式,有效实现供需对接。建立社区活动预报制度,通过海报、宣传册、新媒体发布等方式进行每月或每周活动预告;通过社区Q群、微博、微信等平台了解群众需求,免费开展"菜单式"活动,并在活动开展过程中及时收集求学者的意见反馈,不断修正完善活动供给模式,形成一个合理有效的活动设置机制和需求反馈机制。打造新型社区学院,开设课程以居民需求进行功能划分,提供相关课程服务,如婚育学校、妇女学校和家长学校、精英课堂等。

三、关键举措

（一）找准引领点：公共文化服务精品力作

推出更多精品力作。坚持以社会主义核心价值观为引领，以优秀文艺作品的创作为中心环节，把党的文艺方针政策落实到创作、表演、研究、传播等各个环节。继续组织"中国梦"主题创作展示活动。实施中华优秀传统艺术传承发展计划。改进文艺评奖，解决文艺评奖过多过滥问题。加强对网络文学、网络视听节目的引导扶持和审核把关，做到正导向、提品质。

——廊坊市融入"三地"共同搭建演艺采购平台、共同打造演艺品牌、共同制作剧目。在京津冀三地分别主办的各类展演和公益演出活动中，相互采购演艺剧目，积极吸纳另外两地优秀舞台艺术精品。三地还将共同培育"京津冀精品剧目展演"这一文化品牌，集中展示三地优秀剧目。未来三地将从采购、品牌、制作、资讯、资源统筹五个方面推进演艺领域合作。

——廊坊市被中华人民共和国文化和旅游部授予全国文化信息资源共享工程试点市，并先后荣膺"中国书法城""中国合唱基地"、全国首个"中国龙凤文化之乡"等称号，香河县被授予全国"农家书屋建设管理先进县"，文安县在全国文化先进单位表彰大会上受到表彰，安次区的"夕阳红"宣传队和被誉为"老百姓自己的剧团"，大厂评剧歌舞团改革经验受到中央领导高度赞誉，全国县级公共文化服务体系建设现场经验交流会在霸州市召开等。

（二）找准着力点：公共文体服务平台网络

进一步完善公共文化体育设施网络。加强城市公园、广场等设施的管理和使用，鼓励党政机关、国有企事业单位和学校文体设施向社会开放。积极推动公共文化服务体系向互联网延伸，大力加强网络文化建设。廊坊市根据自身文化需求，继续探索行政村5个基本设施标准（综合文化楼、农家书屋、文体广场、文化信息共享工程服务网点、宣传橱窗)、6个提高参考指标(一站式,窗口式,网络式综合便民服务,智慧图书馆——24小时读书驿站建设,免费WiFi接入"全国文化信息资源共享服务",搭建社区O2O公共文化服务平台)。

(三)找准契合点:新型城镇化公共文化服务标准

加快推进基本公共文化服务标准化、均等化。认真贯彻落实中共中央办公厅、国务院办公厅关于《加快构建现代公共文化服务体系的意见》和《国家基本公共文化服务指导标准》,指导各地尽快制定实施标准,以县为单位推进实施。把贫困地区公共文化建设与集中连片扶贫开发、与城镇化和新农村建设结合起来,编制专项规划,谋划实施重大项目,加快推进贫困地区公共文化服务体系建设。

一是加强公共文化服务标准化建设,提升城乡公共文化服务的均等化、规范化水平。通过加强标准化建设,以财政投入的均等化推动资源配置的均等化,最终实现服务的均等化,这将有效保证城乡居民享受同等的公共文化服务。

二是加强统筹协调,合理配置城乡公共文化资源,促进城乡文化一体化发展。第一个层次是加强对政府各部门的统筹,第二个层次是加强对政府、市场和社会力量的统筹,第三个层次是加强城乡统筹。

三是培育和促进文化消费,增强城乡公共文化发展动力。适应人民群众文化需求膨胀和多样化的趋势,统筹考虑群众的基本文化需求和多样化的文化需求,培育和促进文化消费,推动公共文化服务,实现标准化和个性化服务的统一。同时,积极发展与公共文化服务相关的教育培训、体育健身、演艺会展、旅游休闲产业,引导和支持各类文化企业开发公共产品文化和服务,满足城镇化进程中人民群众多样化的文化需求。

四是加强对传统文化资源的保护和开发,发展地方特色文化。我国不同地区有着独特的地域传统文化,在城镇化过程中,应加强对传统特色文化资源的保护和开发,维护文化的多样化。加强对各地传统遗产的保护和开发,推动地方文化特色发展。

五是加强农民工流动群体公共文化服务,保障流动人口基本文化权益。重点落实把农民工等流动人口纳入城市公共文化服务体系的要求,建立政府主导、企业共建、社会参与的农民工文化服务机制,将农民工文化工作日常经费纳入长驻地公共文化服务经费统筹考虑。同时,强化政府在社区文化建设中的主导责任,将社区文化工作纳入文化建设全局,予以统筹规划。

(四)找准突破点:公共文化队伍交流合作

加强基层公共文化队伍建设。研究制定公共文化机构人员编制标准。设立城乡基层公共文化服务岗位,配置由公共财政补贴的工作人员。将公共文化服务专业人才培养纳入国民教育体系。大力发展文化志愿服务队伍。

1. 借鉴三地人才管理经验

充分发挥三地文化名家和领军人才在廊坊市文化建设中的引领作用,鼓励文化名家创办"工作室""事务所",扶持组建创新团队,加大高端文化人才创新创业支持力度;引导用人单位采取特聘专家、技术合作、合作经营和兼职、咨询等多种方式,广纳海内外文化英才;充分发挥文联、作协、社科联、记协等人民团体的桥梁纽带作用,在项目申报、教育培训、展演展示、评比奖励等方面创造条件;加强职业道德与作风建设,抓典型、树榜样,引导文化人才自觉践行社会主义核心价值观,做道德品行和人格操守的示范者。

2. 培养本地人才队伍

廊坊市大力加强公共文化人才队伍建设,特别是着力建立健全了公共文化专业人才、文化志愿者、业余文化骨干三支队伍。建成104个农村文艺辅导基地,针对农民开展的专业文艺辅导、培训不断提高农民的文化审美层次。市群艺馆相继举办合唱、指挥、声乐培训和公益培训,聘请了国家级专家、教授系统授课,委派专业文艺辅导老师200余人次进驻50多个部队院校和企事业单位,辅导业务骨干5000多人次。廊坊市文广新局与北京市东城区、天津市和平区等10地文化部门,在文艺展演、非物质文化遗产展示、干部挂职、经验交流等方面继续展开深度公共文化队伍交流与合作。

（五）找准共赢点：公共文化产品和服务供给

加大公共文化产品和服务供给力度。引导社会资本更多投向公共文化服务领域，增加产品和服务总量，使公共文化服务成为培育和促进文化消费的重要推手。通过政府采购程序确定入围产品及服务企业单位，形成服务菜单；通过召开基层服务订货会，由群众自主选择服务产品种类和数量。

1. 演艺惠民

廊坊市可邀请中央歌剧院、中国煤矿文工团、国家京剧院等国家级文艺院团来此进行惠民演出；与首批示范区创建城市秦皇岛市结对联动，相互开展惠民演出、专题讲座、展览展示等活动；赴石家庄市、张家口市、唐山市、衡水市、沧州市等地组织演出和展览活动，推介创建成果，促进了区域之间公共文化资源的交流与共享。

2. 项目合作

三地将推进演艺文化交流合作，在三地河北梆子巡演活动成功举办的基础上，积极支持京剧、评剧、曲剧及曲艺等开展京津冀三地巡演活动。以"圆梦中国·春苗行动"北京市优秀少儿题材舞台剧目展演、北京国际戏剧·舞蹈演出季、天津市名家经典演出季、中国吴桥国际杂技艺术节、中国评剧艺术节等文艺活动为抓手，三地共同出台艺术院团演出补贴政策，引导支持三地演艺团体互相合作。

3. 扩大供给

廊坊市依托三地各自文化资源优势，扩大文化产品和服务供给，充分利用"动漫北京""艺术北京"、中国艺术品产业博览会、中国（天津滨海）国际文化创意展交会、河北省特色文化产品博览会等专项产业门类交易展会，为三地文化企业在融资、授权交易、市场拓展等方面提供便利。

（六）找准创新点：基层公共文化服务管理运行机制

创新公共文化服务管理运行机制。推动基层开展公共文化服务参与式管理，健全民意表达和监督机制。采取政府购买、项目补贴、定向资助等措施，引导和鼓励社会力量参与公共文化设施。对群众自发开展的文体活动给予支持。完善公共文化服务评价工作机制，健全考核评价体系。研究制定公众满意度指标，创新绩效考核方式。

一是加大社会参与力度。针对村镇发展水平低、自身公共文化发展能力不足的现实情况，《"十三五"时期贫困地区公共文化服务体系建设规划纲要》将文化帮扶作为一项特殊措施并提出了具体任务，主要包括大力开展文体志愿服务，建立文化结对帮扶工作机制、打造一批文化帮扶公益品牌等，积极引导社会各方面资源向村镇聚集，动员社会各方面力量参与文化帮扶重点项目，形成政府、市场、社会协同推进贫困村镇公共文化建设的工作格局。

二是创新公共文化服务多元供给方式。主要包括通过政府购买、票价补贴等方式支持各类艺术表演团体为农村提供公益性演出，支持经营性文化设施、传统民俗文化活动场所等为群众提供优惠或免费的文化服务，支持电影企业深入城乡基层开展公益放映，扶持以文化能人为核心的文化大院、文化中心户、农民书社、电影放映队、农民演艺团体、业余剧团等群众文化组织，促进文化体育类行业协会、基金会、民办非企业单位、公益组织等文化类社会组织在村镇发展，促进公共文化服务举办主体多元化、建设运营社会化、融资方式多样化等。

三是推进村镇向社会力量购买公共文化服务。建立健全村镇方式灵活、程序规范、标准明确、结果评价、动态调整的政府购买公共文化服务工作机制，制定政府购买目录并进行动态调整，搭建招投标、过程管理、绩效评估等全流程运作机制，选择符合条件的社会力量作为承接主体，努力保证地方政府能够购买到群众满意的公共文化服务。

四是大力促进地方特色文化保护开发（见表3），推动公共文化与文化产业融合发展。支持村镇依托当地民族民间特色文化资源和非物质文化遗产，鼓励兴办文化小微企业、工作室等市场主体，发展特色手工艺品、传统文化展示表演和乡村文化旅游。促使地方特色文化在保护传承的同时，带动当地经济发展，有效拉动就业，增强贫困地区自我发展能力。

表 3　　　　　廊坊各特色文化小镇融入京津冀路径对接

各区县	特色文化小镇	融入京津冀	路径对接
安次区	"廊坊风筝"、文化历史名人张士杰、吕端等、"颂龙河、赞吕端"	地处华北腹地，京津之间，京津冀非物质文化遗产保护	京津冀活动
广阳区	《康乐四季好风光》歌曲、群众艺术馆、公共图书馆，22个农村文化大院	地处河北省中北部，廊坊市区北部，北靠北京市大兴区	京津冀共享资源
三河市	文化馆、图书馆软硬件国家一级馆标准、灵山塔、灵山寺、大掠马白果树、龙潭沟、数字影院与北京红鲤鱼数字院线合作	地处京、津交界地带，与北京仅一河之隔，西北距首都机场25公里，被誉为"京东明珠"	京津冀共享资源网络
霸州市	戏曲之乡、周末小剧场、华夏民间收藏馆、中国自行车博物馆、"米春茂艺术馆""范家坊笔画院"和"姚占芳工笔绘画工作室"	地处河北省冀中平原东部，位于京、津、保三角地带中心，属环京津、环渤海城市群	京津冀共享制度、资源、活动、网络、机制
香河县	文化艺术中心、京津冀中华大庙会	香河位于北京市和天津市之间，素有"京畿明珠"之美誉	京津冀共享资源、活动
固安县	屈家营音乐会堂、固安大剧院、固安县市民活动中心、农博园、自行车运动公园、幸福图书馆	京津冀实施"一线两厢"战略的"一线"前沿地带，北隔永定河，到天津新港只有1小时左右	京津冀共享制度、资源、活动、网络、机制
永清县	非物质文化遗产项目146项，列入非物质文化遗产保护名录的共计28项	位于京、津、保三角地带中心，地处京畿重地、环渤海经济圈腹地、大北京战略经济圈的轴心地带	京津冀活动
文安县	唐王墓、唐槐、陈家祠堂、清宁寺、大围河清真寺、辛庄天主教堂、大柳河镇高村的和民影展馆	地处京津之间。古为燕赵之地，取"崇尚文礼，治国安邦"之寓意得名	京津冀活动
大城县	中国红木第一大集	地处华北平原中部，廊坊市南端，扼守京津走廊	京津冀活动
大厂县	京东新城·幸福大厂、大厂评剧、大厂民族宫、大厂书画院、中央五环公园、潮白幸福公园、3D数字影院	位于河北省中北部，京津间河北飞地内	京津冀共享制度、资源、活动、网络、机制

站在新的历史起点上，夺取全面建成小康社会决胜阶段的伟大胜利，实现第一个百年奋斗目标，廊坊市必须围绕城乡文化统筹发展和均等化，

着力整合资源,高标设计,积极探索公共文化服务体系投入、建设、运行、管理的新办法、新机制,打通公共文化服务"最后一公里",建设对接京津、贯通市县乡村四级网络的文化体验城市,进一步树立机遇意识、责任意识、担当意识,在激发文化创新创造活力上大有作为,在发挥文化示范城市带动作用、建设社会主义文化强国上大有作为。

参 考 文 献

[1] 高素玲,张路瑶,王旭冉,高香,郗亚静.京津冀一体化框架下秦皇岛市公共文化服务体系建设研究[J].中国管理信息化,2015(9).

[2] 蒋金富.国家的烙印:行政吸纳社会实践形态的个案研究[D].北京:中国人民大学,2008.

[3] 京津冀三地签署文化领域协同发展战略框架协议[EB/OL].http://roll.sohu.com/20150917/n421328136.shtml,2014-8-29.

[4]《京津冀三地文化领域协同发展战略框架协议》要点一览[EB/OL].http://roll.sohu.com/20150917/n421328136.shtml,2015-9-17.

[5] 马庆钰.公共服务的几个基本理论问题[J].中共中央党校学报,2005(2).

[6] 马永堂.澳大利亚:政府购买就业服务成果机制[J].中国劳动,2002(5).

[7] 孟春,等.在结构性改革中优化公共服务[J].国家行政学院学报,2004(4).

[8] 苏明,贾西津,等.中国政府购买公共服务研究[J].财政研究,2010(1).

[9] 滕世华.公共物品非营利组织供给的理论依据[J].云南行政学院学报,2002(6).

[10] 王列生,郭全中,肖庆.国家公共文化服务体系论[M].北京:文化艺术出版社,2009.

[11] 杨宝.政府购买公共服务模式的比较及解释:一项制度转型研

究 [J]. 中国行政管理, 2011 (3).

[12] 杨瑞芬, 徐苗苗, 霍孟林, 王亮停. 河北省公共文化服务体系创新建设之路径探析 [J]. 中外企业家, 2015 (12).

[13] Riccardo Fiorito, Tryphon Kollintzas. Public Goods, Merit Goods, and the Relation between Private and Government Consumption [J]. European Economic Rewiew, 48, 2004: 1367 – 1398.

文化折扣视角下抖音国际版 TikTok 的出海模式分析

李柯燕

摘　要：移动互联网时代，以短视频应用为代表的互联网应用已经成为当下大众娱乐的代表性产品。在国际舞台上，作为一种来自中国的文化符号，中国互联网应用的发展将有助于国家文化软实力的提升。字节跳动旗下的短视频应用——抖音国际版（TikTok）自 2017 年在海外上线后，在很大程度上克服了文化折扣，在日韩、东南亚、北美等市场取得了不俗的成绩。为了给更多有国际化战略的文化企业提供借鉴，本文分析了 TikTok 的出海模式。一方面，TikTok 采用全球化的产品策略，用技术淡化文化产品差异、用全球适用的商业逻辑打入海外市场；另一方面，TikTok 注重打造本土文化生态，针对不同文化市场打造差异化的视频内容，用本地化团队、本地化运营手法增强用户黏性。同时，TikTok 的在地化运营过程中仍然面临着诸如音乐版权、当地政府管制、新进入者威胁等挑战。

关键词：TikTok　文化折扣　文化出海　全球化　本土化

一、研究背景

近年来，以短视频应用为代表的互联网应用已经成为当下大众娱乐的代表性产品。随着秒拍、快手等短视频应用的出现，2016 年被称为中国短视频元年。放眼国际,越来越多的中国互联网公司将国际市场作为目标市场。其中,以抖音国际版(TikTok)为代表的短视频应用更是在海外产生了现象级的影响。

推动我国文化产业"走出去"是对"一带一路"倡议的回应,是顺应全球化的必然选择,也是增强我国文化软实力的必然要求。而想要真正提升中华文化影响力,文化除了"走出去",还要"走进去""留得住"。在对外文化交流、对外文化宣传、对外文化贸易等几种文化"走出去"的方式中,对外文化贸易遵循市场规律,满足海外消费者对中国文化产品的市场需求,是最有潜力让中华文化"走进去"并"留得住"的。而由于具有精神属性,文化产品在"出海"的过程中面临着文化折扣这一重大挑战。

我国文化贸易起步晚、基础弱,文化产品在国际市场的发展尚处于刚刚起步的阶段。短视频应用 TikTok 作为一种来自中国的文化符号,顺应了市场需求,在进入海外市场的过程中,比较成功地克服了文化折扣,取得了亮眼的成绩,其海外发展经验值得借鉴。

二、文化折扣

文化折扣(cultural discount)又叫文化贴现,被霍斯金斯(Colin Hoskins)和米卢斯(R. Mirus)于1988年首次运用于影视贸易的研究中。由于文化背景不同,不同国家、地区、民族的消费者在艺术审美、文化消费的观念及行为上,会表现出明显的差异。当根植于某种特定的文化环境下的文化产品传播到其他文化市场时,文化产品可能不被当地消费者认同或理解,从而吸引力减退、价值降低,这样的现象被认为是出现了文化折扣。

中国文化产品的对外贸易同其他国家的文化产品一样,受文化折扣所困扰。中华文化博大精深,底蕴深厚,但在将文化资源转化为文化产品的过程中,这反而提高了其他文化背景的受众对中国文化产品的消费门槛。受制于文化折扣,中国的传统文化产品在进行对外贸易时一直都处于较为劣势的位置,贸易逆差严重。长久以来,中国的出版、影视等文化产品的出口很大程度上都局限在华人文化圈内。一方面,出口主要集中在东亚、东南亚等与中国文化差距较小的市场;另一方面,出口主要针对海外华人。

三、TikTok 的海外发展:从"走出去"到"走进去"①

(一) TikTok 出海概况

1. 字节跳动的国际化布局

根据创投研究机构(CB Insights) 2018 年 11 月的数据,抖音海外版 TikTok 的母公司字节跳动在获得日本软银集团 30 亿美元的注资后,估价达到 750 亿美元,成为全球最大的独角兽企业。字节跳动的对外投资包括直接投资和间接投资。直接投资具体包括上线今日头条海外版 TopBuzz、上线火山小视频的海外版 Hypstar 等,间接投资包含收购美国短视频应用 Flipagram、控股印度最大内容聚合平台 Dailyhunt、控股印尼新闻推荐阅读平台 BABE,以及对美国音乐社交软件 Musical.ly 的收购等。而在字节跳动一系列的对外投资动作中,原创应用抖音海外版 TikTok 的上线及发展尤为引人注目。

2. TikTok 的出海成绩

TikTok 是字节跳动旗下面向国际市场的短视频应用,是抖音短视频的国际版,也是字节跳动国际化战略的重要布局。

2017 年 8 月,TikTok 最初在日本上线,同年 11 月,字节跳动收购了美国音乐社交软件 Musical.ly,并将其与 TikTok 合并。截至 2017 年 12 月,经过短短几个月,TikTok 已经多次在日本应用商店免费应用榜登顶;2018 年 1 月,TikTok 在泰国应用商店总榜登顶;根据应用市场数据公司 App

---

① 本文数据是作者根据"匡文波,杨正. 人工智能塑造对外传播新范式——以抖音在海外的现象传播为例 [J]. 对外传播,2018 (10):11 - 13 + 38"和"张雨忻. 抖音的海外战事 [EB/OL]. https://36kr.com/p/5138988,2018 - 6 - 16."等资料整理所得。下文不再赘述。

Annie 的统计数据,在美国,TikTok 是 2018 年 12 月下载量最大的社交应用程序,领先于 Facebook Messenger、Snapchat、Instagram 和 Facebook。

商店情报平台 Sensor Tower 的数据显示,抖音全系列(包括其海外版本 Tik Tok,以及精简版)在全球苹果应用商店(App Store)和安卓应用商店(Google Play)累计安装量突破 10 亿次大关(不包括中国地区第三方安卓渠道)。其中,2018 年大约 6.63 亿次安装。相比之下,Facebook 2018 年安装次数为 7.11 亿次,Instagram 约 4.44 亿次。目前,TikTok 已覆盖 150 个国家,并先后在 40 多个国家的应用商店排名前列,是全球增速最快的短视频应用。

(二) 全球化的产品策略

1. 淡化文化差异的技术手段

在技术上,抖音在国内有着一系列较为成熟的内容创作、分发、互动、管理机制。具体包括推荐机制、视频分析与检索技术、封面图自动选取技术、人脸关键点检测技术、人体关键点检测技术等。在各个海外市场,TikTok 采用的仍然是这一套技术,即 TikTok 在不同国家有着相同的操作界面、相同的基本玩法。以用户拍摄的角度看,从选择滤镜、特效到添加背景音乐,TikTok 的每个步骤和国内的抖音都是相同的。

这些根植于网络和技术发展的创新互动玩法受文化因素的影响较小,能适用于不同的文化背景。TikTok 在给用户带来短视频创作、观看的感官愉悦时,能满足当代人在碎片化的时间里对社交娱乐的需求,打开用户的快感通道。

2. 全球适用的商业逻辑

在产品落地、内容生产、分发的流程,以及短视频内容特点上等方面,TikTok 采用的商业逻辑适用于涉及的不同文化市场。这使得抖音在国内的成功经验不会因为文化差异而在国际化的进程中失效,从而得以推广到 TikTok 所进入的不同文化市场上。

(1) 产品落地:中心化的明星网红入驻。在产品落地时,TikTok 会选取当地文化市场上已经有一定粉丝基础的明星和超级网红入驻,利用中心化的内容和粉丝效应吸引用户。如在日本，TikTok 签下的首批入驻明星用户就包括在 Twitter 上有 400 万粉丝的木下优树菜、常年位居日本 Oricon 公信榜前 3 位的女子偶像团体 E-Girls、拥有 450 万粉丝的 Youtube 博主 Ficher's 等；在韩国，当地文化市场上具有较高影响力的包括 Blackpink 女子组合、Winner 男子组合、ikon 男子组合、李钟硕、南柱赫等当红偶像团体和演员在内的艺人都入驻了 TikTok。

（2）内容生产：去中心化的用户原创内容。不同于诸如 YouTube 一类以专业生产内容（Professional Generated Content，PGC）为主要内容的传统视频网站，TikTok 致力于为用户生产内容（User Generated Content，UGC）提供展示平台，其魅力就在于为广大普通用户提供自我表达的机会。在 TikTok 上，用户不仅仅是单纯的内容受众，还是内容的消费者，也是内容的生产者。用户可以自由选择自己感兴趣的玩法参与平台推出的挑战类、模仿类主题活动来录制短视频，也可以自由发挥，生产更具原创性的内容，并围绕所产出的内容进行社交互动。

（3）内容传播：算法辅助的定制化渠道。在内容分发上，TikTok 依托于人工智能算法，对用户特征与视频特征进行分析、匹配，从而实现海量 UGC 内容的个性化精准推荐。短视频内容的分发传播渠道对用户尤为关键，在这样的分发机制下，一方面，平台能为用户提供定制化的推荐服务，向用户推荐的都是用户感兴趣的内容；另一方面，符合用户兴趣的内容能提升用户的活跃度，促进用户间的横向交流，强化平台的社交属性。在两个方面共同作用下，定制化的内容分发渠道能有效提升用户体验。

（4）内容特点：碎片化、娱乐化、生活化。TikTok 在不同文化环境里的内容都具有相同的碎片化、娱乐化、生活化的特点，通俗易懂，容易被大众接受。TikTok 以 15 秒的短视频为主，符合当代人移动化、碎片化的信息接收需求；新奇的玩法、夸张的表演、全平台的互动加上抓耳的音乐则能很好满足用户的娱乐需求；同时，很多用户通过 TikTok 记录生活、表达情绪，生活化的内容也更能引起用户共鸣。

有了共同的特点，TikTok 得以实现爆款内容的全球联动。各个市场上的成功爆款内容经过运营人员的判断，有选择地被推广到其他市场。中国的爆款挑战和玩法若是被运营人员认为适合其他市场,则这些挑战和玩法会在海外市场被推广,反之亦然。碎片化、娱乐化、生活化的内容特点使得成功的内容模式在各个市场之间进行复制时不会受到太多文化折扣上的影响,TikTok 在各国市场的运营效率得以提高。

(三)本土化的内容生态

从各个市场的历史的文化传统到现当代的文化流行,TikTok 都做了大量市场调研。一方面,TikTok 向不同文化背景的受众提供差异化的内容;另一方面,TikTok 通过符合细分市场习惯的差异化手段配合本地化内容进行运营。

1. 差异化的平台内容

文化产品唯有融入当地用户的日常生活,对用户的文化消费、生活方式产生影响,甚至获得更深层次的文化认可、身份认可,才算做到了真正的"走进去""留下来"。除了通用的技术和商业逻辑,为了有效减少文化折扣,TikTok 还注重平台内容的本土化。根据各个国家的文化差异,TikTok 会打造差异化的平台风格、推广差异化的平台活动,并通过技术手段隔离不同市场之间的内容。

(1) 以差异化的平台内容,满足不同市场。一方面,海外的 TikTok 与国内的抖音在内容上存在较大差异。在中文版的抖音上,包括自拍、舞蹈在内的很多内容都是配音对口型;而在海外,有很多以特殊技能为主题的内容,如运动类的滑板、跑酷等,并且这些内容基本都是 TikTok 达人的原声创作。另一方面,根据不同国家的文化习惯,TikTok 会推出符合不同用户文化习惯的特色内容。比如在日本,对应浓厚的校园文化,TikTok 会推广一些以校园生活为主题、以学生集体为主体的内容形态,如啦啦操短视频;在泰国,TikTok 在泼水节期间推出的三款节日贴纸就深受用户喜爱;不同于其他国家,TikTok 在印度则有更多偏重乡村风格的内容,这是由于印度使用英语的仅是城市中少部分受过良好教育的人,很多生活在乡村的人使用其他语种,而这部分用户往往有着更高的黏性。

(2) 隔离不同市场,保护内容生态。为了最大程度保障算法能向海外用户推送他们所感兴趣的内容,保护海外市场的内容生态,TikTok 通过技术手段隔离了国内外市场,即如果用户使用的是国内运营商的 SIM 卡,则无法使用 TikTok。

2. 差异化的运营方法

(1) 国际化人才战略,本地化运营团队。要提供差异化的内容,就必须深入了解每个市场的文化习惯,这要求 TikTok 了解当地文化的团队进行本地化运营。在这点上,TikTok 采用国际化的人才战略,注重招聘具有跨国际文化背景、对本地文化环境和市场环境熟悉的人才进入团队,组建本地化的运营团队。

一方面,TikTok 招募具有海外留学、工作经历的中国员工,包括在海外留学的实习生;另一方面,TikTok 招募当地的外籍员工为团队的本土化运营建言献策。如 TikTok 的日本团队就十分了解当地的文化习俗及市场特征,日本地区的负责人 2001 年就已去到日本生活,团队里的其他人要么有日本留学的经历,要么是本来就是日本国籍。

(2) 本地化宣传途径提高用户黏性。在宣传运营上,TikTok 在每个市场都有着一套符合当地市场特色的方式方法。例如在日本,TikTok 通过综艺节目、电视剧赞助等方式进行宣传,也会在 Twitter 等其他社交平台里植入日语广告。在印尼,2017 年底,TikTok 作为官方视频平台与亚洲最大的电子音乐节 DWP 进行了合作,并被当地媒体评价为最新潮流的"风向标";2019 年 4 月,TikTok 还宣布与印尼旅游部(Kemenpar)联合推出"TikTok Travel"计划,通过推出相关主题的挑战、音乐和贴纸等,鼓励用户用短视频记录旅行。

四、TikTok 出海过程中所面临的挑战

在国际化的过程中,TikTok 承担着许多包括来自当地政府、海外社会舆论、海外竞争对手,以及上游供应商的压力,面临着许多短期内亟待克服的困难和长期内亟待解决的问题。

（一）音乐版权存在风险，具有不确定性

背景音乐是 TikTok 短视频的关键组成部分，TikTok 对用户的吸引力离不开背景音乐。但在短视频应用风靡的早期，市场对音乐版权的监管较松，很多音乐内容常常被创作者随意截取一部分配在视频里，打上原创标签，获得大批流量，并用作商业用途。这实际上侵犯了包括唱片公司在内的音乐版权所有者的权利。为避免争议，TikTok 与音乐版权方签订了版权使用协议，这其中包括了控制着全球约 80% 音乐版权的环球、索尼、时代华纳三大唱片公司。同时，TikTok 加强了对音乐版权的监督。然而，随着版权协议到期，能否以合适的价格拿下足够多的音乐版权，或以合适的成本开发足够多的音乐内容是 TikTok 面临的重大挑战。

（二）不良内容饱受争议，遭遇监管风波

在本地化的过程中，由于一些用户自产的不良内容存在着对当地社会的不良影响，使得 TikTok 饱受争议，并遭遇了一系列来自不同国家政府部门的监管风波。2018 年 7 月，TikTok 因为存在不良内容遭到了印尼通信部的封禁；2019 年 4 月，印度泰米尔纳德邦曾发布临时命令，在印度的应用商店下架 TikTok；在美国、英国等市场，虽然没有直接遭到封禁，但 TikTok 也因为不良内容受到当地政府的关注和谴责。对此，TikTok 积极配合审查，采取了一系列包括删除视频清理平台、履行罚款等在内的应急措施，同时也采取了一系列包括限制注册年龄、加强隐私设置、加强社区审核在内的中长期应对措施。虽然经过 TikTok 积极的应对，风波都已过去，但 TikTok 受到了很多负面影响，包括直接的经济损失、投资价值和商业收入的减损，以及新用户的流失。

（三）面临海外市场新进入者、替代品的威胁

TikTok 的火热催生了模仿热潮，许多互联网巨头公司都把目光瞄准了短视频领域，如 Facebook 推出的极为相似的短视频应用 Lasso。TikTok 的海外宣传依赖 Facebook、Instagram、Twitter 等老牌的社交平台，在这些平

台之间，用户账号是打通的。一旦 Facebook 采取强硬措施与 TikTok 争夺短视频市场，TikTok 会面临很大的挑战。此外，中国的互联网公司也早已把目光瞄准了短视频海外市场，快手在俄罗斯、韩国及东南亚市场上都取得了不错的成绩，阿里巴巴则宣布向印度社交视频平台 Vmate 注资。

参考文献

[1] 匡文波，杨正. 人工智能塑造对外传播新范式——以抖音在海外的现象级传播为例 [J]. 对外传播，2018（10）：11-13+38.

[2] 汤新部. 文化折扣度视角下国产影片国际传播策略——以国产电影《流浪地球》为例 [J]. 中国电影市场，2019（3）：23-28+22.

[3] 闫玉刚."文化折扣"与中国对外文化贸易的产品策略 [J]. 现代经济探讨，2008（2）：52-55+65.

[4] 尤可可. 短视频时代的景观社会呈现 [J]. 青年记者，2018（30）：33-34.

[5] 张雨忻. 抖音的海外战事 [EB/OL]. https：//36kr.com/p/5138988，2018-6-16.

秦巴山区集中连片特困地区发展特色文化产业的典型路径及启示

——以陕西安康、汉中、商洛三市为例

金栋昌 彭建峰[*]

摘　要：秦巴山区是《中国农村扶贫开发纲要（2011~2020年）》确立的14个集中连片特困地区之一，是全国集中连片特困地区中涉及省份最多、国土面积最广、内部发展差距最大的地区。陕西南部三市——安康、汉中、商洛都处于秦巴山区集中连片特困地区之内，属南水北调中线工程的重要水源涵养地。近年来，陕南三市在面对产业结构低端、交通基础薄弱、产业选择受限等多重约束条件下，立足生态优势，积极整合扶贫资源，对接移民工程、城镇化建设等重要契机，大力发展特色文化产业，形成了多元化、特色化文化产业发展道路。这一道路概括起来可划分为以重点项目为代表的项目驱动型路径、以藤编产业为代表的出口促进型路径、以玩具工厂为代表的扶贫拉动型路径、以油菜花节为代表的招商引资路径，并产生了良好的经济效益和社会效益。这对秦巴山区发展文化产业扶贫具有积极的探索价值，也带给我们四个方面的启示：政府推动是文化产业发展的核心引力；投资拉动是文化产业发展的关键翘板；

---

[*] 作者简介：金栋昌（1985—　），满族，博士，长安大学马克思主义学院副教授，主要从事文化产业与公共文化服务研究；彭建峰（1996—　），长安大学公共管理与法学院硕士研究生。

文旅融合是文化产业发展的内容源泉；社会促动是文化产业发展的活力源泉。

关键词： 特色文化产业　集中连片特困地区　脱贫攻坚　路径模式

秦巴山区集中连片特困地区（以下简称"秦巴山区"）是国务院确定的"14个集中连片特困地区之一"[①]，囊括陕西省、河南省、湖北省、重庆市、四川省、甘肃省6个省市的80个区县，涉及贫困人口150余万人，是我国贫困人口最集中、贫困程度最深、脱贫难度最大的地区之一。秦巴山区的脱贫攻坚工作成为实现"2020年在现行标准下农村贫困人口全部脱贫"[②]目标的关键。如何立足秦巴山区区域实际，以产业扶贫方式实现精准脱贫，成为各界关注焦点。近年来，秦巴山区陕南三市（安康、汉中、商洛）探索发展地方特色文化产业，在推动文化经济成长壮大的同时，也取得了较好的脱贫效果，并不断形成既有产业又能致富的区域发展模式。

一、发展特色文化产业是秦巴山区脱贫攻坚的发力点

秦巴山区"跨省交界面积大、少数民族聚集多、贫困程度深、区域边缘性强"[③]，多种矛盾与困难交织影响，脱贫攻坚难度较大。依托地区特色文化资源禀赋，发展特色文化产业，成为秦巴山区脱贫攻坚的发力点。

1. 秦巴山区脱贫攻坚面临多重约束

受历史、自然、区位等因素影响，秦巴山区脱贫攻坚工作面临着多方面约束。一是经济结构低端化，"老少边穷"和低收入特征凸显。"片区有20个汶川地震极重灾县和重灾县、47个老区县、总县数的90%属于国

---

① 中共中央，国务院. 中国农村扶贫开发纲要（2011～2020年）［EB/OL］. http://www.gov.cn/gongbo/content/2011/content_2020905.htm.
② 新华社. 十八届中央纪律检查委员会向中国共产党第十九次全国代表大会的工作报告，［EB/OL］. http://www.xinhuanet.com/politics/2017-10/29/c_1121873020.htm.
③ 李东法. 连片特困地区扶贫攻坚问题与对策分析［J］. 经济研究参考，2013（56）：68-70.

家和省级扶贫开发重点工作县"①。从产业结构看，2017年秦巴山区三次产业结构比为12.36∶42.56∶45.08，与全国7.9∶40.5∶51.6的结构相比，表现出较低水平的工业和服务业发展状态，陕南地区产业结构更为落后，比例为13.3∶51.1∶35.6，反映出陕南地区传统工业占绝对主导地位，服务业发展缓慢的经济特性。从人均收入指标来看，收入水平和增速普遍低于全国平均水平。2014~2018年，秦巴山区人均居民收入有着较大的增长，但与全国平均水平的差距却逐渐拉大（见表1），到2018年，农村居民人均收入和城镇居民人均收入仅为全国平均水平的72.9%和74.79%，人均收入增长也落后于全国平均水平。二是交通基础设施薄弱。位于秦岭和大巴山之间，身处中国中西部腹地，地理位置偏远，山大沟深的地理自然条件使得秦巴山区区域可进入性较差，同时，"整个秦巴山区骨架公路尚未成网，路网通达性较差"②，尤其是现代化高铁网络建设较为落后，与外界的经济交流合作水平不高。三是秦巴山区是南水北调中线工程的重要水源涵养核心地，片区内有42个县属于南水北调中线工程水源保护区，承担着"一江清水送京津"的战略使命。根据国务院《南水北调工程供用水管理条例》规定，沿线区域禁止"建设不符合国家产业政策、不能实现水污染物稳定达标排放的建设项目"③，尤其是禁止发展高污染、高耗能的产业，秦巴山区只能发展对环境负荷较小、能源消耗较少的循环经济和生态经济。薄弱的经济基础和区位交通条件，加上受限制的产业选择，使得秦巴山区"减贫成本更高、脱贫难度更大"④，脱贫攻坚压力大。

---

① 中华人民共和国国家发展改革委委员会. 秦巴山片区区域发展与扶贫攻坚规划（2011~2020年）[EB/OL]. http：//www.ndrc.gov.cn/zcfb/zcfbqt/201304/t20130425_538577.html，2012-05-22.

② 何吉成，衷平，程逸楠. 城镇化背景下秦巴山区交通发展的思考与对策[J]. 交通建设与管理. 2014（22）：267-274.

③ 中央政府门户网站国务院办公厅，南水北调工程供用水管理条例[EB/OL]. http：//www.gov.cn/zwgk/2014-02/28/content_2625325.htm，2014-02-28.

④ 杨增崒，张琦. 习近平精准扶贫精准脱贫思想的哲学基础与理论创新[J]. 贵州社会科学. 2018（3）：4-10.

表1　　　2014~2018年秦巴山区人均居民人均收入变化

年份	农村居民人均可支配收入对比情况				城镇居民人均可支配收入对比情况		
	全国（元）	年均增速（%）	秦巴山区（元）	年均增速（%）	与全国平均水平差距（元）	全国（元）	秦巴山区（元）	与全国平均水平差距（元）

年份	全国（元）	年均增速（%）	秦巴山区（元）	年均增速（%）	与全国平均水平差距（元）	全国（元）	秦巴山区（元）	与全国平均水平差距（元）
2014	9892	11.1	7479	13.7	2413	28844	23089	5755
2015	11422	15.4	8418	12.5	3004	31195	24343	6852
2016	12363	8.2	9144	8.6	3219	33616	25848	7768
2017	13432	8.6	9997	9.3	3435	36396	28106	8290
2018	14617	8.8	10667	6.7	3950	39851	29357	9894

资料来源：笔者根据2014~2018年，中华人民共和国国民经济和社会发展统计公报以及片区内各地市国民经济和社会发展统计公报中的相关数据整理。

2. 特色文化产业是助力脱贫攻坚的抓手

突破发展约束、实现脱贫攻坚，成为新时代秦巴山区转型发展的战略关键。一是文化产业特性契合了秦巴山区的经济发展情境。特色文化产业依托地方特色文化资源，具有低能耗、无污染、高效益等特点，契合了秦巴山区经济发展的理想特征和现实诉求，成为破解秦巴山区产业发展约束的理想选择之一。二是文化资源禀赋构成秦巴山区发展特色文化产业的比较优势。秦巴山区属于秦鄂川渝交汇区，区内"秦陇文化、巴蜀文化、荆楚文化"等多种文化积淀、融合，形成了独具特色的文化资源存量。目前，片区内共有国家级非物质文化遗产48项、省级非物质文化遗产292项、国家级文物保护单位94个、5A级景区9个、4A级景区117个，是自然生态资源和人文资源的富集区，为发展特色文化产业提供了先天禀赋。三是政策引导是促成秦巴山区发展特色文化产业的外部拉力。《国家"十三五"时期文化发展改革规划纲要》《文化部"十三五"时期文化产业发展规划》等政策提出，要"支持贫困地区发展特色文化产业，发挥文化产业在脱贫攻坚战略中的积极作用"[①]；《"十三五"脱贫攻坚规划》更是明

[①] 中国政府网．中共中央办公厅、国务院办公厅《国家"十三五"时期文化发展改革规划纲要》[EB/OL]．http：//www.gov.cn/zhengce/2017-05/07/content_5191604.htm，2017-05-07．

确指出"要以革命老区……集中连片特困地区为重点,发展特色产业实现精准扶贫"①;秦巴山区所在省市也相继推出发展特色文化产业的规划和政策体系,政府引导秦巴山区以特色文化产业实现精准脱贫成为路径共识。依托地区丰富的特色文化资源,发展特色文化产业成为秦巴山区发展经济、实现脱贫攻坚的重要选择。

3. 陕南三市探索特色文化产业发展的新路径

我国"十三五"以来,陕南三市立足区域实际,把挖掘地域特色作为发展文化产业的突破口,探索形成了特色文化产业体系,并取得了积极成效。一是特色文化产业政策体系相继完善。《加快汉中文化产业发展十条政策措施》《安康市文化产业发展规划(2013~2020)》《中共安康市委关于加快文化发展繁荣的实施意见》等政策规划,为文化和旅游产业发展提供了整体规划和政策支撑。二是特色文化产业业态初步成型。以文化旅游业、娱乐休闲业、工艺品制造业、毛绒玩具制造业、生态旅游业、节庆会展业等为代表的特色文化产业业态实现快速发展,成为秦巴山区发展特色文化产业的重要抓手。三是特色文化产业步入快速发展期。2015~2017年陕南三市文化产业总增加值从61.28亿元增加到78.12亿元,年均增速为13.7%,文化产业增加值占地区生产总值比重从2.4%增加到2.5%。2017年安康市、汉中市、商洛市3市文化产业增加值平均增长14%,高于同期地区生产总值增长速度的9.7%。文化产业保持较高增速水平,成为推动经济高质量发展的重要动力,对"确保到2020年我国农村贫困人口实现脱贫、贫困县全部摘帽"有积极意义。

二、陕南三市发展特色文化产业的四类模式

发展特色文化产业,既可以消解地区经济发展过程中的产业困境,将区域经济发展挑战转化为机遇,又可以推动相关要素资源在域内的整合共

---

① 中国政府网. 国务院《关于印发"十三五"脱贫攻坚规划的通知》[EB/OL]. http://www.gov.cn/zhengce/content/2016-12/02/content_5142197.htm,2016-12-02.

享,形成发展合力,构筑区域竞争优势。陕南三市探索的特色文化产业发展路径和模式为贫困地区实现脱贫攻坚提供了实践参考和方法启示,是习近平总书记对贫困地区"科学扶贫、精准扶贫、内源扶贫"[①]精神的落实与体现,特色文化产业成为推动贫困地区发展的"钥匙"。

1. 项目驱动型路径:以重点项目为例

项目驱动型路径是指政府以制定文化产业发展规划来主导文化产业的发展方向和重点门类,确定一定时期内文化产业发展目标,聚合文化资源,以重大文化项目为载体,通过政府财政对重大文化项目倾斜性的财政支持,进而推动文化产业发展的路径。项目驱动型路径能够充分发挥政府财政在文化产业发展中的引领作用,具有引导性、示范性等特点(见图1)。

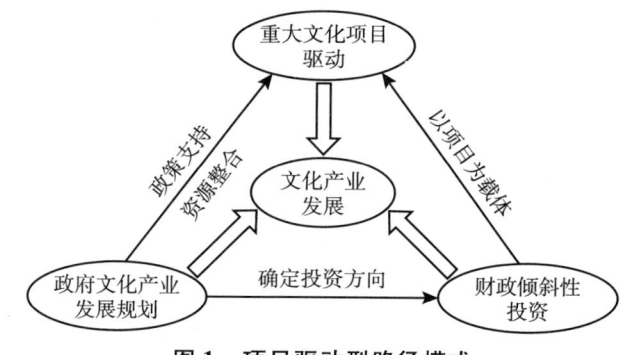

图1 项目驱动型路径模式

资料来源:笔者根据资料整理绘制。

(1)政府引导文化产业的发展方向。文化产业发展的初期,以及发展过程中的管理,都离不开政府在这个过程中的引导和参与,尤其是需要立足地区文化资源、符合地区特色的文化产业发展规划。"文化产业规划具有纲领性、前瞻性和引导性特点,对文化产业健康、合理、有序的发展起到保障性作用。"[②]依据文化资源和产业条件,立足于现代文化产业体系建

[①] 王辉. 试论习近平扶贫观 [J]. 人民论坛,2015(20):208 – 210.
[②] 田志馥. 新型城镇化视域下特色文化产业的发展 [J]. 文化产业研究,2017(1):42 – 50.

设,安康市制定了《安康市文化产业发展规划(2013~2020)》,按照"秦巴汉水,休闲安康"的总体定位,重点布局发展文化旅游、广告会展、广电传媒和文娱演艺四大文化产业门类,并鼓励会展创意设计、民俗工艺、互联网信息服务等新兴文化产业门类发展,打造形成安康特色文化产业体系;汉中市出台了《汉中市"十三五"服务业发展规划》,明确提出"一心、二轴、三带、四牌、五区、六产、九园"的文化产业布局,并以文化创意、影视制作、出版发行、印刷包装、文化会展、数字内容、数字动漫产业为重点,构建结构合理、运行有效的现代文化产业体系。对文化产业发展的统一规划,有利于解决文化产业发展中规划缺位、资源利用无序、资源整合度低、产业链不健全等问题,引领文化产业发展。

(2)重大文化项目驱动文化产业发展。重大文化产业项目能够聚合区域内的文化资源及其他社会资源,成为推动文化产业发展的重要载体,拥有较强的产业集聚特性,容易形成规模效应。实施重大项目带动战略,在多重发展条件约束下集中资源,能"引导文化生产要素的汇聚,有利于文化产业规模、速度、效益的提高,从而对区域文化产业发展产生基础性、突破性、长期性的影响"①,实现率先发展。依据文化产业发展规划,安康市重点建设秦巴汉水文化核心区、陕南民俗文化体验区以及中国硒谷休闲养生之都三大工程,包括汉调二黄文化园二期项目、陕南民俗风情街项目、恒口明清古街开发项目等在内的共计37个具体项目;汉中市实施文化产业重大项目带动战略,以龙岗遗址文化生态园、勉县诸葛文化产业园、城固张骞文化产业园等九大园区为重点,推动非物质文化遗产的传承开发,文化场馆、红色文化提升等重点项目建设。重大文化项目成为区域发展特色文化产业的撬板。

(3)财政倾斜性投入带动文化资源整合。在文化产业发展初期,产业发展呈现出"散、弱、小"等特点,特别是产业发展基础薄弱、资源整合能力较差的秦巴山区,该特点表现更为明显。而政府通过财政对特色文化

---

① 孔建华. 我国"重大文化产业项目带动战略"的现状评价及规划建议[J]. 新视野, 2010(4): 11 - 14.

产业发展方向予以倾斜性投入，对推动文化产业的跨越式发展具有重要的作用。安康市在市级财政建立文化产业发展专项资金，以项目补助、股权投资、融资补贴、绩效奖励等方式引导扶持全市文化企业发展和重点项目建设，2018年完成文化旅游产业项目投资136.4亿元。汉中市从2012年起，财政每年按1000万元的基数（见表2），建立文化产业发展规划项目建设专项资金，把文化事业建设所需经费列入地方财政预算，推动文化产业发展壮大。

表2　2018年陕南3市文化产业领域政府投入情况及文化产业项目情况

市（区）	政府投入				文化产业项目				
	设立专项资金（万元）	设立基金（亿元）	2018文体传财政支出占比	文化及相关产业投资增长率	全年策划并开工建设重点项目（个）	省级重点项目（个）	新增投资10亿以上的项目（个）	全年策划并开工建设园区（个）	文化产品和服务出口（美元）
汉中	1000	10	1.38%	18.40%	49	1	3	3	34.09万
安康	1000	1	1.44%	29.20%	52	1	2	5	1095万
商洛	2000	2	1.53%	42.70%	14	1	5	2	136万

资料来源：陕西省政府办公厅提供。

2. 出口促进型路径：以藤编产业为例

出口促进型路径指以非物质文化遗产产业化（主要是编织工艺）开发为基点，整合农村农户的剩余劳动力，利用非遗产业开发基地提供的平台和工作场所，进行文化产品的生产和加工，并借助电商平台、展会、博览会等渠道发展外向型文化贸易。以汉中市南郑县良顺藤编发展有限公司为例，按照"农户做原料基地、企业做生产加工、电商做产品销售"的发展理念，搭建产、供、销一体化的"保姆式"精准扶贫产业链条，形成"非遗产品+基地（企业）+农户+出口"的路径（见图2）。

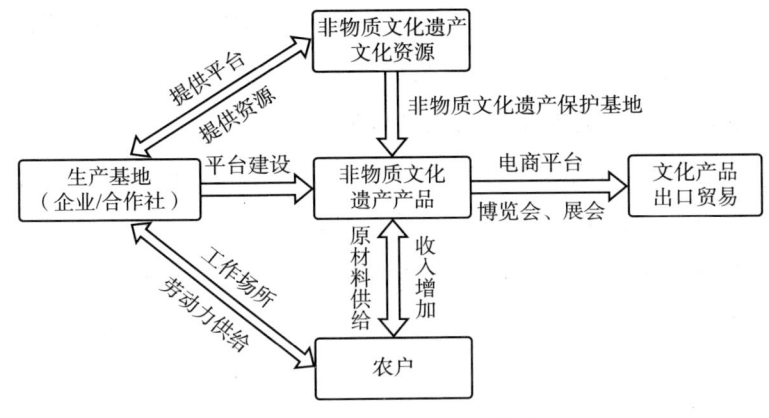

图 2　出口促进型路径模式

资料来源：笔者根据资料整理绘制。

（1）非遗产业化开发是核心。对于秦巴山区而言，特色文化产业的特色体现在地域文化、民族文化、民俗文化领域，以各类非物质文化遗产为开发对象的特色文化产业为代表。"这种源于民众现实生产生活、具有民众性和民生性及实用性和消费性特征的非物质文化产品，能产生较好的社会价值和经济效益"[①]。汉中编织工艺独具特色，不仅蕴含独特的民族地域文化，而且产品具有较高的实用性，经济价值较高。良顺藤编公司充分利用藤编、扇编、棕编、竹编等非物质文化遗产资源，探索出包括家具、装饰品、纪念品等多个产品系列在内的非遗产业化开发路径，带动农户创出一条脱贫之路。

（2）农户是基础。农户是非物质文化遗产的传承者和实践者，他们熟练地掌握了这些特殊技艺，成为产业发展所需要的劳动力基础。汉中良顺藤编公司对有能力到工厂打工的农户，让其进入工厂进行产品生产与加工，挣取工资；对那些不能去工厂但是能在家进行产品制作的，通过合作社发放生产资料，再将成品集中回收和售卖。这种产业开发模式，一方面带动农村劳动力就业，增加农户收入，解决农村剩余劳动力在家门口就业

---

① 黄永林，纪明明．论非物质文化遗产资源在文化产业中的创造性转化和创新性发展［J］．华中师范大学学报（人文社会科学版），2008（5）：72-80．

的问题,取得较好的经济效益;另一方面,也能传承非物质文化技艺,社会效益显著。截至目前,入社农户已达1862户,累计培养熟练工1200多人,有效带动112户贫困家庭实现增收脱贫。

(3)非遗开发基地是平台支撑。藤编基地主要是围绕非物质文化遗产而成立的公司与合作社,主要发挥两个方面作用:一是产品加工和原料供应;二是为特色非遗产品开拓平台和市场。基地模式较好地实现了规模生产和规模效益,成立后改变了原来一家一户自发生产销售、彼此恶性竞争、整体无序发展的状态。基地一方面,为产品加工提供厂房场所,吸纳贫困群众到厂里从事产品生产和加工;同时建设青藤种苗培育基地,保证材料来源稳定。另一方面,通过标准化建设,统一生产技术和标准、统一采购原材料和销售产品渠道、统一货物出口价格,成功将产品拓展到家具、装饰、纪念等多个领域,带动产业朝着集约化、规模化方向发展。2017年,良顺藤编公司共生产产品28万件,对外贸易规模突破3400万元,平均带动每户增收16000元,这一增收规模约为当地居民收入的1.64倍。

(4)电商平台是路径关键。充分利用电商平台"能够跨越时空约束,对接更加广阔的市场,集聚各类生产要素,从而形成规模经济"[①]。将电子商务平台融入产业发展过程,有助于促进各类要素和资源的融合。在良顺藤编公司成立以前,民间生产的产品呈零散化特征,农户生产的产品没有稳定的统一销售渠道,文化产品辐射范围小,工艺品难以较好地转化为经济收益。公司成立以后,统一并拓展产品销售渠道,将生产出来的产品通过淘宝、京东等电商平台,西部博览会、西部文博会等展览销售平台销往全国等地,甚至部分高档产品和手工艺品远销国外,实现非遗产业"种、产、销"一体化循环发展。2017年以来,南郑县良顺藤编发展有限公司在淘宝、京东等网站开设了14个网店,线上年收入达600万元。

3. 扶贫拉动型路径:以玩具工厂为例

扶贫拉动型路径是一条将移民搬迁工程与文化产业扶贫结合起来的发

[①] 彭芬,刘璐琳. 农村电子商务扶贫体系构建研究[J]. 北京交通大学学报(社会科学版),2019(1):75-81.

展之路。在这个路径中,首先将陕南贫困山区中特别贫困、生活困难的群众,通过政府有计划、系统有序的移民搬迁工程迁移到城镇或其他安全地带,集中安置,实现贫困群众从山区向城镇的转移。同时,政府积极对接外部文化产业转移机遇,吸引东部地区文化企业迁移建厂,以在群众安置点附近兴办社区工厂的形式,吸纳安置点劳动力就业。这样一方面,移民搬迁为扶贫文化产业项目提供了充足的劳动力供给;另一方面,企业对劳动力的需求得到了解决,既解决就业问题、增加群众的收入,又降低企业的生产成本、推动文化产业的发展。这一路径实现了贫困群众转移、劳动力转移和产业空间转移的有机结合(见图3)。

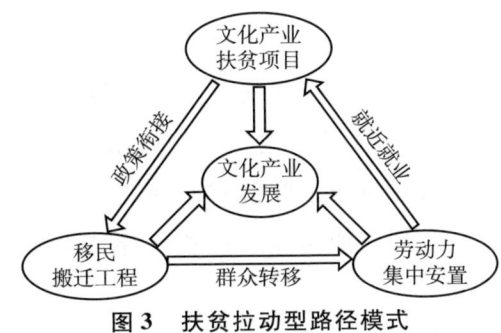

图 3 扶贫拉动型路径模式

资料来源:笔者根据资料整理绘制。

(1)移民搬迁工程为政策依托。陕南是山洪和地质灾害群发区和危害地带,群众的生命和财产安全经常遭受威胁和损失。为了从根本上解决广大陕南山区群众生产生活中的安全威胁,并改善贫困群众的生活条件,陕西省制定实施了《陕南地区移民搬迁安置总体规划(2011~2020)》《陕南地区移民搬迁安置工作实施办法》,计划从2011年到2020年间,对地质灾害搬迁、洪涝灾害移民搬迁、扶贫移民、生态移民和工程移民等五种类型的山区群众有序迁移,预计累计"移民搬迁安置645574户、2448308人,分别占陕南地区总户数和总人口的21.98%和26.38%"①。截至2019

---

① 陕西省政府办公厅.陕南地区移民搬迁安置总体规划(2011—2020年)[EB/OL].http://www.shanxi.gov.cn/gk/zfwj/47170.htm,2011-8-19.

年 5 月,已经累计完成 59.13 万户、208.17 万人的移民安置。移民搬迁工程将群众从深山搬迁至城镇集中安置区,从分散居住到社区集中居住,实现了大量人口和劳动力的聚集,为文化产业扶贫提供了劳动力基础。

(2)文化产业扶贫项目为产业支撑。"一个地方必须有产业,有劳动力,内外结合才能发展"①。在陕南诸多扶贫产业中,劳动密集型的毛绒玩具产业是一个典型代表,其拥有产业链长、用工量大、环保等特点,成为陕南文化产业扶贫的重要组成部分,客观上也成为承接东部地区文化制造业转移趋势的必然选择。近年来,东部省份的毛绒玩具产业普遍"存在不同程度的'招工难'现象,普遍缺口在 10% ~ 30% 左右,尤其每年 5 月以后,缺口甚至高达 50%"②,"用工荒"倒逼毛绒玩具产业必须寻找新的出路。而陕南移民搬迁正好契合毛绒玩具产业对劳动力的需求,加上资金补贴、融资支持、税收优惠、就业帮扶等综合扶持政策的引导,陕南成为众多毛绒玩具厂考察建厂的热门区域。以安康市为例,截至 2019 年 4 月底,先后有 300 多家来自北京市、江苏省、河北省、广东省、山东省、河南省等地的毛绒玩具企业到安康考察,已投产建成毛绒玩具文创企业 126 家(规模以上企业 4 家)。

(3)劳动力转移安置为中间桥梁。移民搬迁工程实施以后,如何促进数量庞大的搬迁民众就业,从根本上实现群众脱贫致富,是一个亟须解决的现实问题。结合东部地区众多迁移企业的用工需求,将移民搬迁的贫困群众集中安置,并在集中安置之处集中建厂招工,成为实现移民搬迁劳动力供给与毛绒玩具产业劳动力需求有机结合的中间环节。安康市采取先业后搬、以业促搬的方式,积极承接以毛绒玩具创意产业为主的劳动密集型产业落户当地,壮大移民搬迁社区工厂,就近吸纳搬迁群众就业,确保移民搬迁"搬得出、稳得住、逐步能致富"。通过建设大社区、引进大企业、发展大产业,拓宽就业增收渠道,促进搬迁群众稳定就业、增收致富。2018 年安康市培育社区工厂 200 多家,通过就业安置 10000 余人,带动

---

① 王辉. 试论习近平扶贫观 [J]. 人民论坛,2015 (20):208 - 210.
② 秦雷,郭晓晶. 比较优势弱化背景下江苏毛绒玩具出口策略探讨 [J]. 对外经贸实务,2013 (9):50 - 53.

贫困劳动力就业5000余人。

4. 招商引资型路径：以油菜花节为例

招商引资型路径是指利用每年3月油菜花节这个契机，融合采茶、赛歌会、乡村游、文艺演出、地方名优商品展销等一系列活动，招商引资，促进以特色农业景观、民俗风情、观光旅游、农家休闲、田园风光为主体的区域特色文化产业的发展（见图4）。这种发展模式通过整合陕南地区特有的生态资源及文化资源，以节庆活动汇聚游客，产生较大规模的活动经济和招商引资成效。值得注意的是，通过招商引资还能促进地方修建与完善基础设施（道路设施、通信设施及卫生设施等），能够在一定程度上激发地方经济活力和改善民生，提高人民的获得感。

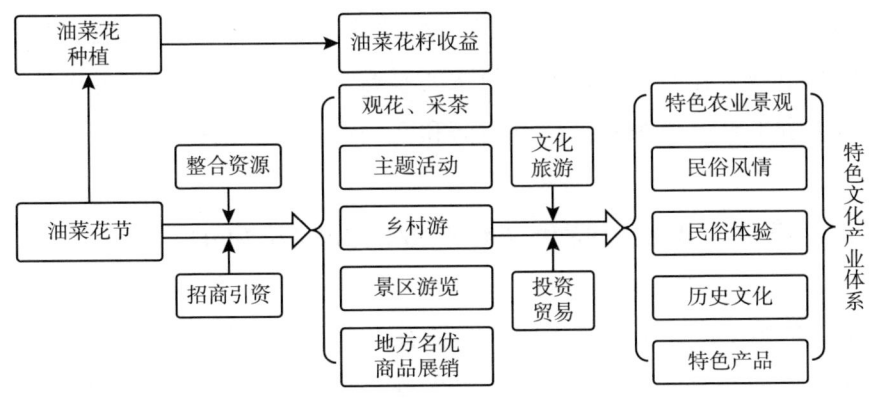

图4 招商引资型路径模式

资料来源：笔者根据资料整理绘制。

（1）油菜花节聚合多种资源。"节庆旅游是一种现代新型旅游产品，其对……塑造区域旅游品牌、促进对外经济合作、带动区域经济的发展具有重要作用"[①]。汉中市自2010年起，相继在南郑区、洋县、勉县、汉台区、城固县、西乡县成功举办了九届油菜花花海旅游文化活动，打造"文化搭台子、旅游聚人气、经贸唱大戏"的特色文化产业发展平台。特别是

---

① 范建华. 论节庆文化与节庆产业 [J]. 学术探索，2011（2）：99-105.

借助观花、采茶契机，举办一系列主题文化活动，吸引游客到乡村及景区旅游，并推动本地特色商品展销，带领广大游客游览特色农业景观、体验民俗风情、感受历史文化、消费特色产品，更重要的是通过招商引资撬动更多的社会资源、市场资金进入到汉中市文化产业发展之中，有效促进了地域文化和旅游产业的成长。

（2）招商引资推动产业发展。对于秦巴山区而言，借助招商引资方式，能够较快地促进区域的特色产业发展。招商引资型路径恰好解决陕南三市文化产业发展中资金投资少、原动力不足的困境，为陕南特色文化产业提供了外部拉力。以2018年勉县油菜花节为例，此届油菜花节招商引资签约项目达26个，包括留坝县山水特色农业民宿酒店建设项目、温泉特色小镇建设项目等，涉及文化旅游、生态农业等多个领域，总投资额达119.68亿元，这一数字是汉中市地方财政收入的2.39倍，成为汉中市拉动县域和市域文化产业投资发展的重要平台。可以说，以油菜花节为媒介的招商引资平台已成为陕南经贸招商和文化产业发展的区域品牌。

三、陕南三市发展特色文化产业的经验及启示

扶贫是典型的社会系统工程，需要社会力量的协同配合。纵观陕南三市文化产业扶贫发展的全过程，不难发现，传统的单一政府扶贫向多元社会力量扶贫转化已是必然之选。政府统筹引领产业发展方向、资本投资驱动产业项目落地、文化互动保障产业内容源泉、社会合力推动产业发展成为最优组合，政府、资本、文化、社会的协同合作，成为推动特色文化产业发展的组合拳，对贫困地区发展特色文化产业有启示意义。

1. 政府推动是文化产业发展的核心引力

"能否充分发挥政府推动特色文化产业发展的先导作用……直接关系到特色文化产业发展的速度和质量"①。政府的这种先导作用主要体现在加

---

① 李建柱. 论区域特色文化产业发展的困境与对策——以吉林省为例［J］. 延边大学学报（社会科学版），2013（10）：118-129.

强对文化产业的规划和制定文化产业发展政策两个方面：一是通过对文化产业发展的合理规划来引领其发展，这是"政府当好引导者的前提，也是政府应当承担的重要职责"①。具体来看，需要协调财政、工商、文化和旅游等多个部门，科学合理地制定包括产业发展方向、目标、空间布局、重点工程、保障措施在内的文化产业发展规划，避免盲目投入、混乱布局问题，推动文化产业整体性、科学性和特色性发展。二是通过完善政策体系来支撑文化产业的繁荣发展。"政策是政府为文化产业发展保驾护航最重要的工具"②，完善的政策体系是支撑和保护文化产业发展的重要依托。政府要通过制定促进文化产业发展的贷款、税收、财政、土地、基础设施建设等优惠政策，来引导社会力量进入文化领域，以充分激活文化产业市场领域的参与活力，为文化产业发展提供政策引力，进而推动区域特色文化产业良性发展。陕南三市先后出台了促进区域文化产业发展的中长期规划，从系统、全局的角度统筹区域文化和旅游产业的发展，并通过一系列推动文化产业繁荣的优惠政策，构建促进文化产业健康发展的政策体系，为特色文化产业的发展提供了重要的支撑和规范。

2. 投资拉动是文化产业发展的关键翘板

文化产业要快速发展，离不开资金支持。改善文化产业投资环境，"建立政府投入为引领，企业投入为主体，金融组织投入为支撑，外资和民间投入为重要补充的多元融资体系"③成为推动文化产业发展的关键。政府的财政投入是文化产业发展重要的资金来源，稳定的财政投入能够在一定程度上助推文化产业的发展。特别是公共财政在文化基础设施、重点文化项目、重点产业园区和平台建设等方面的投入能够给社会资本进入文化产业领域提供方向，并对民间资本的进入具有积极的引领和激励作用。在政府的引导下，发挥社会资本对文化产业发展的作用已成为发展趋势，"鼓励引导社会资本特别是民间资本投入文化产业……是加快文化产业发

---

① ② 钟裕民，陈宝胜. 公共产品视域下地方文化产业发展路径研究——以温州为例 [J]. 江苏大学学报（社会科学版），2018（3）：20 – 27.
③ 王嘉瑞，董原. 甘陕文化产业协同发展的路径选择 [J]. 兰州大学学报，2016，44（6）：145 – 153.

展的重要推动力量"①。2018年文化和旅游部、财政部《关于在文化领域推广政府和社会资本合作模式的指导意见》也明确提出要在"文化等公共服务领域,鼓励采用政府和社会资本合作模式,吸引社会资本参与"②,促进社会资本与文化资源、文化产业项目对接,实现文化产业投资体系多元化、多层次、多渠道发展。陕南商洛市的商於古道文化景区、汉中市的两汉三国文化景区,以及安康市的瀛湖文化旅游产业基地等项目先后采用PPP模式获得社会资本,撬动社会资本发展文化产业已经成为活跃文化产业市场的关键手法。

3. 文旅融合是文化产业发展的内容源泉

文化产业区别于其他产业的关键之处在于,其内含的与旅游产业融合发展的文化属性,发掘特色文化资源禀赋便成为发展地方特色文化产业的内在必须。一方面,文旅融合强调地方特色文化资源的产业化开发,通过文化资源与文化产业的有机融合,能够持续激发文化产业的内生发展动力,赋予地方特色文化以必要的时代性特征,进而提高文化产业的创新能力与适应能力。这要求必须立足传统文化与其他文化、其他产业的交流与互动,加强创意设计,打破行业和地区壁垒,促进传统文化资源与现代化消费需求有效对接,进而为文化产业的发展提供可持续动力,"实现经济与文化良性互动的目标"③。另一方面,文化和旅游的融合意味着将民族文化、历史文化和民俗文化等多种文化以各种形式注入旅游产业之中,"寻找文化与旅游之间的结合点,实现业态、生态、形态和文态之间的有机融合"④,拓展特色文化产业的发展空间,通过文旅融合拉动文化产业整合升级,形成"生态文化+地域文化+旅游开发"多产融合的文旅之路。安康

---

① 施俊玲. 引导资本有序进入是关键[N]. 光明日报,2015-11-12.
② 中华人民共和国财政部,《文化和旅游部 财政部关于在文化领域推广政府和社会资本合作模式的指导意见》[EB/OL]. http://jrs.mof.gov.cn/ppp/zcfbppp/201804/t20180425_2878498.html,2018-4-19.
③ 陈光良. 从和谐社会视角探析民族经济与文化互动[J]. 广西民族大学学报,2008(1):56-60.
④ 何一民. 推进长江沿江城市文旅融合与旅游业转型升级的思考[J]. 中华文化论坛,2016(4):15-21.

市汉阴县采用文化+旅游的方式，以湖广移民农耕文化为载体，以油菜花节、稻香旅游季、火把节等文化旅游活动节日为契机，大力发展民俗、观光、休闲为主导的乡村旅游，吸引了来自省内外的众多游客。汉中市宁强县借助古镇文化、羌族文化、生态文化，打造青木川文化旅游名镇、羌族文化产业博览园、氐羌田园等重点文化旅游项目，文旅融合成效显著。

4. 社会促动是文化产业发展的活力源泉

文化产业的发展不能只依靠政府，更需要全社会的通力合作，这就要求搭建文化产业发展平台、建设社会各方合作共建的文化产业发展共同体。一方面，搭建文化产业发展平台，整合文化企业、文化产业从业人员、社会资本市场，以及历史文化资源、特色民族文化资源、自然生态资源等多种要素，引导区域、全省乃至全国层面的社会资源融入文化产业领域，促进多种资源相互贯通。其中，在市场主体建设方面，要重视文化企业的数量壮大和规模化成长，完善产业链条建设，不断实现优势集聚、规模化发展，推动文化资源的市场化开发进程；在资源整合方面，注重对农村闲散文化劳动力的整合，使地区民众广泛参与其中，深入挖掘民族特色文化资源，尤其是隐藏在民间的非物质文化遗产资源，推动其向产业化方向拓展。另一方面，推动"政、产、学、研"多方协同，增强文化产业发展的内生动力。其中，政府提供政策引导、企业是参与主体，高校供给人才，科研机构则是重要的智力支持力量。陕南三市积极探索富有地域特色的文化产业发展模式，形成了"政府提供政策引导、企业负责产品生产和运营，并承担相应市场风险、社会各方积极参与的开发模式"[①]。汉中市在政府文化主管部门的牵头引导下，鼓励高校、科研院所和文化企业联合设立文化产业协调创新机构，形成推动文化产业发展的社会合力；安康市在落实政策保障的基础上，与高校建立联合办学机制培养文化产业人才，并与文化产业研究机构展开战略合作，形成了多方联动共同推动文化产业发展的良好局面。

---

① 李建柱. 论区域特色文化产业发展的困境与对策——以吉林省为例 [J]. 延边大学学报（社会科学版），2013（10）：118-129.

发展特色文化产业为贫困地区的产业扶贫工作提供了新的路径，但贫困地区特色文化产业的发展是一个持续的系统性工程，必须坚持政府引导、资本贯通、产业融合、社会促动的协同作用。只有这样，才能使"特色文化产业不仅成为连片特困地区经济发展的支柱性产业，更成为贫困地区扶贫惠农的重要支撑点"[①]，进而为实现消除贫困及全面建成小康社会的目标贡献基层经验和实践智慧。

---

① 熊正贤. 特色文化产业扶贫的特征分析与绩效问题研究——以武陵山区为例 [J]. 云南民族大学学报（哲学社会科学版），2017（4）：108 – 115.

福建省非物质文化遗产空间分布特征及影响因素分析

李亚恒

摘 要：为了更好地促进福建省非物质文化遗产的传承和保护，本文选取福建省国家级和省级非物质文化遗产作为样本，运用最邻近指数、核密度估计值、变异系数、地理集中指数、地理联系率等方法，利用空间分析工具 ArcGIS 10.2，对福建省国家级和省级非物质文化遗产的空间分布特征和影响因素进行研究，结果表明：①福建省非遗在类型上存在差异，以传统技艺、民俗和传统戏剧为主，曲艺、传统医药和传统文学项目稀缺。②福建省非遗为集聚型分布，形成两个高核心密集区，一个次级核心密集区，一条带状区域，但区域差异明显，总体上沿海地区多于内陆地区。③从类型来看，民俗类和传统舞蹈类空间分布差异最小，传统美术、传统体育、游艺和杂技及曲艺类空间分布差异相对明显。④非遗的空间分布与自然地理环境、人文环境、政府对非遗传承的管理和评审制度的局限性有关。

关键词：非物质文化遗产　空间分布　影响因素

一、引言

非物质文化遗产（以下简称"非遗"）是人类创造的宝贵财富，是民族文化的精华、民族智慧的结晶。非遗对于国家和民族有着重要的意义。

2003年10月，联合国教科文组织通过了《保护非物质文化遗产公约》。2004年，我国加入该公约。随后，我国颁布《中华人民共和国非物质文化遗产法》，并将非遗定义为各族人民世代相传并视为文化遗产组成部分的各种传统文化表现形式，以及与传统文化表现形式相关的实物和场所。非遗对于国家和民族的意义在法律上得到了肯定，越来越多的学者投入到非遗的研究中。

对于非遗的研究，国外学者要早于国内，主要侧重于非遗的概念、保护和可持续发展、信息化、社区参与、国家记忆和身份认同、非遗旅游及其旅游者等方面。与国外相比，国内研究还不够深入，侧重于非遗的概念、特征和价值、保护与传承、开发评价与模式、文化空间等方面，研究方法以定性研究为主且重复研究较多，定量研究较少。研究视角大多是从旅游学、民俗学、生态学、社会学等学科视角，较少从地理学视角进行研究，但学者也逐渐将地理学引入非遗研究中，如徐柏翠等（2018）通过点格局分析、核密度分析、热点聚类等方法，分析了中国4批国家级非物质文化遗产的空间分布特征；卢松等（2018）利用GIS分析方法分析了徽州传统村落的时空分布特征，并探讨其影响因素；张建忠等（2017）借助GIS空间分析手段，研究了山西省非遗的时空特征；梁君等（2018）运用GIS空间分析技术，研究了珠江—西江经济带内549项非物质文化遗产的空间分布及其影响因素。通过文献梳理发现，学者对非遗的研究主要集中在安徽省、山西省、浙江省、宁夏回族自治区、湖北省等地，对福建省非遗的研究较少。

福建省位于我国东南沿海，依山傍水，九成陆地面积为山地丘陵地带，被称为"八山一水一分田"。依山傍水的特点造就了福建省丰富的自然文化资源，有独具特色的闽都文化、闽南文化、客家文化、妈祖文化、畲族文化等，不仅有土楼、武夷山这样的世界文化遗产地，还拥有丰富的非物质文化遗产。截至2018年，福建省已成功申报了4批国家级非物质文化遗产名录和省级非物质文化遗产名录，在非物质文化遗产传承和保护方面取得了一定成效。本研究以福建省4批国家级和省级非物质文化遗产项目为研究样本，从地理学视角，运用空间分析方法对福建省非遗的空间分布特征及其影响因素进行分析，以期为福建省非遗的保护和传承提供借鉴。

二、数据来源与研究方法

（一）数据来源

本文数据收集于福建省非物质文化遗产保护中心官方网站（http://www.fjfyw.net/），研究数据选取了福建省第一批、第二批、第三批和第四批国家级和省级非物质文化遗产项目和扩展项目。最终收集到国家级非遗项目124项，省级非遗项目364项。在收集的488项省级以上非遗项目中有10项属于省直系统，难以进行属区界定，因此未纳入分析。对于同一项目出现在不同级别的非遗项目按照最高等级计算，并将同时分布于不同地区的非遗项目进行拆分，将其归属多地。最后共得到国家级非遗项目126项，省级非遗项目237项。

（二）研究方法

借助Google earth对福建省非遗项目申请地实际有效样本进行精准定位，将样本点原始地理数据进行归纳整理录入Excel数据库，通过空间分析工具ArcGis 10.2，并利用最邻近指数、核密度分析、变异系数、地理集中指数、地理联系率等方法对福建省非遗的集聚程度、地理联系程度、核密度情况等空间分布特征进行分析。

1. 最邻近指数

最邻近指数表示点状事物在地理空间的相互邻近程度的地理指标，其值为实际最邻近距离与理论最邻近距离之比，这里用来对福建省非遗项目申请地的空间分布类型进行测定。其表达公式为：

$$r_E = \frac{1}{2}\left(\frac{n}{A}\right)^{\frac{1}{2}} = \frac{1}{2}D^{\frac{1}{2}}, \quad R = \frac{\bar{r}_1}{r_E} \tag{1}$$

式中，r_E 为理论最邻近距离，n 为福建省非遗项目申请地的数量，A 为区域面积，D 为点密度，R 为最邻近点指数，$\bar{r}_1$ 为实际最邻近点之间的距离 r_1 的平均值。当 R = 1 时，表示趋于随机分布，为随机型；当 R > 1 时，表示趋于均匀分布，为均匀型；当 R < 1 时，表示趋于凝聚型分布，为凝聚型。

2. 核密度估计值

核密度估计值是通过对输入要素计算整个区域的数据聚集状况，重点反映一个核对周边的影响强度。表达公式如下：

$$f(x) = \frac{1}{Th} \sum_{i=1}^{T} k\left(\frac{x - X_i}{h}\right) \quad (2)$$

式中，f(x) 为核密度估计值，$k\left(\frac{x - X_i}{h}\right)$ 为核函数，T 为非遗项目的数量，h(>0) 为带宽，$x - X_i$ 表示估计点 x 到事件 X_i 处的距离。核密度估计值越大，表示点状要素越密集分布，区域事件发生的概论就越高。

3. 变异系数

变异系数，又称标准差系数，是标准差与平均数的比值，反映观测对象离散程度的一个指标，这里用来衡量不同类型非遗空间分布的总体差异程度。表达公式如下：

$$CV = \frac{1}{\bar{y}} \sqrt{\sum_{j=1}^{n} \frac{(y_j - \bar{y})^2}{n}} \quad (3)$$

式中，CV 为变异系数值，y_j 表示第 j 类非遗项目的数量，$\bar{y}$ 表示 n 个地区非遗项目数量的平均值。CV 值越大，表示非遗类型的离散程度越大，区域差异相对显著；CV 值越小，表示非遗类型的离散程度越小，区域差异相对均衡。

4. 地理集中指数

地理集中指数是反映研究对象集聚程度的重要指标，这里用来反映非遗项目在省际尺度上的集聚状况。表达公式如下：

$$G = \sqrt{\sum_{i=1}^{n} \left(\frac{w_i}{W}\right)^2} \quad (4)$$

式中，G 为地理集中指数值，w_i 为第 i 个市区非遗项目的分布数量，W 为福建省非遗项目总数，n 为福建省地级市数。G 值介于 0~1 之间，G 值越大，非遗分布就越集中；G 值越小，则分布越分散。

5. 地理联系率

地理联系率是反映某项区域活动与该区域内经济、人口等要素在空间上的均衡、配合程度的指标。表达公式如下：

$$V = 100 - \frac{1}{2}\sum_{i=1}^{t}|x_i - y_i| \tag{5}$$

式中，V 为地理联系率，x_i、y_i 分别为第 i 项区域活动和经济、人口要素所占比重；t 为区域总数。如果将 x_i、y_i 用福建省第 i 个地级市非遗和经济、人口要素占全省的比重表示，那么 V_e 和 V_p 就分别表示第 i 个地级市非遗的经济—地理联系率和人口—地理联系率。V 介于 1~100 之间，V 越大，表明非遗分布于区域经济发展水平、人口规模在空间上均衡、配合程度越高。

三、结果分析

（一）非遗类型结构特征

本文对于非遗的分类参照《国务院关于公布第二批国家级非物质文化遗产名录和第一批国家级非物质文化遗产扩展项目名录的通知》的相关规定，将非遗划分为传统文学、传统戏剧、曲艺、传统医药、民俗、传统音乐、传统舞蹈、传统美术、传统体育、游艺和杂技、传统技艺等十大类。从级别来看，国家级非遗中传统技艺、民俗和传统戏剧非遗项目最多，占比分别为 21.43%、20.63%、18.25%；传统文学与传统体育、游艺和杂技最少，占比分别为 2.38%、3.17%。省级非遗项目中传统技艺、民俗和传统音乐项目最多，占比分别为 32.91%、18.14%、10.97%；医药和传统体育、游艺和杂技最少，占比均为 2.95%。传统技艺和民俗在省级及国家级非遗中所占比重均排在前 2 位，但是国家级传统戏剧项目要多于省级,省级传统音乐项目多于国家级。由于福建省处于东南沿海,西北有武夷山阻隔,因此,历史上的多次战乱对福建省影响较少,手工艺在相对安定的社会环境下得到发展。宋元时期,福建省作为重要的港口,海上贸易繁荣,手工艺品外销的同时也带来了外来的手工技艺,促进了本地区手工艺的创新和发展。手工艺品既是文化艺术品,又是日常生活用品,与人们生活息息相关。因此,手工技艺传承下来的最多。民俗来源于人们的生活,为人们的生活服务,其传承和发展与人们的生活紧密相连,加上海上贸易时期和近代与海外的交流时期,异域风俗文化的到来,使得福建省的民俗更加多元化。因此,在非遗项目中民俗和传统戏剧所占比重相对较大。传统戏剧作为人们重要的休闲娱乐方式,与传统音乐、传统舞蹈相比更容易学习,因此其在传播方面更具有优势。而传统文学、传统音乐、传统体育、游艺和杂技、传统医药和曲艺等项目,由于存在认识不清、技术难度大、保护不到位、后继无人等原因,使得此类项目在数量上较少。

总体来看,福建省非遗类型以传统技艺、民俗和传统戏剧为主;其后是传统音乐、传统舞蹈、传统体育、游艺和杂技、传统美术;曲艺、传统医药和传统文学项目稀缺(见图1)。

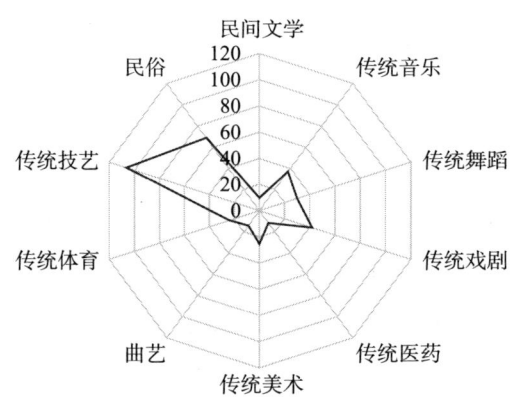

图1 福建省非物质文化遗产类型结构特征

资料来源:笔者根据资料整理绘制。

(二) 整体分布特征

利用 ArcGis 10.2 中的平均最近邻工具对福建省非物质文化遗产空间分布进行运算，结果如下：实际最近邻距离为 0.067322，理论最近邻距离 0.216591，最邻近指数 R = 0.310826 < 1。这表明福建省国家级和省级非物质文化遗产的空间分布形态为凝聚型分布类型。通过对地理集中指数进行计算，得出 G = 0.40。若福建省非遗均匀地分布在福建省各地级市，其地理集中指数 G = 0.33，实际所得地理集中指数大于均匀分布的地理集中指数，这表明在市级尺度上，福建省非遗分布较为集中，便于发挥区域内部的集聚优势，实现资源的综合开发。

从数量上来看，泉州市、福州市和漳州市非遗数量在 50 项以上，占比分别为 18.72%、14.88%、14.60%；宁德市、三明市和莆田市非遗数量在 30～40 项之间，占比分别为 11.85%、8.82%、8.54%；厦门市、南平市和龙岩市非遗数量在 20～30 项之间，占比分别为 7.99%、7.44%、7.16%。

利用 ArcGis 10.2 中的 Density 工具生成非遗核密度图，形成两个高核心密集区，一个次级核心密集区，一条带状区域。其中两个高核心区主要位于泉州市和福州市；厦门市和漳州市形成了次级核心密集区；带状区域主要分布在漳州市、厦门市、泉州市、莆田市、福州市、宁德市等沿海地区，这主要是因为沿海地区对外交流密切，本民族文化与外来文化融合，其文化兼具了陆地文化和海洋文化特征，此外沿海地区经济最为发达，在一定程度上提高了居民对文化活动的需求，促进了非物质文化遗产的挖掘和保护。福建省非遗分布与地级市分布联系较紧密，大多分布于地级城市的城市中心，这主要是因为非遗的申请大多以政府为主，因此其申请地多分布在市政府或相关政府所在地。另外，交通干道分布对福建省非遗有直接影响，沿海地区水路交通完善，内陆地区主要分布在交通干线交汇处，交通的发展为文化交流传播提供了可能。

(三) 各类非遗的空间分布特征

福建省非遗在市级层面上的类型差异可以依据其变异系数的大小分为三类（见表1），其中传统美术、传统体育、游艺和杂技及曲艺类变异系数值均在1以上，说明其离散程度较高，空间分布差异相对明显；传统音乐、传统戏剧、传统医药、传统技艺和传统文学类，变异系数值均在0.5~1.0之间，说明与其他类型非遗相比，其空间分布差异程度居中；民俗类和传统舞蹈类最低，变异系数值在0~0.5之间，表明其离散程度低，空间分布差异较小。变异系数计算表明，福建省十类非遗的集聚状况相差较大，民俗类集聚程度最高，曲艺类集聚程度最低。同时，通过对福建省各类非遗的地理联系率计算发现，各类非遗地理联系率均接近100%，反映各类非遗的分布与经济规模和人口规模在空间上均衡、配合程度高，进一步表明福建省非遗发展与经济和人口规模存在高度的相关关系。

表1　　　　　　　各类非遗变异系数和地理联系率

变量		民间文学	传统音乐	传统舞蹈	传统戏剧	传统医药	传统美术	曲艺	传统体育	传统技艺	民俗
V	Ve	99.52	99.55	99.54	99.56	99.52	99.53	99.52	99.53	99.64	99.60
	Vp	99.52	99.55	99.54	99.56	99.52	99.53	99.52	99.53	99.64	99.60
CV		1.00	0.61	0.44	0.97	0.86	1.14	1.26	1.20	0.59	0.33

资料来源：笔者根据资料整理所得。

利用SPSS 24.0对福建省各地区非遗项目数量与地域面积、人口规模和经济状况进行皮尔森相关分析，发现非遗数量与人口规模相关系数为0.921，在0.01水平上显著相关；非遗数量与经济相关系数为0.787，在0.05水平上显著相关；非遗数量与地域面积相关系数为-0.217，不显著，说明福建省各地域非遗分布与人口规模和经济有关，与地域面积无关，这与地理联系率分析的结果一致。

利用ArcGIS 10.2对福建省各类非物质文化遗产的空间分布进行可视

化分析，福建省非遗空间分布差异显著，传统技艺和传统戏剧在空间上分布相对均衡，反映出福建省各地自然环境和社会环境差异形成了具有各自特色的非物质文化遗产。传统医药、传统体育、游艺与杂技、民间文学、曲艺类、传统舞蹈和传统音乐类在空间上分布比较集中，传统医药、传统音乐和传统体育、游艺与杂技高度集中于福州市，这主要是因为福州市是福建省省会，地理位置优越，文化资源丰富；曲艺类文化遗产主要集中厦门市、漳州市和三明市，这主要是因为这些地区是闽南文化集中区；民俗类、传统美术类和民间文学类非物质文化遗产高度集中于泉州市，泉州市是中原文化、海洋文化和外来文化的交融之地，为民间文学的诞生提供了良好的环境；传统音乐类和传统舞蹈类集中在三明市和福州市，三明市是福建省客家人的聚居地，中原文化与客家文化的融合形成了独具特色的当地文化；福州市作为省会城市，通过建设戏剧院保护舞蹈类非物质文化遗产，因此其集中度比较高。

通过以上分析发现，就区域差异而言，福州市、泉州市和漳州市地区非物质文化遗产集中度最强；福州市作为福建省政治经济文化中心，政府支持非物质文化遗产的申请，且积极挖掘民间非物质文化遗产，以政府名义进行申报，促进了非物质文化遗产的保护，因此其非遗集中度比较高；泉州市和漳州市作为改革开放后福建省经济发展的领头羊，经济发展水平带动了文化消费，从而促进非物质文化遗产的保护和发展。

四、影响因素分析

在充分分析福建省非遗空间分布特征的基础上，进一步探究其影响因素。

1. 自然地理环境

自然地理环境主要包括地形、气候、植被、水文等方面。自然地理环境为区域文化的形成和发展提供了一定的存在条件，是非物质文化遗产形成的土壤。福建省内丘陵、河谷、盆地、山岭交错分布，素有"八山一水一分田"之称，以山地为主的地理环境使得福建省农耕文明不发达。福建省各地区的生活区域主要在相对平坦的地带，活动区域比较集中，与人民生活密切相关的非物质文化遗产也产生于人们的生活区域。虽然有些地区地域面积广阔，但人们活动的区域相对狭小，人口规模也较小，因此，非物质文化遗产的数量也较少，说明非遗分布与地域面积无关。西北高东南低的地势直接影响了当地的交通，进而影响人们的沟通交流，也为非遗的空间分布提供了可能性。闽中、闽南地区以平原为主，交通便利，有利于人们的交流和文化的融合与发展；闽西、闽北和闽东则被大山阻隔，阻碍了人际交流和文化传播。因此，闽南和闽中地区非遗密度比闽东、闽西和闽北地区高。但山地阻碍其文化交流的同时，也使得当地文化受外界影响小，最大可能地保留了自己的特色，地域性更加显著，如闽北的程朱理学文化，闽西的客家文化等。此外，福建省与中国台湾隔海相望，很多福建省居民在早期移居到中国台湾，也将当地文化带到中国台湾地区，具有很深文化渊源，因此福建省很多民俗与中国台湾有关，如闽台玉二妈信仰民俗、闽台送王船习俗、闽台风狮爷信俗、关帝信俗等。

福建省靠近北回归线，受季风环流和地形的影响，形成了暖热湿润的亚热带海洋性季风气候，是中国雨量最丰富的省份之一，独特的气候对当地民居建设提出了更高的要求，因此非遗中有很多与民居建设有关的技艺，如客家土楼营造技艺、闽南传统民居营造技艺等。

通过对福建省非遗和水系进行分析，发现福建省非遗的分布与河流水系一致，说明河流是影响非遗分布的重要因素。河流是生命的源头，是当地居民生产、生活的基础，特定的生产方式造就了特定的民间技艺和民间艺术。沿海的特征，促进了海洋文明的产生和发展，形成了许多与海有关的非物质文化遗产，如妈祖信俗、端午节习俗（云淡海上龙舟竞渡）等。福建省森林面积达 65.95%，又邻近海洋，海上贸易繁荣，因此促进了与水和木等相关的民间技艺的发展，如水密隔舱福船制造技艺，木拱桥传统营造技艺、木雕、木偶头刻等非遗项目。

地理环境不仅造就了不同的非物质文化遗产，而且对同一种非物质文化遗产也具有巨大影响。如泉州市的南音和闽南的南音融合了当地的历史文化，形成了具有地方色彩的腔调风格。浦城县的剪纸和柘荣剪纸相比，一个工艺细腻传神，一个风格质朴粗犷。

2. 人文环境

人文环境主要包括历史文化背景、政策、经济和人口迁移等方面。历史上，福建省以闽越人为主，然而随着中原文化的传入，闽越文化与汉文化相融合，形成了程朱理学文化、客家文化等文化区、南音、提线木偶、北管等非物质文化遗产。文化的交流和碰撞孕育出丰富多彩、地域特色鲜明的文化景观。

政策对于非物质文化遗产发展具有促进和传承保护作用。历史上，福建省得到国家政策的支持，积极发展对外贸易，以及海上丝绸之路的开通，促进了福建省与外来文化的交流和融合，为非遗的产生和发展创造了良好的文化生态环境。

由地理联系率和皮尔森相关系数检验可知经济发展水平和人口规模与非物质文化遗产的分布具有高度相关关系。福建省是历史上重要的对外贸易港口，是东西方海上交通枢纽，海上丝绸之路的起点，长期的对外交流，使得福建省文化具有包容性的特点。国外一些宗教通过港口贸易和海上丝绸之路传到福建省，同时国内各个地方的文化也由海上丝绸之路传到福建省，形成具有地方特色的非物质文化遗产，如北管是江淮一带的民间音乐，通过海上运输渠道传入。经济的发展水平越高，人们就有越多的闲暇时间，因此对文化的需求就会增加，促进了木偶戏、木雕、讲古、唢呐艺术等非遗的产生和发展，这也解释了福建省经济发达地区非遗分布密度较高的原因。

人是非物质文化遗产传承和发展的载体，人口迁移导致文化扩散。自唐朝以来，中原地区由于受到战乱、自然灾害、经济、政治斗争等因素的影响，进行了多次大迁移，福建省成为重要的迁入地。人口迁移加强了福建省与外界的联系，促进文化的交融和发展，使当地文化在碰撞中创新发展，形成独具特色的非物质文化遗产。文化随人口迁移，进而促进当地文化的繁荣，影响非遗的分布。

3. 政府对非遗传承的管理

政府对非遗的挖掘和保护的支持力度差异也是非遗空间分布具有差异的重要原因。非物质文化遗产具有无形性、活态性、整体性，因而决定了其保护和传承的迫切性。首先，由于受到人们对非遗认识不清、技术难度大、传男不传女等因素的影响,加上老一辈民间艺术家的离去,非遗面临着传承人匮乏、传承链中断的形势更加严峻。其次,随着全球化趋势的加强和现代化进程的加快,文化生态环境发生了巨大变化,这些都导致大量作为地方历史见证的非物质文化遗产逐渐消失,许多传统技艺濒临消亡。非遗是中华文化的重要组成部分,是历史的见证,有着珍贵的、具有重要价值的文化资源,但是非遗的保护需要大量的资金,因此需要政府的大力支持。政府为了追求经济利益而忽视非遗的挖掘和传承,只重视非遗的经济开发,缺乏保护传统义化的自觉性,这不仅破坏了非遗的真实性和完整性,更使得有些非遗不能申报,这也是非遗空间分布不均衡的原因。

4. 评审标准的局限

目前,我国的非遗评定标准依据是《国务院办公厅关于加强我国非物质文化遗产保护工作的意见》(以下简称《意见》)。《意见》指出非遗申报项目必须具有杰出价值,面临消失的危险,要有切实可行的十年保护计划。但是并没有注重申请之后非遗的跟踪保护,致使一些地方保护意识淡薄,重申请、重开发、轻保护的现象普遍存在。非遗成功申报不仅向外界展示了其独特的文化,还带来了经济利益。很多地方打着"经济搭台,文化唱戏"的口号,对非物质文化遗产进行改造,以吸引更多的参加者。申遗带来的经济利益,促使越来越多的地方开展申报文化遗产,只重视开发,忽视后期的保护,这与评审标准中的十年保护计划相矛盾,但是由于缺乏申遗后期的监督管理,致使很多非物质文化遗产没有得到有效保护,甚至加速了其消亡的过程。然而,很多非物质文化遗产是口授和技艺类的,传承难度大,传承人匮乏,因此其申报时不能提出具体的"十年保护计划"并加以实施,也限制了非遗项目的申报。

五、结论和建议

(一)结论

本研究采用最邻近指数、核密度估计值、变异系数、地理集中指数、地理联系率等方法，利用空间分析工具 ArcGIS，对福建省国家级和省级非物质文化遗产的空间分布特征和影响因素进行研究，得出以下主要结论：

（1）福建省非遗类型以传统技艺、民俗和传统戏剧为主；其后是传统音乐、传统舞蹈、传统体育、游艺和杂技、传统美术；曲艺、传统医药和传统文学项目稀缺。国家级非遗和省级非遗在类型上存在差异。

（2）福建省非遗为集聚型分布，形成两个高核心密集区，一个次级核心密集区，一条带状区域，但区域差异明显，总体上沿海地区多于内陆地区，其中，泉州市、福州市、漳州市分布最多。从非遗的不同类型看，民俗和传统舞蹈类集聚程度最高，传统美术、传统体育、游艺和杂技及曲艺类集聚程度最低，且其分布与经济和人口规模存在高度的相关关系。

（3）从类型来看，民俗类和传统舞蹈类空间分布差异最小，传统音乐、传统戏剧、传统医药、传统技艺和传统文学类居中，传统美术、传统体育、游艺和杂技及曲艺类空间分布差异相对明显。

（4）非遗的空间分布与自然地理环境、人文环境、政府对非遗传承的管理和评审制度的局限有关。

（二）建议

由于福建省非物质文化遗产在空间分布上存在差异，因此对于非遗的保护和开发也要因地制宜。本文在充分分析福建省非遗空间特征的基础上，为福建省非遗的保护和开发提出相关建议措施。

1. 主题公园与观光生态园相结合模式

非物质文化遗产作为重要的旅游资源，其开发和保护与旅游业的发展密不可分。通过分析可知，福建省非遗空间分布形成了以泉州市和福州市为主的高核心区，以及以厦门市和漳州市为主的次级核心密集区，这些地区非遗资源丰富、区位条件优越、交通便利、客源市场和基础设施条件较好，旅游业的辐射半径较广，因此本着优先发展非遗高集中区的原则，结合这些地区的优势条件，建设非遗主题公园，利用传统音乐、民俗、传统舞蹈、传统戏剧等非遗项目发展演艺产品，通过舞台使非遗得到活化和传承，满足游客休闲、观赏、娱乐的文化体验需求。对于传统技艺、传统医药、传统美术等非遗项目，通过建设生态园，创造非遗的原生态环境，以观光旅游的方式让游客参观非遗的制作工艺，参与制作过程，在参与中体验非遗的文化内涵和价值。同时，福州市和厦门市作为成熟的旅游目的地，将非遗与热门景区景点相结合，通过实景舞台剧、虚拟旅游体验、非遗文创产品等带动当地非遗的传承和创新。

2. 节庆旅游与文化生态园相结合模式

对于宁德市、莆田市、三明市等非物质文化遗产较为密集的地区，坚持以保护为主，开发为辅的原则进行非遗的传承和发展。非物质文化遗产的产生和发展与人们的日常生活密切相关，其发展也离不开人的参与，但是目前非遗面临着后继无人的困境，因此要坚持保护第一的原则，建设非遗传习基地，发展非遗传承人，同时与学校等教育机构结合，开展研学旅游，让青少年了解非遗文化，学习非遗知识。在保护非遗的同时，合理利用。通过发展节庆旅游产品、夜间旅游产品，盘活民间杂技、舞蹈、音乐等精美技艺，促进旅游与非遗的深度融合，带动当地经济的发展。这些地区非遗密集度适中，可选择自然风光优美、民族文化特征较为突出的地区建设民族生态旅游村，如莆田市，以妈祖信俗为中心，将乡村旅游、生态旅游和文化旅游等产业融合发展，游客通过参加当地社区的活动，与居民接触，了解非遗地的生产生活方式的同时感受真实的民族文化，从而增强其对非遗文化的认同，提高乡村旅游的文化内涵。

3. 博物馆与非遗数字化相结合模式

对于南平、龙岩等非遗较为稀缺的地区，其非遗资源可能存在濒临消亡，难以维持自身传承的问题，应以积极保护为主，保护非遗赖以生存的文化空间，对非遗资源做好收集整理。建设非遗专题博物馆，将传统美术、传统文学、传统医药等非遗载体通过博物馆进行保护。博物馆不仅可以保护非遗物化载体，还可以开展宣传教育。随着信息技术的发展，博物馆保护和传承非遗的方式也发生了改变，如利用数字化技术对非遗进行存储和保护，利用虚拟现实等技术使博物馆里的文物活起来，游客通过数字化展示不仅可以了解传统技艺、传统美术等非遗的生产过程，还可以将民间文学、传统音乐等非遗以活态的方式展现在游客面前。通过数字化技术提高博物馆参观者的文化体验深度,为人们提供深度体验文化游的同时,创新非遗传承发展方式。

4. 完善非遗保护制度,促进全民参与保护

福建省非遗空间分布不均与政府对非遗的传承管理有关,政府是非遗保护的主导,社区居民是非遗的传承人,因此要充分发挥政府主导作用的同时,鼓励社区参与。非遗的保护和发展需要法律和政府的支持,因此要建立健全非遗法律保护体系,保护非遗知识产权,使保护工作有法可依、有章可循。非物质文化遗产大部分在民间流传,随着时间的推移,由于文化氛围和文化环境的改变,民间的自发传承会比较困难。因此,政府应该承担起非遗保护的首要职责,形成以政府为主导,社区共同参与的非遗保护模式。而非遗的保护需要一定的资金支持和物质保障,因此加大政府资金投入的同时,多渠道筹集资金,为非遗保护提供经济基础。良好的保护必须建立在严格的管理上,为避免申遗之后,政府、社区及相关企业只重视经济利益而忽视非遗的挖掘和保护,通过建立完备的检测体系和制度实现动态保护,及时对非遗保护中出现的问题进行纠正。非物质文化遗产与人们的日常生活密切相关,社区居民是非遗保护和发展的重要传承者和受益者,因此要建设相关非遗协会,在充分了解其利益需求的基础上,鼓励社区居民参与非遗保护和发展。

参 考 文 献

[1] 法律出版社. 中华人民共和国非物质文化遗产保护法 [M]. 北京:法律出版社,2011.

[2] 李涛,陶卓民,李在军,魏鸿雁,琚胜利,王泽云. 基于 GIS 技术的江苏省乡村旅游景点类型与时空特征研究 [J]. 经济地理,2014,34 (11):179-184.

[3] 联合国教科文组织. 保护非物质文化遗产公约(2003). [EB/OL]. (2003-10-17) [2019-1-1]. http://www.unesco.org/new/zh/culture/.

[4] 梁君,汪慧敏.珠江—西江经济带非物质文化遗产空间分布特征与影响因素[J].社会科学,2018(12):39-49.

[5] 刘慧.区域差异测度方法与评价[J].地理研究,2006(04):710-718.

[6] 卢松,张小军,张业臣.徽州传统村落的时空分布及其影响因素[J].地理科学,2018,38(10):1690-1698.

[7] 王新越,候娟娟.山东省乡村休闲旅游地的空间分布特征及影响因素[J].地理科学,2016,36(11):1706-1714.

[8] 谢宏,李颖灏,韦有义.浙江省特色小镇的空间结构特征及影响因素研究[J].地理科学,2018,38(08):1283-1291.

[9] 徐柏翠,潘竟虎.中国国家级非物质文化遗产的空间分布特征及影响因素[J].经济地理,2018,38(05):188-196.

[10] 张超,杨秉赓.计量经济学基础[M].北京:高等教育出版社,1991:28-35.

[11] 张建忠,温娟娟,刘家明,朱鹤.山西省非物质文化遗产时空分布特征及旅游响应[J].地理科学,2017,37(07):1104-1111.

黄酒老字号品牌的情文相生与守正创新路径研究

——以会稽山绍兴酒营销策略的创新为例

唐雯琦 刘子源 陈 颖*

摘 要：近年来，国家大力推进中国老字号品牌建设和对传统文化工艺的传承与弘扬，伴随着对于"工匠精神""价值回归"的呼唤，黄酒产业迎来了新的发展篇章。在意识到不仅要坚持在时代变迁中"守正"，更要顺应时代发展"创新"的重要性后，黄酒企业努力推动产品创新、积极推进经营改革，其中最引人注意的即是对新的营销模式的探索和思考。

本文以会稽山在顾客体验、产品研发、文化传承等方面的多元化营销创新建设为实例，结合文化营销、情感营销等相关理论知识，深入分析会稽山独具匠心的"情文相生"营销模式，以及其对中国老字号品牌重塑和复兴的重要价值，希望能够为更多有需求的同类产业提供更具有现实意义和实际价值的宝贵经验。

关键词：老字号 黄酒产业 会稽山 情文相生 守正创新

---

* 作者简介：唐雯琦，浙江财经大学中美市场营销专业本科生。刘子源，浙江财经大学中美市场营销专业本科生。陈颖，博士，浙江财经大学市场营销系主任，副教授，硕士生导师。主要从事文化创意产业研究。

一、黄酒产业背景

（一）文化创意经济时代的守正创新

在第十六届中国文化产业新年主题论坛上，深圳大学文化产业研究院院长李凤亮教授在以《文化自信与守正创新》为题的主题演讲中指出，新时期最重要的是要坚定文化自信；要从业态、观念、实践各方面实现全面创新，以文化为轴心，让"守正创新"成为推动中国特色社会主义文化发展建设和产业发展的推动力量。中国上下五千年的历史孕育出了无数独具魅力的文化和传统工艺，作为世界三大古酒之一，也是唯一源自中国的古老酒种——黄酒，就是中国老字号经典产业中极具代表性的存在，兼具突出的文化和工艺价值。然而，面对快速更替的社会环境，我国老字号产业要想在未来持续经营、蓬勃发展，离不开"守正创新"。守正与创新，看似矛盾，其实存在着辩证关系，守正是创新的前提和保障，而创新则是实现守正的路径和动力，"守正创新"旨在以创新的思考和实践去实现对于优秀传统文化的传承和弘扬。

迎着文化振兴、国粹复苏的东风，伴随着对黄酒产业重塑和振兴的期望，近年来，国内黄酒老牌龙头企业——会稽山绍兴酒股份有限公司（以下简称"会稽山"）也将注意力集中到了对结合自身传统特色进行营销改革的探索上来，力争以创新的营销模式，加强对企业文化、品牌魅力、产品特色的挖掘与融合。会稽山注意到了黄酒产业作为中华老字号历经千年发展所积淀下的"文化"和"情感"两大特质，以此为出发点实现守正创新，构建起更具针对性和目的性的营销策略，凝聚起企业的关键力量，将产业优势不断放大。

文化和情感，这是黄酒深厚的底蕴所带来的特色与优势，正如反木桶原理中那最长的一根木板，能够帮助黄酒产业找到发展制高点。在当前的背景下，特色就是旗帜，凸显才能发展，文化底蕴和情感魅力正是黄酒产业最应该把握的先天优势，也正是黄酒产业最应该引起重视以便打开市场的关键突破口,会稽山在行业内首创的"情文相生"营销模式由此诞生。

(二) 黄酒行业存在的瓶颈、问题和挑战

1. 传统形象根深蒂固,市场拓展程度低

经过数百年黄酒酿造工艺的传承,黄酒一直以一种古老的、具有历史底蕴的形象出现在人们的面前,这种传统形象总是与带有局限性的区域文化和产业基础相关联,这也使其不易接受新兴元素的注入,或是说,非常难以使消费者接受"时尚"与"传统"这两种带有反差意味的气质元素的相互结合。在市场覆盖面上,相对于红酒、啤酒与白酒这些大类而言,黄酒产业的市场覆盖面明显偏小,主要聚集在江浙沪地区。

2. 酒类特色不易区分,市场同质化严重

现今黄酒市场处于一种低价同质化的发展状态。虽然黄酒的生产过程比绝大多数洋酒的工艺要复杂得多,但最终生产出来的酒品却以低档啤酒的价格在出售,这首先反映出了黄酒的发展状况与它所对应的价值之间存在着很大的差距,追根溯源,导致这一差距产生的原因本质上还是黄酒品牌形象,以及核心特色始终难以实现突破,黄酒市场同质化的现象日趋严重。

3. 黄酒产业的研发与营销不够积极

一方面,传统工艺及固有形象等刻板观念束缚了黄酒产品研发者、生产者、销售者的创新。另一方面,营销和宣传的落后亦大大削弱了黄酒在消费市场上的影响力。各黄酒企业所主打的招牌产品与品牌形象都较为相近,基本都选择以"延续传统工艺"为内容的标语来进行推广,带给消费者类同的直观感受,导致各个企业、各款产品都难以彰显出自身特色、散发出独特魅力。更有个性的、能够吸引年轻消费者的产品特色的缺失也说明了黄酒产品差异化程度低、缺乏创新这一事实。

(三) 黄酒老字号品牌守正创新的必要性

黄酒作为国内知名的老字号产业,在历经千年的发展过程中当之无愧做到了始终"守正",坚守住了一贯以来的经营信条和酿造技艺,但面对

日新月异的社会环境，却也明显缺失了"创新"的意识和勇气。长期以来，各黄酒企业只顾闷声酿酒，却从未对营销推广模式的创新加以深思，不曾意识到"市场是可以创造的"，致使其作为老字号的优质品牌光辉日渐黯淡，新兴市场更与之无缘。传统的产业模式，较落后的营销宣传方式，低价同质化的发展状态根本无法支撑黄酒产业对于其自身特色优势的继承与发扬，在现下以互联网为核心的信息化时代，光靠卓越的品质是难以打开市场的，面对如雨后春笋般接连冒出的新产业、新品牌来势汹汹的推广攻势，黄酒产业必须意识到守着"酒香不怕巷子深"这句老话是不能适应企业长期发展需求的。黄酒产业要振兴，新时期的营销转型势在必行。

除了始终牢牢坚守住产业独特而充满魅力的传统根源之外，积极把握时代赐予的机遇、努力推动技术改革和产品创新、探索新的营销方式以加强与消费者的沟通、扩大产业影响力、以创新的姿态在竞争激烈的酒类市场中站稳脚跟，对整个黄酒产业来说尤为重要。

二、会稽山绍兴酒股份有限公司的守正创新之路

作为绍兴黄酒三大支柱之一的会稽山首先意识到了自身所同样面临着的包括转型困境、消费群体固化、品牌影响力匮乏等产业共性问题。依托"工匠精神""价值回归"的主旋律东风，在认识到企业的文化力量在市场上所能创造的商业价值与消费者的情感联结所能带来的品牌情感巩固效益后，会稽山公司将二者巧妙结合，不仅致力于向消费者带去先进的企业文化理念，更试图建立起属于自身品牌独有的顾客消费体验与品牌情感纽带，为其冲出传统老字号品牌的束缚，在新经济时代取得突破带来了源源不断的思路，并在"文"与"情"中寻求会稽山的革新立足点。

1. 寻情、联情、维情

在当前的互联网时代，随着电子商务的迅猛发展，消费者在无法切身感受商品实物质量的情况下，很容易受到自身对某品牌的情感驱使。若一个品牌能与目标消费群体建立起坚实的情感联结，充分赢得消费者的喜爱

和信赖，那么必然能获得更广阔的顾客和订单来源。

着眼黄酒产业，黄酒千年如一日的优质品质、绵延流传的文化背景、精益求精的精神内核都是有利于其与消费者之间产生情感联结的重要条件。

从黄酒的优质品质出发，近年来，不少国货都在一股"怀旧"的浪潮里重新焕发生命力，主要是因为其历经岁月洗礼却依旧如初的产品品质让消费者看到了它们值得信赖的一面，逐渐形成老字号象征着时光雕琢和品质的概念，始终坚守初心的黄酒产业也完全能够凭借实打实的产品质量和代代相传的好口碑在怀旧情感蔓延的商业浪潮中捕获机遇。

从黄酒的文化背景出发，黄酒文化所包含的传统古老的酿酒文化、品类丰富的酒器文化、礼仪扬德的饮酒文化，是博大精深的中华文明的缩影和代表，不仅具有突出的文化意义，更能激起人们对相同的文化背景和历史文明的强烈共鸣。文化，是最强有力的情感沟通媒介。

从黄酒的精神内核出发，黄酒的酿制至今依旧沿袭着最古老的技法和理念，充分彰显出黄酒手工艺人对传统文化的尊重和敬畏，以及对品质的坚守和保护，这正与当前全社会渴望的"工匠精神""价值回归"相契合。每一位深入了解黄酒发展史和黄酒生产工艺的人都会被其中包含的精神所震撼，也会因此备受感动，从而对这个产业、对黄酒企业、产品和品牌产生一种别样的深厚情感。

在找到沟通产业与顾客间情感的触发点后，如何"联情"是最为关键的环节。恰当的"联情"举措能够有效地促进企业和顾客间的双向交流，更有助于促使顾客缔结起对某一品牌更深层次的信赖。会稽山一直在努力探索最能触及消费者内心的"联情"方式。

第一步，打出感情牌。会稽山早早意识到自身的文化特色和品牌特质对选购黄酒产品时的消费者在情感层面所能产生的重要影响，由此，会稽山开发出了一系列主打情感元素的新式黄酒，包括"中秋家团圆"系列、"七夕定制"系列等，以酒为载体传情，将企业产品从价格味道方面的优势进一步提升到内涵和情感范畴，成功吸引了大批消费者对品牌和产品的关注，从而迎来了会稽山"联情"战略发力的最佳时机。

第二步，契合时代主旋律。以黄酒的文化背景和精神内核为核心，会稽山开创了"封坛节"的概念，从"以爱为酒，用心封坛"到"以匠心传递经典，用初心分坛美酒"，每一届封坛节都将人文情怀与黄酒之美和谐相融，这不仅迎合了"国粹复兴"的主旋律，更与大众内心对弘扬传统文化和"工匠精神"回归的呼唤相契合，在传播经典传统文化的过程中，唤起了大众内心的文化自豪感，更能够打动消费者产生对黄酒文化和产品的喜爱之情。

第三步，重扬传统民俗之美。在黄酒之乡绍兴曾流传着酿制"女儿红""状元红"酒的古老风俗。女儿酒为旧时富家生女、嫁女必备之物，"状元红"满载着长辈对孩子学有所成之殷切期望。这两类酒不仅历经多年贮存酒香格外醇厚，更寄托了藏酒之人的深切情感，具有品质和情感上的双重价值。在调查了解到如今消费者受限于所需花费的大量时间和精力、"有意愿，无精力"的消费态度后，会稽山认为复兴"女儿红""状元红"意义深远，这不仅能促使传统风俗再次回归大众视野，更能将消费者的情感有效转化为资本。由此会稽山推出了定制酒服务，消费者可以根据自身需求购买酒种分装进精美的酒坛之中，形成属于自己的一坛好酒，并可以交由会稽山酒庄进行长期保管。此举敏锐地击中了顾客的情感触发点，既能满足不同消费者的不同情感需求，也能构建起会稽山公司与消费者更为长期的合作关系。

一旦与消费者建立了良好的情感联系，企业就需要思考如何长期维持这一重要关系，从而稳定客源、提高顾客忠诚度，实现顾客关系与企业利益的可持续发展。基于对自身优势和特质的分析，会稽山选择从企业自身、社会责任这两方面出发，实现对消费者的情感维系。

从企业自身出发实现维情，要求企业不断完善服务，逐步俘获消费者信赖。

会稽山的寄存酒服务能够促使企业与消费者缔结起长期的合作关系，但并不意味着"长期"就等于"稳定"，在一段长期服务的时间范畴内，会稽山应当定期检查自身服务的完善性并给予消费者及时的反馈，由此才能与消费者形成更稳定、更紧密的联系，并逐步建立达到一种持续交流的亲密伙伴关系，从而使顾客对企业产生充分的信任，并在定期的交流中，对品牌和产品获得更多的了解，大大增加其后续消费概率。

除了完善服务之外，会稽山认为，将自己建设成为一家具有高度社会责任感的公司，同样对于建立和维系与消费者之间的情感有着积极意义。一方面，会稽山积极响应政府号召，除了维护自身利益外，也肩负起了推动行业健康发展的使命，在近几年的品牌推广工作中，始终将传播黄酒文化放在首位。目前，会稽山正与当地政府共同建设特色黄酒小镇，重点以黄酒的传承、保护和创新为主线，凝聚起产业内各个黄酒企业，着力推动整个产业的提档升级，全面促进黄酒文化的传承、弘扬和发展。同时，会稽山参与制作的一系列黄酒纪录片的拍摄工作也相继进入了筹备和完善阶段，之后将陆续登上各大主流媒体平台，从而达到在海内外推广黄酒文化与品牌精神的目的。另一方面，为促进黄酒技艺的传承与创新，推动黄酒产业在未来的可持续发展，会稽山和浙江树人大学共同出资并挂牌组建"绍兴黄酒学院"，深化产教融合，加强校企合作。会稽山不仅将和树人大学共同编写教材，并将与学校共同致力绍兴黄酒业的生产技术升级、黄酒品质升级和新产品的创新开发等工作，并为合作组建国家级创新研究院、重点实验室、第三方检测平台等努力。

2. 挖掘文化优势，转化商业潜力

在会稽山的新型营销策略中，情感只是营销媒介，而内核始终围绕着其独特而深厚文化特质展开。中国黄酒是世界古酒中最古老的粮食酿制酒种，拥有着独一无二的深厚文化底蕴和人文哲理。黄酒文化始终贯穿着华夏民族上下五千年的文明历史，是中华民族的文化瑰宝，是国粹，更是世界非物质文化遗产的明珠。千年传统酿制工艺的传承，使黄酒形成了愈发郁香浓醇、中庸厚道的品质，充分揭示了其作为非物质文化遗产的经典魅力。在当前的时代背景下，特色就是旗帜，凸显才能发展，黄酒深厚别致的文化特色将成为其发展之路上的有力武器，从文化到商业，黄酒产业必然能够凭借与生俱来的文化底蕴优势，在新时期以精准的定位和创新的思考延续传承千年的产业神话，并开拓出更为广阔的市场前景。

在充分挖掘了自身与生俱来的文化优势后，会稽山又敏锐地把握住了新时代下传统文化再振兴之势，这亦是整个黄酒产业应当重视和把握的重要机遇。《2016年政府工作报告》中明确提出，企业应当开展个性化定制、柔性化生产，重视对于精益求精的工匠精神的培育。《中国传统工艺振兴计划》中也指出，要充分贯彻落实党的十八届五中全会对于"构建中华优秀传统文化传承体系，加强文化遗产保护，振兴传统工艺"的要求，全面促进中国传统工艺及传统文化的传承与振兴。传统文化再振兴已成为新时期中国社会发展的一大重点要求。

现今的市场经济环境充满了激烈的竞争和强烈追求物质生活的欲望，中国早已不缺成功的世界五百强企业，但总体缺乏能够持续发展的长青企业，这个时代比过去更需要呼唤精益求精、专注专业的"工匠精神"回归。对中华民族来说，传统工艺是来源于生活而又回归生活的伟大创造，具有工业生产无法替代的特性，立足中华民族优秀传统文化，振兴传统工艺，不仅有助于民族精神的传承和发展，增强文化自信，更有助于加强全社会对传统产业的关注度，提升传统类产业的发展气势，培育和弘扬更多精益求精的工匠精神，促进老字号品牌重拾信心，锐意进取。

黄酒产业历经千年，积淀了深厚的文化内涵，是毋庸置疑的优秀传统手工产业。其传承千年的手工酿制技艺和生产过程，始终秉持着最具初心的生产理念，每一个工艺步骤都是一丝不苟的"工匠精神"的缩影。传承黄酒工艺、振兴黄酒产业、弘扬黄酒文化，就是在保护传统工艺、发扬工匠精神，都是无可置疑的文化振兴大势所趋。

对于文化深厚且多样的中国来说，文化的力量深深影响着对文化特质极为敏感的中国消费者的一系列消费行为，为了将围绕文化优势的思考转化为实践、将"守正创新"的意识真正落地，充分开发文化要素的商业潜力是最关键的一步。然而，单纯的文化营销有着顾此失彼的缺陷，不能够为企业内部在细分下的各类经营活动和发展目标提供针对性支持。企业应当意识到营销组合策略的重要性，不仅依靠文化营销的力量，更要探索文化与其他营销概念的有机结合，在保留文化要素对于彰显企业特色所起到的重要作用的同时，以其他营销模式作为辅助，更好地把握细分目标，挖掘出更具价值的营销策略。

以会稽山为例，会稽山缔造了独具一格的"多方向性文化渗透组合模型"。会稽山将体验营销与文化相关的方方面面渗透进黄酒特色小镇建设中，让消费者全方位体会到黄酒工艺及其背后所蕴含的文化张力，并且有效缔结起了与顾客之间的情感、联系与相互沟通。同时，会稽山又借由黄酒小镇的建设将周围各个黄酒企业联结在一起，化竞争为凝聚力，促进整个行业内的多个企业生态共栖，互利共赢。会稽山在产业文化的教育和传承上也拥有创新，它不仅确立了文化要素在企业现阶段革新过程中的核心地位，更看到了文化力量在企业未来发展之路上的重要价值。由此，会稽山深入"文化+生态"营销环节，与浙江树人大学合作建设黄酒学院，为后续推动产品新系列的研发、产业技术的突破、产业经营模式的创新、产业未来人才的可持续发展等打下了坚实的基础。

3. 如何实现"情文相生"

会稽山将自身具备的传统文化底蕴作为一切营销内容输出的精神内核，以开设线下体验店、建设黄酒小镇、开办黄酒学院等多种项目作为黄酒文化与消费者情感沟通的重要媒介，通过这一系列专注于增强顾客参与度、购物满意度、消费互动性的创新型营销方式，在现阶段的酒类市场竞争中逐步摆脱市场拓展度低、同质化现象严重等桎梏，实现品牌形象的突破性跃升。

"情感"和"文化"在如今的商业市场上具有巨大的经济潜能，尤其是对于一些历史悠久且底蕴深厚的老字号产业，这两大要素在产业链和价值链的各环节中都发挥出了越来越重要的作用，而"情文相生"意味着让情感元素与文化特质相互作用、相互补充，从而迸发出更蓬勃的商业潜能。黄酒正是集"情"与"文"魅力于一身的经典本土产业，其流传千年的文化和工艺根基不仅凝聚了中华民族生生不息的创造力和智慧，更饱含了黄酒酿造者的匠心与真情。

在明确了自身独特的文化与情感优势之后，会稽山绍兴酒股份有限公司对于如何将"文化"和"情感"这两大关键要素完美融合的思考显得尤为深入：不单要将会稽山品牌的深厚文化底蕴充分展示、将品牌的情感内核充分挖掘并与消费者产生高度情感交流，还要促使两大要素互相影响、互相助力以发挥出最大商业潜能。情能生文，文能载情，情文相生，更好似锦上添花，充满了无限可能性——这正是会稽山"情文相生"创新营销模式的战略出发点。

三、总结与启示

（一）会稽山创新营销战略的成功之道

1. 认清自身优势，找准创新基点

我们不难看到在消费市场转型升级过程中，许多"老字号"未能守住自身优势，盲目随波逐流，一味追求流行或仿效热点，导致其在丧失了原本独具的特色和优势所带来的竞争力后日趋低迷。而会稽山首先坚守住了自身的文化和情感特色，并在此基础上进行恰当地创新。

对于会稽山来说，老字号是一块享有百年美誉的金字招牌，逐年积累的文化底蕴和情感口碑为品牌创造出了增值效应，在顾客心中树立起了潜移默化的优质形象，这使其在同质同类型产品中更具有竞争优势。因此，即使是改革新的营销模式，会稽山也坚持以这文化和情怀两大要素为首要出发点，以"新"承旧业，凭"旧"创新变，将传统优势与流行趋势相融合，通过守正创新找准了在新时期实现振兴的准确路径。

2. 洞悉发展态势，把握时代机遇

会稽山作为我国老字号传统产业——黄酒产业的领军品牌，在第一时间捕捉到了时代机遇所给予的新增关注度，由此出发，借助国家扶持政策和社会消费意识升级的推动，努力推进自身技术改革、产品创新，以及营销模式的全面升级，在较短的时间内以"历久弥新、老当益壮"的姿态焕发出了新的生机，实现了产业文化、经营模式等多维度、全方面的价值回归。

对于像黄酒这样的传统产业，单单依靠产业自身的力量很难面对快速变化的现代化市场做出快速、有效的反应，因此各企业应当如会稽山一样，密切关注社会发展态势、时事政策和消费观念的变化，了解政策才能将政策转化为发展动力,迎合民意才能以民意稳固市场。

3. 打破固有形象,吸引年轻目光

在改革营销策略的过程中,会稽山根据目标市场的构成,铺展开了一张整合多种营销元素的多维度营销网络,该营销网络不仅将目光聚焦在传统顾客群体上,更试图以创新的营销形式将产品受众拓展到年轻一代的市场。

会稽山将黄酒新品的开发权经由各种新媒体渠道交到消费者手中,尤其将年轻一代的"文化认知"充分融入了对传统黄酒的改造过程之中,不仅在酒的调味上倾听消费者的心声,还让消费者对酒的包装设计提出意见。此外,借助互联网平台,通过网络直播并结合时下流行的短视频经济,会稽山通过"传统文化"与"流行文化""新兴文化"的碰撞,将目标市场从原先具有严重局限性的苏浙沪中老年群体拓展到全国范围,这一切都是基于互联时代新兴元素与经典产业相互碰撞所产生的神奇效力。让"流行文化"与"传统文化"自由交织与碰撞,不仅充分展现了品牌魅力和产品特色,更糅合了年轻文化,有助于改善黄酒的陈旧形象,实现企业的转型升级,成功培育新的市场增长点。

(二)会稽山的营销模式创新对老字号品牌的借鉴意义

黄酒作为最具代表性的老字号产业,制约其发展的关键问题,正是陷入低迷的我国老字号品牌所面临的共同问题。老字号企业不仅是市场的参与主体,更是中华文化的重要载体,其振兴具有经济和文化的双重意义。然而,我国老字号的发展状况令人担忧。中国商务部认定的"中华老字号"企业有1000多家,而目前只有20%~30%的企业能在市场竞争中实现稳定盈利和发展,甚至一些企业只剩一个品牌空壳,不再有产品进入市场。追根溯源,老字号品牌在当下竞争激烈的市场上日趋疲软的主要原因,是其根本未能跟上现如今变化飞快的市场动态,消费人群、消费结构与消费需求正随着互联网时代的发展发生着翻天覆地的变化,而老字号却依旧依赖着固有的经营模式,坚守自己的一方天地。

除去生产不规范,传统工艺不能与现代技术对接;目标客群和客层过于狭小和局限；规模小，无法产生规模效应；创新不足，难以与时俱进等弊端，老字号企业所存在的重大通病就是营销策略严重滞后。多数老字号只依靠口碑传播带动销售，缺少现代化的主动营销和推广意识。只有积极改革创新，运用现代化的营销方式，才能使得老字号产业突破传统桎梏，在新时代重焕生机，会稽山绍兴酒顺应时代的发展所做出的一系列多元化营销改革举措，为当下很多陷入低谷的老字号企业提供了很好的借鉴范本。

首先，从会稽山"情文相生"营销模式出发，老字号品牌要进行营销改革，首先要做的是明确品牌独有的核心价值，自身特质是别人无法模仿的优势所在，对于历经多年发展的老字号企业来说，尤其是自身独特的文化内涵和文化特色，更值得深入挖掘。企业特色是发展之本，是改革之基，利用好独特优势可以使得企业化特色为机遇，从一众竞争者中脱颖而出，同样，在各个老字号品牌都在力争改革发展的今天，也只有抓住特色，改革才能获得成功。

其次，在营销模式计划和落地的过程中，老字号品牌要始终以实现品牌形象的创新重塑为首要目的，努力改善品牌在消费者心中滞后的印象，拓展新兴消费市场。老字号品牌虽然拥有着百年的历史底蕴和文化积淀，但是如果故步自封，止步不前，只能留给消费者陈旧的刻板印象，那必然会被新兴产业淘汰，因为市场在不断进步，市场主体在不断更新，消费趋势和消费导向总是掌握在年轻一代的手中。因此，老字号企业要着力打破在公众心中的固有形象，吸引更多年轻消费者的目光，要让各个时期的"流行文化"与"传统文化"能够自由融合，在守护住产业文化核心的基础上，善于吸收新时期、新社会背景下、新型文化元素的优点和长处，使得自身的文化得以不断发展、永葆活力。

最后，在重视文化底蕴所能创造的巨大商业价值的意识下，联动多种营销模式，探索营销模式的最佳组合，是营销之力最大化的关键。正如会稽山将情怀、文化等营销要素融为一体，从而得以形成一种温和而有力的方式，促使品牌渗透进消费者生活的方方面面之中，将品牌魅力借由多维度的营销网络充分释放。此外，基于各类保留了产业文化内涵、发挥了品牌文化魅力的衍生产品的开发，会稽山对于品牌延伸战略的探索也为各老字号品牌在打造多种方式、多线联动的发展模式的过程中提供了新的思路，值得同类型企业借鉴与思考。

参考文献

[1] 柏宏. 绍兴黄酒产业转型升级的对策研究 [J]. 绍兴文理学院学报（自然科学），2015，35（2）：39-43.

[2] 蔡明燕. 绍兴黄酒，锐意创新天地宽 [J]. 中国酒，2017（12）：58-60.

[3] 陈朝隆，陈烈，金丹华. 区域产业链形成与演变的实证研究——以中山市小榄镇为例 [J]. 经济地理，2007（1）：64-67.

[4] 陈朝隆，陈烈. 区域产业链的理论基础、形成因素与动力机制 [J]. 热带地理，2007（2）：126-131.

[5] 冯伟. 体验经济背景下情感营销模式研究 [D]. 济南：山东大学，2007.

[6] 胡普信. 中国传统黄酒技艺的传承与发展 [J]. 中国酒，2015（4）：56-65.

[7] 廖卫民，高晶，张泽茜，景歌. 非遗文化的传统传承与媒介融合研究——以绍兴黄酒技艺为例 [J]. 戏剧之家，2015（23）：240-242.

[8] 阙维民，周筱芳. 工业遗产视角下的绍兴黄酒遗产保护 [J]. 中国园林，2013，29（7）：8-14.

[9] 石润润，梁靓. 浙江历史经典产业发展的新动能与新模式——以绍兴黄酒产业为例 [J]. 浙江经济，2017（17）：58-59.

[10] 苏勇，方凌智，陈云勇. 品牌情感的形成及其拓展——基于情感营销的研究综述 [J]. 中国流通经济，2018，32（6）：53-61.

[11] 孙凯. 移动互联网环境下品牌信息内容呈现对消费者参与的影响研究 [D]. 长春：吉林大学，2016.

[12] 谈凯. 江苏丹阳里庄黄酒厂"万兴昌"黄酒品牌营销策略研究

[D]. 镇江:江苏大学,2016.

[13] 王佳雨. 陕西茶产业文化营销研究[D]. 咸阳:西北农林科技大学,2017.

[14] 王敏. 消费升级背景下企业文化营销发展战略研究[D]. 济南:济南大学,2014.

[15] 吴欢欢. JZZ 酒业情感营销策略研究[D]. 蚌埠:安徽财经大学,2017.

[16] 徐复沛. 绍兴黄酒文化特色之研究[J]. 中国酒,2017(4):62-67.

[17] 朱杏珍,盛佳瑜,周佳媚,何佳莉,胡天麒,刘沛轩. 绍兴黄酒产业供求状况及发展对策研究[J]. 绍兴文理学院学报(自然科学),2017,37(2):57-65.

基于区位熵的粤港澳与旧金山湾区数字媒体产业集聚优势比较研究

王 悦 臧志彭[*]

摘 要: 产业集聚水平一定程度上代表着湾区的发达程度,数字媒体产业集聚化发展对粤港澳大湾区实现协同效应具有重大意义。我国湾区正处于数字经济转型升级的过程,借此时机打造"数字湾区"已成为当前湾区借势发展的有效途径。因此,本文拟基于2008~2017年旧金山湾区与粤港澳大湾区数字媒体产业上市公司数据进行集聚度比较分析,研究发现:粤港澳大湾区数字媒体产业尚处于探索阶段,集聚度偏弱,需进一步借鉴旧金山大湾区经验。提升粤港澳大湾区数字媒体产业竞争力,需要整合三地优势,吸引全球数字媒体产业在粤港澳集聚发展;突破内部体制机制壁垒,构建粤港澳一体化科技人才政策体系;对标旧金山湾区,助推粤港澳数字媒体产业价值链优化升级。

关键词: 粤港澳大湾区 旧金山湾区 数字媒体产业 集聚

一、引言

数字媒体产业基于互联网开放平台,是包括视觉、图像、设计、软件

---

[*] 作者简介:王悦,华东政法大学传播学院文化产业研究所助理研究员;臧志彭,华东政法大学传播学院副教授,文化产业研究所所长,管理学博士,硕士生导师。

开发、人机互动等多媒体元素与传统媒体充分融合的行业类型。多媒体元素的融入导致数字媒体比传统媒体的观看模式更具冲击力。数字媒体的发展导致传统媒体、地理区域间的界限越来越模糊，逐渐成为人们表达自我的空间，信息真正实现了全域性传播。在当前媒体生态现实背景下，数字媒体彻底改变了信息传递的方式，初步建构出数字化的社会关系和社会场景。

数字媒体对经济发展影响显著，尤其体现在就业上。全球移动通信系统协会发布报告称，2015年数字媒体产业对印度增加约400万个就业岗位。目前，中国的互联网普及率于2014年12月超过世界平均水平4.1个百分点，数字媒体产业进入快速发展期。2018年，中央政府工作报告强调要贯彻落实"粤港澳大湾区"区域发展规划，以使内地与港澳地区的合作顺利进行。这不仅是对标世界一流湾区的新举措，也是促进粤港澳区域协同发展的新尝试。我国湾区目前正处于数字经济从互联网扩展到线下的过程，借此时机构建"数字湾区"已成为湾区发展的可行途径，粤港澳大湾区聚焦数字媒体产业无疑顺应了当前的发展趋向。

"产业集聚"一词起源于阿尔弗雷德·马歇尔，后经保罗·克鲁格曼等新经济地理学家们的进一步发展，使该内容重新融入传统经济研究范式，近年来，数字媒体产业集聚已作为沿海湾地区经济发展的一个典型特征。旧金山湾区持续发展的关键在于数字媒体企业集聚稳定，集聚区作为数字媒体产业发展的保障与基础，为企业发展提供了多元化、专业化的综合平台。由于社会各界对数字媒体产业的关注度和参与热情与日俱增，国内学者自2013年起便对数字媒体集群产生了浓厚兴趣，研究发现产业聚集对数字媒体产业的发展起着"能量源"作用，产业集群是数字媒体产业研发能力的土壤，企业可以利用集群网络结构获取技术支持，降低每个公司产业结构优化更新的成本风险。金永成等（2013）发现我国数字出版行业已初现规模效应，但遗憾的是它只达到了表面的集聚水平，其产业协同和创新互动还未自发形成。为实现粤港澳大湾区综合竞争力的提升，需要区域内数字媒体产业协同发展，只有形成极化效应，才能推动粤港澳大湾区战略转型和城市升级。

综上文献梳理，虽然对湾区数字媒体产业集聚现象进行了有益探索，形成了基本的分析框架，但缺少对中观层面的关注，更鲜有采用具体的测算方法，选用具体经济变量或指标来论证的研究。上市公司数据目前相对容易获得，且较为可信，因此，本文是基于2008~2017年全球数字媒体产业上市公司数据，运用具体的测算方法——区位熵进行实证分析，通过对比旧金山湾区与粤港澳大湾区数字媒体产业的集聚程度及演化趋势差异，从国际视角寻找粤港澳大湾区数字媒体产业的优势路径，探讨粤港澳大湾区数字媒体产业实现协同发展的未来战略。

二、两大湾区数字媒体产业集聚优势研究方法

空间基尼系数、哈莱-克依指数、产业集群指数和区位熵指数等方法是识别某地某行业专业化程度较为常用的方法，但是，在计算聚集程度时通常不应用空间基尼系数，因为数据结果通常包含错误成分；哈莱-克依指数基于复杂的数学模型，其计算相对复杂；产业集群指数受产业内企业规模影响，计算集聚程度时常不够准确，这三种方法都存在不适用的情况。哈盖特首先提出区位熵指数，认为它是对产业集聚程度及专业化水平进行测量的相对简单的计算方式，且对于数据的可获得性及分析问题的重点不同，因此，本文选用区位熵作为测算两大湾区数字媒体产业集聚程度的研究方法。

截至目前，对数字媒体产业集聚程度进行实证研究的文献较少，且在数字媒体产业集聚度的定量分析中缺乏标准体系。因此，在使用区位熵指数作为行业集聚研究方法时，需构建标准化体系，可以用某地某行业的企业数量、上市公司运营收入比重与区域整体的该行业企业数量、运营收入比重之比来衡量，区位熵数值越大，某一地区的工业集中度和集聚化程度越高。

因此，本文将从公司数量、上市公司营业收入两个方面建立两大湾区共性与差异的多维度综合评价体系，并以两大湾区2008~2017年数字媒体产业上市公司数据为基础，对两大湾区数字媒体产业集聚程度进行测算

和比较,并据此对两大湾区的数字媒体产业集聚优势进行识别和总结。其计算公式如下:

$$P_j = \frac{DigMed_j}{\sum_{i=1}^{n} Ind_{ij}} \quad (1)$$

$$Q = \frac{\sum_{j=1}^{2} DigMed_j}{\sum_{i=1}^{n}(\sum_{j=1}^{2} Ind_{ij})} \quad (2)$$

$$LQ_j = \frac{P_j}{Q} \quad (3)$$

其中,LQ_j 表示第 j 个湾区数字媒体产业区位熵,j 表示两大湾区,取值为 1~2;P_j 表示第 j 个湾区数字媒体产业某指标值在该湾区全部产业同指标值总量中的比重,$DigMed_j$ 表示第 j 个湾区数字媒体产业某指标数值,$\sum_{i=1}^{n} Ind_{ij}$ 表示第 j 个湾区全部产业同指标值总和,i 表示湾区中的第 i 个行业,i 取值为 1~n;Q 表示全部两大湾区中数字媒体产业某指标值在两大湾区所有产业同指标值总量中的比重,$\sum_{j=1}^{2} DigMed_j$ 表示两大湾区数字媒体产业某指标数值之和,$\sum_{i=1}^{n}(\sum_{j=1}^{2} Ind_{ij})$ 表示两大湾区所有产业某指标数值总和。若 $LQ_j = 1$,则表示 j 湾区数字媒体产业的集聚程度与两大湾区数字媒体产业的平均集聚程度相当;若 $LQ_j < 1$,则表示 j 湾区数字媒体产业的集聚程度低于两大湾区数字媒体产业整体的平均集聚程度;若 $LQ_j > 1$,则表示 j 湾区数字媒体产业的集聚程度高于两大湾区数字媒体产业整体的平均集聚水平;LQ_j 越大,表明 j 湾区数字媒体产业在两大湾区中的相对集聚优势越显著。

三、基于区位熵的两大湾区数字媒体产业核心城市集聚优势比较

考虑到旧金山湾区与粤港澳大湾区的范围过于广泛,为了最终结论的准确性,本文拟从湾区核心城市层面测算区位熵进行比较识别。湾区核心

城市层面的分析更为微观具体，且结论较为深入，从两个维度共约15个核心城市的数字媒体产业集聚程度进行测算和纵横向的双向比较，它可以更清晰地揭示数字媒体产业的区域差异和变动规律。

（一）旧金山湾区核心城市数字媒体产业集聚结构与演化趋势

旧金山湾区坐落于美国加州西海岸，由5个主要地区的9个县构成，包括旧金山、圣马特奥、圣克拉拉、坎贝尔等。

1. 旧金山湾区：31%的数字媒体产业公司聚集在旧金山

2008~2017年，旧金山湾区数字媒体产业公司共723家，其中，旧金山（San Francisco）地区数字媒体产业上市公司数量为222家，占到旧金山湾区数字媒体产业上市公司数量的31%，山景城（Mountain View）地区数字媒体产业上市公司占到旧金山湾区总量的11%，圣马特奥（San Mateo）地区数字媒体产业上市公司占到旧金山湾区总数量的9%，说明旧金山（San Francisco）、山景城（Mountain View）和圣马特奥（San Mateo）数字媒体产业具有集聚优势。余下的49%分别为：森尼韦尔（Sunnyvale）占6.22%，坎贝尔（Campbell）占4.01%，福斯特城（Foster City）占3.32%，而门洛帕克（Menlo Park）、奥克兰（Oakland）、圣拉斐尔（San Rafael）、圣拉蒙（San Ramon）、圣克拉拉（Santa Clara）分别占2.77%的比例（见表1）。

表1　2008~2017年旧金山湾区核心城市数字媒体产业上市公司数量百分比

城市	城市数字媒体产业上市公司数量（10年合计，个）	百分比（%）
旧金山	222	30.71
山景城	80	11.07
圣马特奥	64	8.85
森尼韦尔	45	6.22
坎贝尔	29	4.01
福斯特城	24	3.32

续表

城市	城市数字媒体产业上市公司数量（10年合计，个）	百分比（%）
门洛帕克	20	2.77
奥克兰	20	2.77
圣拉斐尔	20	2.77
圣拉蒙	20	2.77
圣克拉拉	20	2.77

资料来源：笔者根据资料整理所得。

由于旧金山湾区的核心城市过多，故按10年均值区位熵值排名，选择前5名城市做折线图（见图1）。圣拉蒙2008～2017年区位熵介于3.50～8.00之间，其中，2009年达到10年间的最大值7.79，随后连续3年呈下降趋势，3年降幅为31.40%；2013～2016年迎来第二次下降趋势，但2017年增速明显，环比增长45.58%达到5.43。圣拉斐尔整体介于4.00～5.50之间，最大值为2013年的5.13，最小值为2009年的4.04，总体相差不多，数字媒体产业发展较为稳定。山景城2008～2017年区位熵呈缓慢上升趋势，年均增长率为16.69%，2017年达到最大值5.43，超过其他4座城市，位居第1位。福斯特城的区位熵在2008～2009年间呈上升趋势，2009～2012年呈缓慢下滑趋向，2013～2017年又呈现稳中有升趋势，且增势达到9.6%，10年间最大值为2009年的5.19，最小值为2012和2013年的2.75。圣马特奥2008～2017年总体呈波浪式下降趋向，2013年跌到谷值1.28，与2012年相比下降66.04%，虽然到2015年有所回升，但随后两年又出现下降趋势，于2017年处于5所城市的最低水平。截至2017年，发现山景城和圣拉蒙数字媒体产业区位熵于5座城市中并列在第1位，达5.43。因此，旧金山、山景城和圣拉蒙在发展数字媒体产业方面表现较好。

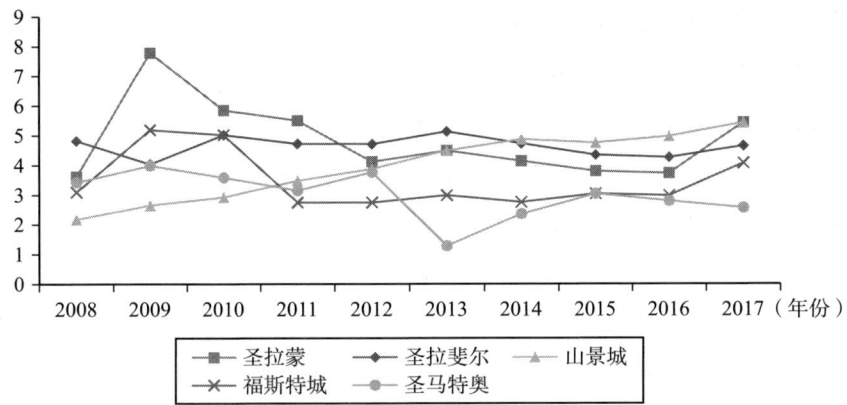

图 1　2008～2017 年基于上市公司数量的旧金山湾区核心城市数字媒体产业区位熵

资料来源：笔者根据资料整理所得。

2. 旧金山湾区：65%的数字媒体产业上市公司营业收入聚集在山景城

2008～2017 年旧金山湾区数字媒体产业上市公司营业总收入为 8834.94 亿美元，其中，山景城地区 10 年间数字媒体产业营业收入总计 5761.94 亿美元，占到旧金山湾区数字媒体产业上市公司营业收入的 65%，圣何塞（San Jose）地区 10 年间数字媒体产业营业总收入为 1167.01 亿美元，占到旧金山湾区数字媒体产业上市公司营业收入的 13%，说明山景城和圣何塞数字媒体产业具有集聚优势。余下的 22%，旧金山占 2.82%、圣拉斐尔占 2.48%、福斯特城占 0.34%、圣马特奥占 0.32%、森尼韦尔占 0.29%（见表 2）。

表 2　2008～2017 年旧金山湾区核心城市数字媒体产业上市公司营业收入百分比

城市	城市数字媒体产业上市公司营业收入（10 年合计，亿美元）	百分比（%）
山景城	5761.94	65.22
圣何塞	1167.01	13.21
旧金山	248.79	2.82
圣拉斐尔	218.86	2.48
福斯特城	30.28	0.34
圣马特奥	28.68	0.32
森尼韦尔	25.48	0.29

资料来源：笔者根据资料整理所得。

基于旧金山湾区核心城市数字媒体产业上市公司营业收入测得的区位熵折线图来看,山景城(Mountain View)2008~2017年区位熵呈缓慢下降趋势,从2008年的22.24下降到2017年的10.23,10年降幅为66.33%,圣拉斐尔2008~2017年区位熵呈迅速下降趋势,从2008年的28.80跌到2017年的5.28,10年降幅为81.63%。圣何塞、福斯特城、圣马特奥三座城市的区位熵总体介于0.00~5.00之间,由图2可知,三条折线接近重合,位于折线图的底端,说明圣何塞、福斯特城、圣马特奥需要学习其他城市的经验,以加速他们在数字媒体产业的发展。从区位熵角度分析,山景城和圣拉斐尔在旧金山湾区指数较高。因此,山景城、圣何塞和圣拉斐尔在旧金山湾区发展数字媒体产业方面集聚优势最为明显。

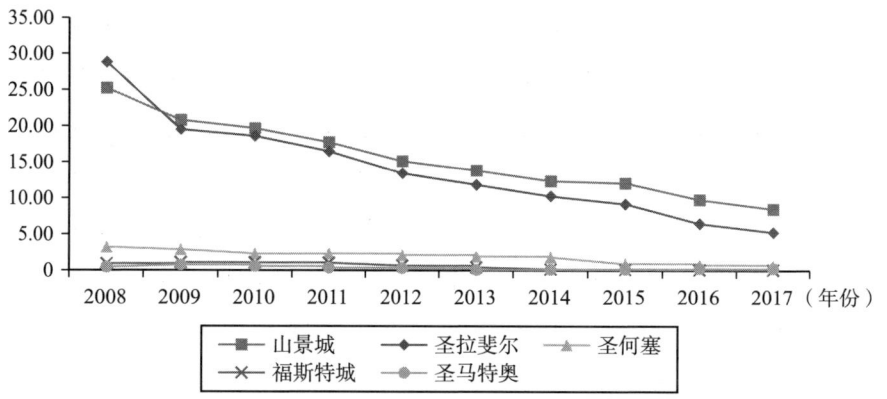

图2　2008~2017年基于上市公司营业收入的旧金山湾区核心城市数字媒体产业区位熵
资料来源:笔者根据资料整理所得。

3. 旧金山湾区:旧金山、山景城、圣拉蒙和圣拉斐尔具有数字媒体产业集聚优势

综合上市公司数量、上市公司营业收入两个维度,旧金山、山景城、圣拉蒙、圣拉斐尔4个城市在旧金山湾区数字媒体产业发展较好,集聚优势明显。斯托佩尔(Storper,2015)等学者认为旧金山的创意生态系统是其发展速度超越湾区内其他城市的重要原因。山景城是硅谷的主要组成部

分,谷歌(Google)、谋智公司(Mozilla)、瑟菲斯(Surface)、硅图(SGI)等著名机构都位于该市,科技创新能力在旧金山湾区首屈一指。圣拉蒙基础设施完善,创新氛围浓厚,吸引了AT&T、UPS等500多家公司在此集聚。圣拉斐尔矿产资源丰富,工业基础雄厚,同时是美国全球最大的2D/3D软件公司总部所处地,为吸引高科技人才提供良好的社会氛围。综上,基础设施和创新型人才是促进数字媒体产业发展的关键因素。

(二)粤港澳大湾区核心城市数字媒体产业集聚结构与演化趋势

粤港澳大湾区由中国港、澳及9个广东省城市构成,是国家提升城市群综合竞争力的新飞跃。在数字化媒体语境下,我国动画行业进入了黄金发展期,奥飞动画、腾讯动漫、深圳华强等著名企业均位于湾区境内,这些企业的集群成为粤港澳大湾区动画创新发展的重要驱动力,动画产业成为粤港澳地区发展数字媒体产业的优势行业。

1. 粤港澳大湾区:53%的数字媒体产业公司集聚在香港

2008~2017年粤港澳大湾区数字媒体产业上市公司数量为249家,其中,香港地区10年间数字媒体产业上市公司数量为131家,占粤港澳大湾区数字媒体产业上市公司数量的53%。深圳地区数字媒体产业上市公司数量为68家,占到粤港澳大湾区总量的27%。广州地区数字媒体产业上市公司数量为50家,占到粤港澳大湾区数字媒体产业上市公司数量的20%(见表3)。由此可见,香港地区和深圳市的数字媒体产业具有集聚优势。

表3 2008~2017年粤港澳大湾区核心城市层面数字媒体产业上市公司数量百分比

城市	城市数字媒体产业上市公司数量(10年合计,家)	百分比(%)
香港地区	131	52.61
深圳市	68	27.31
广州市	50	20.08

资料来源:笔者根据资料整理所得。

基于粤港澳大湾区核心城市数字媒体产业上市公司数量测得的区位熵折线图来看（见图3），广州市总体区位熵变动趋势为先上升再下降，2009~2010年区位熵增速显著，从2009年的4.35增至2010年的6.54，年增长50.34%；2010~2011年区位熵降速明显，从2010年的6.54下滑至2011年的3.71，年降幅达43.27%；2011~2016年区位熵下降趋势缓慢，6年降幅为45.30%，2016年往后依稀又有回升的趋势；2008~2017年10年间下降了50.23%，但总的来说，广州市依旧处于粤港澳大湾区数字媒体产业集聚程度较高水平。深圳市从2008~2017年区位熵呈快速上升趋势，由2008年的0.36增至2017年的1.83，10年年增长率达408.33%，逐渐赶上广州市，于2014年后处于3大核心城市的较高水平，甚至在2015年居于3大核心城市区位熵首位，说明深圳市近10年来数字媒体产业发展飞速，在3大核心城市中数字媒体产业发展势头最为强劲。香港从2008~2017年数字媒体产业区位熵呈平稳发展趋势，始终介于0.60~1.00之间，处于3大核心城市的最低水平。虽然香港地区数字媒体产业区位熵较低，但集聚了粤港澳大湾区52%的数字媒体公司。因此，从上市公司数量层面来看，近年来，香港地区和深圳市在发展数字媒体产业方面表现良好。

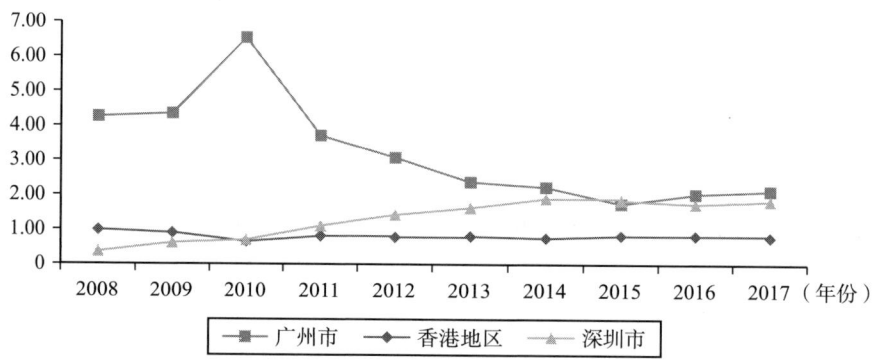

图3　2008~2017年基于上市公司数量的粤港澳大湾区核心城市数字媒体产业区位熵
资料来源：笔者根据资料整理所得。

2. 粤港澳大湾区：89%的数字媒体产业上市公司营业收入集聚在深圳市

2008~2017年粤港澳大湾区数字媒体产业上市公司营业收入为1194.29亿美元，其中，深圳市地区数字媒体产业上市公司营业收入1058.14亿美元，占粤港澳大湾区总量的88%。香港地区10年间数字媒体产业上市公司营业收入为53.27亿美元，占到粤港澳大湾区数字媒体产业上市公司营业收入的4.46%。广州地区数字媒体产业上市公司营业收入为82.88亿美元，占到粤港澳大湾区总量的6.94%（见表4），由此说明，深圳市数字媒体产业具有集聚优势。

表4 2008~2017年粤港澳大湾区核心城市数字媒体产业上市公司营业收入百分比

城市	城市数字媒体产业上市公司营业收入（10年合计，亿美元）	粤港澳大湾区数字媒体产业上市公司营业收入（10年合计，亿美元）	百分比（%）
深圳市	1058.14	1194.29	88.60
广州市	82.88	1194.29	6.94
香港地区	53.27	1194.29	4.46

资料来源：笔者根据资料整理所得。

基于粤港澳大湾区核心城市数字媒体产业上市公司营业收入测得的区位熵折线图来看，深圳市从2008~2017年区位熵呈缓慢下降趋势，由2008年的3.60下滑至2017年的2.80，10年降幅为22.23%，虽然深圳市数字媒体产业区位熵缓慢下降，但总体介于2.50~4.00之间，仍处于粤港澳大湾区3大核心城市数字媒体产业发展的较高水平。广州市从2008~2017年区位熵介于0.50~1.00之间，10年增幅19.72%，整体演化趋势较为稳定，广州市数字媒体产业处于粤港澳大湾区的中等集聚程度。香港地区2008~2017年的区位熵居于0~0.50之间且呈缓慢下降趋势，10年间下降幅度为90.48%（见图4），落后于其他两座城市，说明香港在发展数字媒体产业方面需要借鉴其他城市经验。结合之前粤港澳大湾区宏观层面的集聚度分析，只有深圳市在发展数字媒体产业方面表现良好。

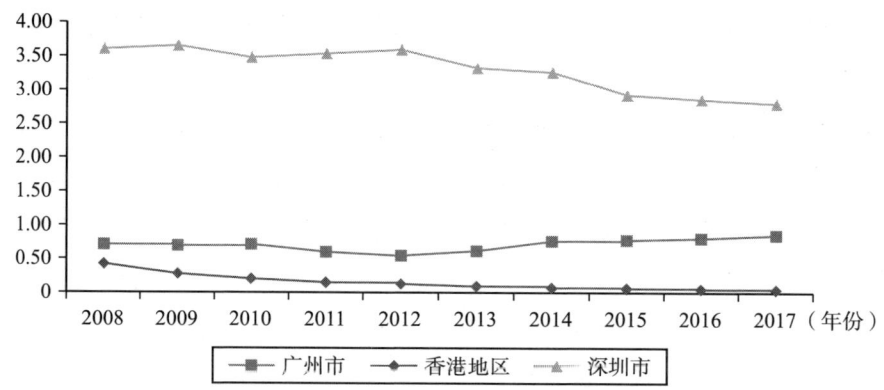

图 4　2008~2017 年基于上市公司营业收入的粤港澳大湾区核心城市数字媒体产业区位熵

资料来源：笔者根据资料整理所得。

3. 粤港澳大湾区：香港地区和深圳市具有数字媒体产业集聚优势

结合上市公司数量、上市公司营业收入两个维度，香港地区和深圳市目前是粤港澳大湾区数字媒体产业发展较好的两座城市，但这两座城市近年来数字媒体产业发展势头不强，可能是由于粤港澳地区的发展遇到了困境。2008 年的金融危机改变了全球经济，粤港澳地区一体化发展面临国际冲击，区域发展的瓶颈已然显现。在国际产出增长放缓的大环境下，中国面临着巨大的产业转型压力和市场竞争加剧。与此同时，粤港澳三地合作存在一定的制度约束，又受到交易成本的制约影响。因此，国际国内的双重挑战使得粤港澳大湾区亟待借鉴其他湾区经验，规避发展中的风险。

（三）两大湾区核心城市数字媒体产业集聚结构与演化趋势比较

1. 两大湾区核心城市上市公司数量层面区位熵排序

将两大湾区数字媒体产业上市公司数量区位熵均值按降序排列，位于前 3 强的城市中有 3 个来自旧金山湾区，分别是圣拉蒙、圣拉斐尔和山景城，粤港澳大湾区的核心城市并没有出现在排名靠前的位置（见图 5）。

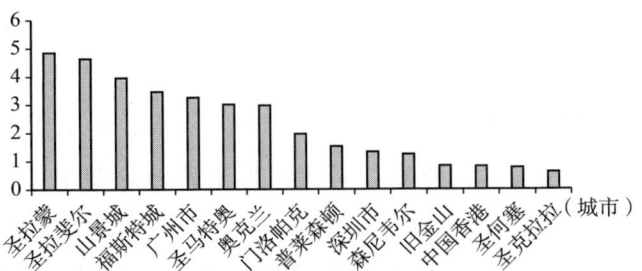

图 5 基于上市公司数量的两大湾区数字媒体产业核心城市 10 年均值区位熵排序

资料来源：笔者根据资料整理所得。

2. 两大湾区核心城市上市公司营业收入层面区位熵排序

将两大湾区数字媒体产业上市公司营业收入区位熵均值按降序排列，位于前 3 强的城市中有 2 个来自旧金山湾区，分别是山景城和圣拉斐尔，粤港澳大湾区的深圳市排名第 3 位，其他核心城市并没有出现在排名靠前的位置（见图 6）。

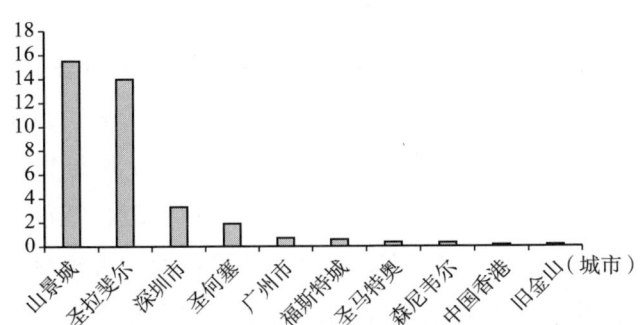

图 6 基于上市公司营业收入的两大湾区数字媒体产业核心城市 10 年均值区位熵排序

资料来源：笔者根据资料整理所得。

3. 两大湾区具有数字媒体产业集聚优势的核心城市

仅从区位熵层面来看，圣拉蒙、山景城、圣拉斐尔、深圳的数字媒体产业集聚显著。但综合两维度宏观层面上的集聚，旧金山湾区的旧金山、山景城、圣拉蒙和圣拉斐尔，粤港澳大湾区的深圳市和香港地区是两大湾区数字媒体产业发展较好的城市。但不可否认的是，与旧金山湾区相比，粤港澳大湾区的数字媒体产业发展尚处于探索阶段，亟须借鉴成熟经验。

旧金山的高新科技公司林立，是美国最重要的金融中心之一。山景城是许多数字媒体巨头的集中地，同时也是硅谷的一部分，创新生态系统丝毫不亚于旧金山。圣拉蒙，基础设施完善，创新氛围浓厚，吸引了 AT&T、UPS 等 500 多家公司在此集聚。圣拉斐尔位于美国加州中部，1970 年后成为娱乐产业中心，同时是软件公司欧特克总部的所在地。加利福尼亚州以高水平教育系统著称，这几座城市深受加州高等院校的影响，人才储备充足，科技创新能力突出，为旧金山湾区发展数字媒体产业提供强大的人才支持。综上，创新人才储备和高新科技优势对数字媒体产业的发展至关重要。

四、粤港澳大湾区数字媒体产业协同发展的路径探讨

国内有关数字媒体产业集群发展的研究相继涌现，经过梳理，发现不少学者认为推进集聚区建设是推动湾区经济协同发展的最佳路径。但也有学者在对产业集聚的研究中，提出了差异化观点。王缉慈（2017）认为，在转变发展观的过程中，要真正投资于创新集群的发展，投资促进产业联系和技术创新，加强行动者的沟通和联系，整合资源与集群的概念。综上，产业集聚区建设是推进产业协同发展的一种手段，不能为了表面的集聚而集聚，实现行为主体的协同发展才是最终目的。粤港澳大湾区目前还处于发展初期，建设产业集聚区在一定程度上有利于资源整合，但不能局限于产业集聚区建设，更重要的是建设产业集聚区之后如何统筹，如何实现实实在在的优势互补，为此，还是要从更深层次对粤港澳大湾区数字媒体产业发展提出建议。

（一）整合三地优势，吸引全球数字媒体产业在粤港澳集聚发展

粤港澳大湾区涉及海峡两岸的制度经济，因此在城市发展、生活方式等各个方面存在差异。政治体制的不同导致行政地域壁垒的存在，但同

样,港澳还存在着不同的体制优势。香港地区的市场体制是推动其繁荣的最根本要素,只有更好地接收香港地区的"体系资源",才能节省"机构成本"。

为促进湾区数字媒体领域的区域合作,需要建立一系列互联网应用创新协会,以推进行业交流、技术创新与横向合作。同时在粤港澳三地设立奖项,助力数字媒体产业发展,为互联网创新项目、创新企业颁发奖项,以此鼓励互联网应用创新,借此吸引全球数字传媒企业。发挥深圳市、广州市对国内数字媒体企业的吸引力,致力于将粤港澳打造成一个数字媒体产业高度集中的世界级湾区。

(二) 突破内部体制机制壁垒,构建粤港澳一体化科技人才政策体系

我国正在推进创新驱动战略,致力于将"粤港澳大湾区"打造成仅次于美国硅谷的科技创新示范区,这为培养创新型科技人才提供了广阔空间。为贯彻落实培育人才市场的战略要求,有必要构建粤港澳一体化科技创新体系,创设行业委员会助推横向交流与合作。人才培养方面,亟须建立粤港澳地区的教育机构与行政机构,充分发挥高等教育带来的人才活力。为此,应鼓励国内外高等院校在粤港澳区域联合办学,通过高校集群培养一批国际化创新型人才,促进粤港澳人才技术的紧密合作。

鉴于目前科技人才缺乏财政和税收激励,缺乏对人才流动的支持,建议从完善薪酬体系入手,加强激励性补偿。目前,社会保障、住房和通勤时间成为港澳与内地人才流动过程中的重要问题,因此,解决好流动人员的社会保障、住房及交通成本,是当前掀起港澳人才到内地就业潮的关键环节。另外,设立相关协调机构,畅通人才流动,打破行政界限,以重点企业为载体,促进粤港澳科技人才的协同发展。

(三) 对标旧金山湾区,助推粤港澳数字媒体产业价值链优化升级

两大维度中,旧金山湾区数字媒体产业专业集中化程度远远高于粤港澳大湾区,关键在于旧金山湾区聚集了谷歌(Google)、亚马逊(Amazon)、脸书(Facebook)、奈飞公司(Netflix)等数字媒体巨头,而且这些企业都处于

全球数字媒体产业价值链的上端,科技创新能力强、运营技能突出。然而粤港澳大湾区的数字媒体产业虽然有腾讯、华为这些行业领头羊,但是大部分企业仍然处于产业价值链的低端。因此,对标旧金山湾区提出以下建议:

首先,政府应出台鼓励创新的优惠政策,营造良好的创业就业环境,吸引全球高端价值链数字媒体企业在此集聚。特别是在对待商业模式的创新上,要意识到"法无禁止即自由",应该允许宽容试错,只要没有政策法规明令禁止,企业就可以尝试。在执法过程中,应遵守同样的"包容审慎"原则,充分调动粤港澳创造创新活力,助推粤港澳大湾区数字媒体产业价值链升级。

其次,创新的自我约束是传统结构性变革障碍的一个重要成分。因此,有必要加强公司的创新领导力,加强公司在"互联网+"框架内构建新的技术创新制度,把握数字化大趋势。

最后,数字媒体企业在创造创新过程中,要依托区域内高职高校、科研院所的人才支持,建立合作机制,将平台创新的效益最大化。通过人才与政策的协同发展,促进粤港澳数字媒体产业价值链转型升级,进而为实现粤港澳大湾区数字媒体产业集聚优势保驾护航。

参 考 文 献

[1] 安虎森,朱妍. 产业集群理论及其进展 [J]. 南开经济研究,2003 (3):31-36.

[2] 臧志彭,谢铭炀. 世界四大湾区传媒产业集聚优势与演化趋势——基于2008~2017年全球上市公司的实证比较 [J]. 南京社会科学,2019 (8).

[3] 陈建军,陈怀锦,刘实,徐倩. 区域一体化背景下的长三角大湾区研究:基于国内外比较的视角 [J]. 治理研究,2019,35 (1):37-44.

[4] 陈跃刚,吴艳. 上海市金融服务业空间分布研究 [J]. 城市问题,2010 (12):39-44.

[5] 池仁勇,周丹敏. 数字出版产业集聚与其发展能力关系研究——基于区域环境的角度 [J]. 中国出版,2015 (18):48-50.

[6] 单丽雪."互联网+"商业模式创新法律规制机制研究 [J].中国软科学,2018 (4):183-192.

[7] 邓薇,吕勇斌,赵琼.区域金融集聚评价指标体系的构建与实证分析 [J].统计与决策,2015 (19):153-155.

[8] 丁梅芊.数字技术背景下的艺术价值反思 [J].社会科学辑刊,2012 (3):241-244.

[9] 董庆文,贺鸣明.伦理道德的十字路口:数字媒体的新挑战 [J].河北大学学报(哲学社会科学版),2015,40 (5):16-19.

[10] 段莉.从竞争合作到协同发展:粤港澳大湾区媒体发展进路探析 [J].暨南学报(哲学社会科学版),2018,40 (9):118-132.

[11] 樊秀峰,康晓琴.陕西省制造业产业集聚度测算及其影响因素实证分析 [J].经济地理,2013,33 (9):115-119+160.

[12] 辜胜阻,曹冬梅,杨嵋.构建粤港澳大湾区创新生态系统的战略思考 [J].中国软科学,2018 (4):1-9.

[13] 金永成,钱春丽.数字出版产业园区的集聚效应研究——以上海张江国家数字出版产业基地为例 [J].科技与出版,2013 (10):14-17.

[14] 李红,丁嵩,朱明敏.多中心跨境合作视角下粤港澳湾区研究综述 [J].工业技术经济,2011,30 (8):3-9.

[15] 李璐.信息资源产业与文化产业融合的实证分析——基于中国上市公司1997~2012年数据 [J].情报科学,2016,34 (3):122-126.

[16] 李政,胡中锋."一带一路"背景下高职跨境电商人才能力需求研究——基于粤港澳大湾区中小企业的调查分析 [J].高教探索,2018 (8):92-96.

[17] 林贡钦,徐广林.国外著名湾区发展经验及对我国的启示 [J].深圳大学学报(人文社会科学版),2017,34 (5):25-31.

[18] 刘金山,文丰安.粤港澳大湾区的创新发展 [J].改革,2018 (12):5-13.

[19] 刘智标,何志均.粤港澳大湾区城市发展、制度壁垒与人文价

值链认同机制的构建[J]. 当代经济, 2018 (17): 56-58.

[20] 欧大伟. 数字出版趋势下的编辑工作转型[J]. 出版广角, 2018 (20): 56-58.

[21] 欧小军. 世界一流大湾区高水平大学集群发展研究——以纽约、旧金山、东京三大湾区为例[J]. 四川理工学院学报 (社会科学版), 2018, 33 (3): 83-100.

[22] 欧小军. "一国两制" 背景下粤港澳大湾区高水平大学集群发展研究[J]. 现代教育管理, 2018 (9): 17-22.

[23] 乔攀. 硅谷科技园区投融资模式对北京数字出版产业基地投融资模式建设的启示[J]. 财经界 (学术版), 2014 (5): 127.

[24] 申勇, 马忠新. 构筑湾区经济引领的对外开放新格局——基于粤港澳大湾区开放度的实证分析[J]. 上海行政学院学报, 2017 (1): 83-91.

[25] 苏东斌. 粤深: 注意吸收香港的 "体制资源" [J]. 学术研究, 1998 (10): 24-25.

[26] 孙晶, 李涵硕. 金融集聚与产业结构升级——来自2003~2007年省际经济数据的实证分析[J]. 经济学家, 2012 (3): 80-86.

[27] 谭琢麒. 数字媒体语境下我国动画创新路径[J]. 传媒, 2017 (17): 56-57.

[28] 王缉慈. 超越集群——关于中国产业集聚问题的看法[J]. 上海城市规划, 2011 (1): 52-54.

[29] 王若鸿. 数字媒体时代动漫形象品牌的IP化运营探析[J]. 出版广角, 2018 (19): 74-76.

[30] 吴爱萍, 董明, 李华. "互联网+" 与 "大众创业、万众创新" 政策结构分析——基于扎根理论和共词分析法[J]. 科技管理研究, 2018, 38 (10): 44-52.

[31] 徐胜, 杨学龙. 创新驱动与海洋产业集聚的协同发展研究——基于中国沿海省市的灰色关联分析[J]. 华东经济管理, 2018, 32 (2): 109-116.

[32] 姚哲男. 数字媒体时代 IP 产业的创新探索——评《数字媒体技术概论》[J]. 江西社会科学, 2019, 39 (2): 263.

[33] 曾凯华. 欧盟人才流动政策对粤港澳大湾区发展的启示 [J]. 科学管理研究, 2018, 36 (3): 87-90.

[34] 张虹鸥, 王洋, 叶玉瑶, 金利霞, 黄耿志. 粤港澳区域联动发展的关键科学问题与重点议题 [J]. 地理科学进展, 2018, 37 (12): 1587-1596.

[35] 张华. 为什么要打造"数字湾区" [N]. 解放日报, 2018-04-24 (10).

[36] 张卫华, 梁运文. 全球价值链视角下"互联网+产业集群"升级的模式与路径 [J]. 学术论坛, 2017, 40 (3): 117-124.

[37] 张昱, 眭文娟, 谌俊坤. 世界典型湾区的经济表征与发展模式研究 [J]. 国际经贸探索, 2018, 34 (10): 45-57.

[38] 中共中央, 国务院. 粤港澳大湾区发展规划纲要 [EB/OL]. 2019-02-18. http://www.xinhuanet.com/politics/2019-02/18/c_1124131474.htm, 2019-2-18.

[39] 中华人民共和国商务部. 专家观点: 依托数字经济的服务业未来将拉动印度经济发展 [EB/OL]. http://www.mofcom.gov.cn/article/i/jyjl/j/201607/20160701368686.shtml, 2016-07-28.

[40] 周运源. 创新发展、深化粤港澳科技合作的再思考 [J]. 华南师范大学学报 (社会科学版), 2017 (3): 5-10+189.

[41] Krugman P. Increasing Returns and Economic Geography [J]. Journal of Political Economy, 1991, 99 (3): 483-499.

场景理论视域下工业遗产开发模式创新研究

——以汉口工业遗产区域为例

司光冉

摘　要：工业遗产开发模式的系统构建和创新直接关乎工业遗产保存和再利用效益。武汉市工业遗产丰富，是城市更新和经济社会发展的重要资源储备。基于目前我国工业遗产开发模式理论构建现状和武汉市实践发展问题，本文在探讨场景理论与工业遗产开发模式关联性的基础上，结合场景理论与工业遗产开发特点从区域、设施、群体、文化和价值观、生产消费地点、数据库六个方面提出了场景打造模式的构建路径，并以汉口工业遗产区域为例，对场景打造模式的具体应用进行探索。

关键词：场景理论 工业遗产 开发模式 创新

一、引言

随着后工业时代的到来，原本代表着城市工业实力的工业企业从城市中心撤离，厂址、建筑和设施被抛留原地，成为工业遗产。但工业遗产并未完全失去效用，其实用价值和文化内涵可以成为优质的经济资源和文化资源，并通过开发助力城市更新和文化产业发展。而如何推进工业遗产的科学开发路径则成为工业遗产研究的重要问题域。在后工业经济的文化导向趋势、我国产业结构调整、转变经济发展方式等复杂语境下，更好地开发工业遗产的文化内容、经济价值成为学界关注的重点。

2012年，武汉市政府编制了《武汉市工业遗产保护与利用规划》，在7个中心城区范围内确定了工业遗存95处，根据工业遗产价值和重要性等，划分了三个保护级别，提出了适用于一级工业遗产的严格保护模式、适用于二级、三级工业遗产的适度利用模式（具体有城市开放空间、博物馆、纪念展示馆、创意产业园、综合商业模式等四种）和适用于已消失的重要工业遗产的非实物保护三个级别的保护与利用模式。这可以视作武汉市从开发程度的角度对工业遗产开发模式构建的初步政策性探索。但该工业遗产开发模式的视野有限，主要关注遗产建筑在保护与改造程度方面的合理限制，而在主导理念、实施路径等内在构建上还存在理论空白，且忽视了工业遗产的文化本位属性，导致出现忽视工业精神传承和特色工业文化塑造，忽视社区参与和文化活动平台搭建，开发模式应用单一同质等实践问题。武汉市工业遗产开发模式构建和实践亟须得到理论的关照和指导。

目前，我国关于工业遗产开发模式的研究多为国际经验借鉴和国内案例评析，较少有从文化适应性更强的理论角度出发对现有工业遗产开发模式的创新进行系统研究以呼应实践发展和理论创新的迫切需求。场景理论通过对"场景"的建构和对文化、价值观作用的再次澄明指引了一条推进区域经济社会发展的新路径，更贴合工业遗产的文化本位特点，也更强调内在元素的全局性审视，有必要将场景理论和工业遗产开发模式的构建结合进行深入的研究，推进场景理论的本土化应用和工业遗产开发模式的创新。本文即在构建场景理论关照下的工业遗产开发模式的基础上，以武汉市汉口工业遗产区域为例对创新模式的具体应用做出探索。

二、文献综述

（一）场景理论

场景理论是芝加哥大学特里·N. 克拉克等学者提出的应对后工业城

市发展的新理论范式。该理论将区域性的文化消费实践纳入了城市街区研究的视野中,对城市空间发展产生了新的理解,也为公共政策的制定提供了全新的视角,日渐受到国内外研究者和政界的关注。在《环境是如何塑造社会生活的》(Scenescapes – How Qualities of Place Shape Social Life)一书中,特里·N. 克拉克等学者提出场景的关键含义是"一个地方的审美意义"。场景是结合了多重因素的文化价值混合体,主要包括以下五个要素:一是社区;二是显著的实体建筑;三是种族、社会阶层、性别、受教育程度、职业和年龄等各不相同的人;四是将这些要素链接起来的特色活动;五是共同的价值观。以上五种要素集成并相互作用,形成场景的独特魅力,吸引人才迁移和集聚。前四个要素综合在一起形成了场景象征意义的表达。场景内的人力资本和各类活动推动生产和消费的进行,最终促进场景所植区域的发展。场景不仅仅是物理性功能空间,更是一种精神性空间,更加强调其内蕴的文化、价值观的作用。特里·N. 克拉克等学者通过实证研究提出,一个地方的文化特征是其经济发展的决定性因素。场景内蕴的文化价值观维度如图 1 所示。

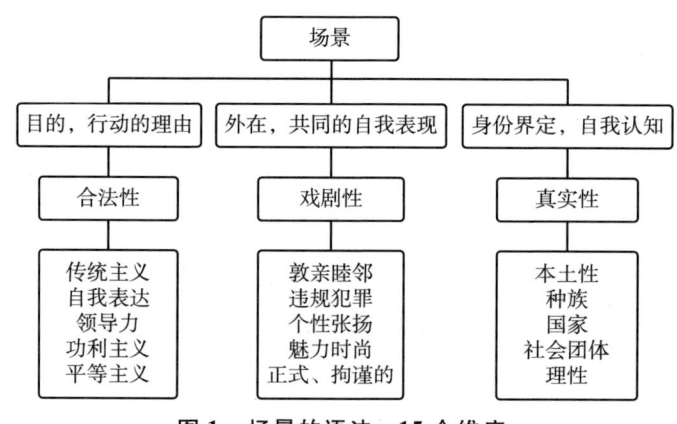

图 1　场景的语法:15 个维度

资料来源:特里·N. 克拉克,李鹭. 场景理论的概念与分析:多国研究对中国的启示 [J]. 东岳论丛, 2017 (1):16 – 24.

吴军、夏建中、特里·N. 克拉克(2013)较早将场景理论比较系统地介绍引入中国学术界。该理论提出场景可以是一种连接文化活动、都市娱乐设施、个体价值与品位的方法。吴军、特里·克拉克（2014）关注了场景理论诞生发展与城市公共政策的内在逻辑和相互影响。认为全球化、个体化、中产阶层化及文化消费的增长等对后工业化城市的转型与发展，以及城市公共政策的制定与实施提出了新的挑战，场景理论应运而生并为城市特征与增长、市民认同、高级人力资本吸引等问题的解答提供了新思路。吴军（2014）在城市社会学视角下指出场景理论以消费为基础，以生活娱乐设施为载体，以文化实践为表现形式，把空间看作是汇集各种消费符号的文化价值混合体，完全超越物理意义，上升到社会实体层面。该理论的政策意义的核心在于孕育生活娱乐设施组合中的文化价值观。场景理论为推动传统模型升级，为城市转型和发展动力转换提供了新的理论工具，为研究文化对政治、经济和社会演化驱动作用提供了新的综合性视角，是契合社会发展潮流、贴合目前城市发展现状的综合性理念，具备完善的理论框架和专门的学术语法结构。但是，该理论主要基于美国这一发达国家内的大城市为主的研究，在今天的中国，仍需学会立足中国本土的历史条件、风土人情、社会实践和学术语境进行中国化的阐释与应用。

（二）工业遗产开发模式研究

目前国内学术界已有一些工业遗产开发模式的相关研究，一部分是类型学研究，在工业旅游的视角下对国内外有所实践的工业遗产开发模式进行梳理归类和特征描述；另一部分是创新性研究，针对既有模式的缺陷建构了各有侧重的新模式。

在类型学研究方面，李蕾蕾（2002）从模式层次角度区分了鲁尔区工业遗产旅游的开发模式实践的两个层次：一是整体的区域性一体化模式；二是具体的博物馆模式、公共游憩空间模式和综合开发模式。张京成、曾凡颖、刘利永和刘光宇（2008）从借鉴国际经验的现实目的出发，梳理了国际上已经成熟有效的主题博物馆模式、公共休憩空间模式、创意产业园区模式、工业博览与商务旅游开发模式和综合开发模式五类，他们认为我国存在开发模式单一僵化的问题。李森焱（2009）补充了工业旅游存在的现代企业参观模式、综合景观型开发模式、工业遗产模式和传统文化型开发模式四类。

在创新性研究方面，黄步瓯（2006）基于工业遗产的改造性再利用和可持续发展两大理念提出了适合成都东郊工业区的改造性再利用模式，即以政策为引导、以经济为基础、以可持续发展为目标、以文化传承为核心、以技术为保障、以公众参与为动力的模式，较早且较全面地构建了开发模式的具体框架。韩福文和许东（2010）基于东北工业遗产的分布提出了点轴开发模式、双核结构模式和点辐射模式，较早从城市层面提出开发模式的形成应结合工业遗产的空间布局这一观点。唐璐（2013）以已有模式在产品开发、经营模式和当地居民参与等方面的问题为导向，提出了强调创新开发、重新开发、整合开发和补充开发的工业遗产旅游综合体开发（IH-ICD）模式。刘宇（2015）认为在后工业的背景下，工业建筑遗产再利用模式应充分考虑工业建筑的自身适宜性和工业旧址的环境适宜性。姜淼（2013）针对我国工业遗产开发模式的遗迹破坏、模式单一、功能缺乏等问题，在城市功能重构的视角下探索了工业遗产旅游全域开发模式，探讨了该模式的优势和开发路径。吴杨（2016）在"资源—业态—治理"的分析框架下提出了上海工业旅游发展模式的建构与创新进路，一是基于资源类型的微观模式建构，有文脉激活模式、体验激活模式、"文脉+体验"双重激活模式；二是基于业态分布的空间增长模式，有空间邻近、业态共生和空间嵌入的空间互动发展模式。高长征、闫芳和龙文燕（2017）引入共生理论，构建不同时代的共生、不同建筑的共生、不同活动的共生三种模式，以期实现文化共生、格局共生和环境共生。

目前，我国关于工业遗产开发模式的研究以定性研究和案例解读为主，研究内容上侧重开发模式的类型归类、特征描述、优势说明和案例分析，许多内容属于西方研究的介绍和引入。初步来看，相关研究已经为我国工业遗产开发模式实践选择提供了一定的理论支撑，问题意识凸显，并有逐步扩展思路进行理论创新的发展态势。但是，有关开发模式的相关研究尚不够成熟、立体。一是理论视角的匮乏。当前有关开发模式的研究多从旅游管理学或建筑学的角度出发，较少有从工业遗产整体、城市发展、区域更新等角度出发的研究出现。普遍将工业遗产的开发窄化为单纯的工业旅游景观,忽略了创意产业园区等多面向的研究和模式内在构造的分析。二是对开发模式中作为核心要素的文化内涵的普遍性忽视。具体的工业文化背景、内涵和形象等内容应为开发模式类型选择和整体构建的决定性因素,而这一要素往往被研究忽视。研究多将目光聚集在盈利模式构建和硬件建设上,导致出现工业文化底蕴浅薄、社区发展受阻等问题。总体上看,我国工业遗产开发模式理论性、系统性和文化性的创新研究较为匮乏。

综合场景理论研究成果、场景理论本土化应用和工业遗产开发模式研究三方面内容来看,作为跨学科性较强的场景理论关注了社区、文化、价值观等丰富的元素,对当前工业遗产开发模式实践的疑惑和问题给出了相应的方向,有必要将两者结合研究形成工业遗产开发模式创新具体路径。

(三) 场景理论与工业遗产开发模式的关联性分析

1. 起源相同:后工业社会中城市转型发展的产物

20世纪80年代末开始,西方发达国家逐渐迈入后工业社会,众多工业企业的发展带来了城市的勃兴,但因为产业结构调整,许多工业转移到发展中国家,众多工业企业必须退出城市,随后留下了大量内蕴工业文化和历史信息的工业遗产。文化产业、金融产业和高新科技等新兴产业随之占领了城市中心。"城市形态开始由生产型向消费型转变。传统以生产为导向的社会理论已经不能完全解释城市发展,需要以消费为导向的一套新学术语法体系来对后工业城市的发展进行诠释,场景理论应运而生。"究其历史渊源,工业遗产是工业社会和后工业社会更替遗留的产物,场景理论是应对后工业社会来临的解释体系,那么工业遗产开发模式则应当是场景理论关照下遗留文化遗产的重新认知和改造性再利用。

2. 属性一致:特定区域的文化内容与经济价值

工业遗产往往不是一个单独的建筑,而是一个聚合了遗产建筑、人群、基础设施、体验活动等的特定区域。工业遗产在形态和内涵上具有历史文化遗产和文化经济活动场所的双重属性,本质上是其内在的工业文化的物质表达和活动展现。场景的概念包含但也超越了生活娱乐设施集合的物化概念，它是作为文化与价值观的外化符号而影响个体行为的社会事实。场景和工业遗产的本质属性是高度契合的，它们都是文化和价值观通过场景驱动群体行为、产生经济效益的区域。工业遗产的开发不仅仅是对利润的追逐，而更深植于工业文化的积淀、传承和创新的驱动，具有工业文化根植性。并且在知识经济时代，很多工业遗产的开发背负着一个城市经济社会转型发展的历史使命，具有推动"文化城市"实现的终极意义。工业遗产的开发就是以工业文化为根本动力驱动区域经济社会发展的典型代表。

3. 逻辑类同：多样元素的聚合和运作

工业遗产开发与场景的基本要素和运作机制是一致的，工业遗产开发是场景在区域发展和遗产开发实践中的具体案例。工业遗产开发模式的形成使原有的社区居民和新进的艺术家、投资方、消费者等群体集聚于工业遗产区域，推动工厂遗产和基础设施的建设、改造和完善，使之成为更好的文化设施依托。因工业衰落和工厂倒闭而几乎是静态的生产消费活动渐渐呈现高频率、集中化、网络化的趋势，且由于工业区域的文化转向，其附着的文化特质也愈加显著。同时，工业精神、创业创新、自我表达、休闲娱乐等价值观驱使各群体集聚至工业遗产区域，工业遗产区域的原有文化维度和价值观在新的实践条件下形成新的特色文化和精神力量，继续影响、吸引成员。并且，由于工业遗产区域往往已经形成了以工厂家属院为代表的早期社区，加上大量新群体长期共同进行生产生活等活动，进行密切的社会交往，逐步拥有共同的意识和利益，该区域进一步向更复杂的社区形态演进。此外，科技的支撑作用值得关注。工业遗产的改造、生态环境的改善均需以一定的科学技术为支撑，使之符合产业需求和生活需求，并进一步在建设设想、硬件打造、活动即时化和高端化等方面提供技术支持。以上所述的工业遗产开发模式的形成、运作逻辑如图2所示。

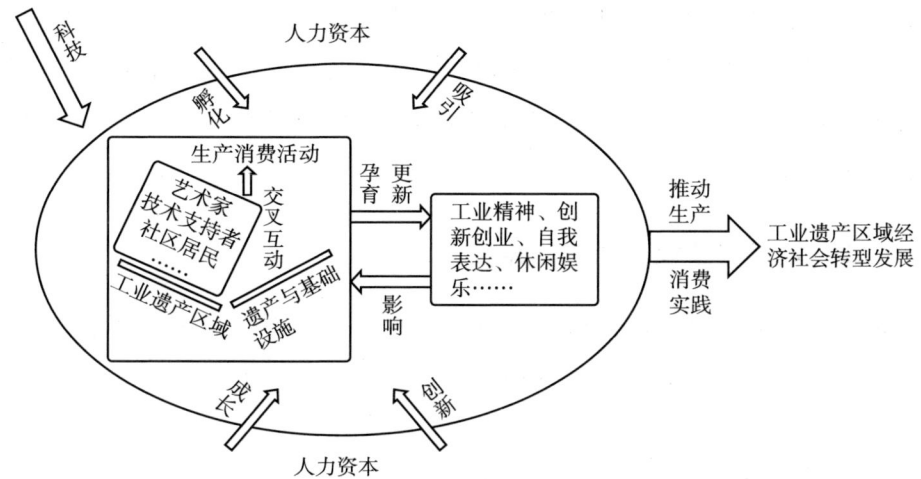

图 2　场景理论视域下工业遗产开发模式形成、运作逻辑

资料来源：笔者根据资料整理所得。

以上分析说明在现实层面，以场景理论关照工业遗产开发模式有一定的实践基础，在学理层面，二者也有充分的适应性。

三、场景打造模式及其应用

（一）场景打造模式的含义与理念

本文结合场景理论和工业遗产开发模式实践提出场景打造模式。场景打造模式是指立足工业遗产区域，以工业文化为本体资源和传导性介质，综合社区、设施、群体、活动等多种要素，形成独特的沉浸式工业遗产场景，从而展现工业文化及其他文化样态的魅力与内涵、激荡群体情绪与思想、促进文化生产与消费的工业遗产开发模式。原有工业遗产开发模式多以消费对象的类型（如工业博物馆模式、公共休憩空间模式等）或开发主要驱动力（如资源导向模式、市场导向模式和政府导向模式等）为模式构建遵循的逻辑规则，场景打造模式则以综合性视角重新关注了工业遗产本体：工业遗产区域及其内部元素，将其作为开发的根本底色和主题聚焦，并以人的多样性、价值观和思想为核心，将其本体构建为一个多维文化综合体，促进生产和消费，推动工业遗产区域经济增长，重塑工业遗产区域更新与发展的路径。场景打造模式具有突出的复合性、文化性、人本性、经济性和社区性。

（二）场景打造模式的构建路径

前文所述的场景理论视域下工业遗产开发模式形成、运作逻辑是一种目标状态，为达到这样的理想结构和理想运行状态，本文主要借鉴场景理论对场景五大要素的界定、对文化维度的细分、对公共政策的启发等观点，以及工业遗产开发实践的现实操作手段，从区域、设施、群体、文化和价值观、生产消费地点、数据库六个方面归纳出环扣呼应的场景打造模式构建路径体系。

1. 以具有差异性和原真性的工业遗产区域为核心资源

工业遗产区域的转型发展是其特色价值和本真价值的衍生。首先，空间边界会强化符号边界。当场景被描绘地更清晰时，它们的效应也变得更强。运用比较性思维确定场景的主题与标识，并使其富有感染性、创意性和统领性，可以有效增强场景效应。场景理论提出，场景的魅力往往在与周围环境形成对比时得到增强。这意味着差异化策略的有效性：打造不同于周边特点的"反文化场景"可使其以独特魅力吸引注意力从而脱颖而出，如在商业区包围的工业遗产区域，打造艺术园区。其次，工业遗产区域的原型特质（如建筑外立面风格、厂房内部结构、设备、标语、代表性产品和品牌等）和深层象征结构（如实业救国的理念和实践、计划经济中的工业生产特点、精益求精的工匠精神等）的保护、挖掘和展演也非常关键。"原真性直接关系着游客涉入的程度，进而影响包括游客在内的消费者的行为意向。"尤其是在全球化背景的今天，工业遗产区域独一无二的真实资源能持续唤醒群体进入场景的动机，提供工业文化物质载体，带来不同于标准化和均质化的文化体验。当然，这不仅意味着忠实工业遗产原貌，也要从过去的遗产形象中生发新的意义。

2. 以内嵌意义且外显审美的组合式设施为物质依托

内嵌的意义使场景成为可能。更进一步,审美直觉加上欲望将转化为活动和设施,使人们更清晰地认识不同场景成为可能。人们辨认不同场景、做出恰当乃至积极的行为活动总是依赖一定的信息、工业文化氛围、情绪和价值观等意义的提示,这些意义被工业遗产建筑、街道、公共绿地、标识等文化设施以符号的形式所承载和表达。这些设施的设计审美性则是意义的直接呈现,并以其艺术的多义特质提供了多样化的解读,无形中鼓励着自我表达和魅力展示。这些文化设施构成了文化活动、生产消费活动的物质依托和文化氛围。文化设施还应有组合式的结构,使其更具有贯通性、开放性和协同性而非"孤岛状态",提供更多非正式交流的机会,为敦亲睦邻等文化维度提供场所基础,使不同群体随时随地激荡情绪和思想,沟通情感,萌发创意。这种组合式设施建设尤其要关注新设施与现有设施的整合。此外,文化设施固然包括大型文化娱乐性主题公园、高层次博物馆等"高大上"项目,但更多的是强调作为社区组成部分的生活性文化设施。因此应着重建设艺术馆、俱乐部、咖啡馆、酒吧等生活性文化设施。

3. 以多样性群体的集聚、社区化和活动为运作机制

场景打造模式归根到底是人的行为所支撑的,对人的关注应提到更高的层次。首先,多样性群体的集聚应由兴趣、价值观、文化偏好等因素为主导,尤其是有关工业文化历史及其符号的群体入驻最为重要。其次,同质元素布局之间有必然的出现关系,异质元素布局之间将表达颠覆性的思想。不同类型群体的进驻和交叉布局尤其是艺术家的进驻十分关键。"艺术红利"现象在工业遗产场景中的效应更加突出。在日常生活审美化时代,艺术家可以提高相关群体的生活质量,"给日常生活注入表现和创造的元素。以前仅限于创意爱好者的实践和情感已从阁楼、工作室和书房,扩展到了会议室、市政厅、办公室隔间和大街上。"再次,工业遗产区域的社区化,一方面,可以凝结共同价值观,提高文化认同感,形成群体的集体动员,沟通群体情感;另一方面,也有助于实现社区增权,促进工业遗产场景的多元共治,调和多元主体利益关系,消减冲突,避免政府越位、资本垄断和居民失语的现象的发生。须针对原居民的二次社区化,新居民、原居民的融合性社区、新居民的初次社区化等不同情况采取相应的社区建设措施。可利用经济赋权、心理赋权、社会赋权和政治赋权等方式提高居民在场景社区发展的主体性地位,加强场景社区建设。最后,特色集体活动如年度优秀产品评比、工业遗产文化节等文化活动可以有效促进思想交流。

4. 以工业文化和价值观为决定性力量

工业遗产区域的文化和价值观的培育和创新至关重要,工业遗产区域的文化和价值观是场景打造模式的根植性因素,也是吸引艺术家、经营者等入驻并自发形成创作链和产业链的关键性因素。首先,工业精神的提炼彰显核心文化力量,是工业遗产区域核心资源的来源,是生产消费活动的文化内涵来源,也是设施和群体围绕的中心文化。流行文化在许多方面都是当代的通用语。工业文化与流行文化的融合会具有独特的审美趣味、更强大的传播力和更广泛的受众,有利于工业文化的弘扬。其次,自我表达、领导力、魅力时尚、本土性等文化维度是场景打造模式的关键文化力量。尤其自我表达与魅力时尚是一般经济增长的两个核心驱动力。最后,平等主义文化维度和创新、宽容、休闲等价值观是重要文化力量。而功利主义文化维度则是应根据商业性或是公共性进行适当的权重分配,商业性越弱而公共性越强时,功利主义越应该适合降低权重,反之亦然。

5. 以工业文化生产消费中心和实验室为主场所

一方面,一般工业遗产区域大多位于旧城中心,有发达的交通系统、庞大的市场需求、浓厚的消费氛围,有较好的条件将其打造为工业文化生产消费的活动中心;另一方面,在宽容失败、鼓励创新的文化氛围中,也可运用超前性思维,依托工业遗产区域的独特工业文化资源和浓厚的人文氛围,将场景内部分区域打造为工业文化及其相关内容的产品和服务的实验室、试验场,面向慕名来此的消费者提供最新的、定制的产品和服务。例如,将AR、VR等前沿科学技术引入工业文化及其相关内容的产品和服务,使消费者尝试新鲜体验,收集消费者诉求和体验建议,树立超越创新的产品形象,同时提前小范围试错,降低市场风险。

6. 以公开性数据库为信息平台

公开性数据库动态地记录并展示工业遗产区域的工业发展历史、文化设施、内蕴的价值取向和已入驻群体的行业类型等信息（见图3）。公开性数据库可以成为当地政府、潜在入驻群体和消费者的客观性信息来源，是政府进行宏观管理、群体进行对比选择的最重要参考资料，也是工业遗产区域场景整体形象的对外展示窗口。

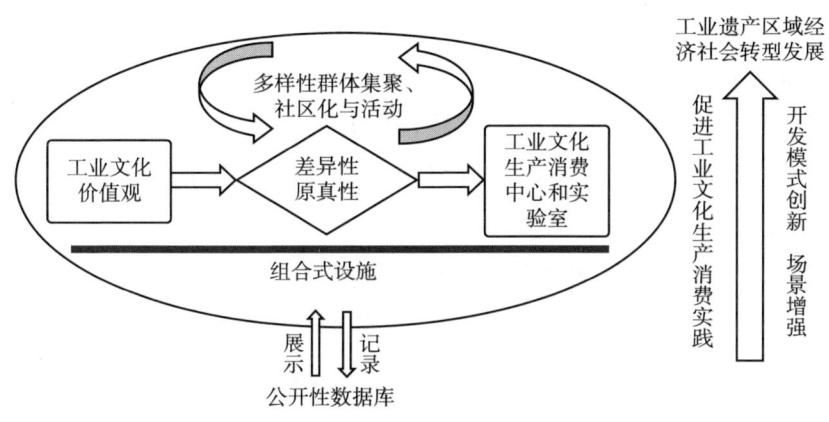

图3 场景打造模式的构建路径体系

资料来源：笔者根据资料整理所得。

（三）汉口工业遗产区域的场景打造模式

1. 汉口工业遗产区域概况

第一，从资源基础上看，汉口工业遗产区域内工业遗产丰富，有既济水塔、邦克面包房、南阳大楼、汉口电灯公司、和利汽水厂、赞誉汽水厂、亚细亚火油公司、平和打包厂等八处工业遗产，整体沿长江在原租界区内带状分布，遗产组合状况较好，规模适中；工业精神遗存、本土性、敦亲睦邻等文化维度基础较好。第二，从开发条件上看，该区域的工业遗产大多有百年历史，建筑风格中西结合，特色显著，内部宽敞利于改造再利用；普遍是国家或省市级文物保护单位，在相关法律法规和制度规范的保护下，原真性维护较好，但不同等级的保护层次又为工业遗产有的放矢地进行再利用开发提供了政策空间；其中邦克面包房、平和打包厂等遗产仍在使用或即将投入使用，具有较好的改造基础和人文环境。该区域整体位于武汉市核心地带，交通便捷，基础设施健全，社区成熟，市场发育完善，商业氛围浓厚，具有坚实的场景打造基础和文化差异化策略的先天优势。第三，从开发现状上看，该区域文化遗产开发尚处于起步阶段，区域内文化设施建设和改造、多样性群体集聚和活动、社区建设、文化精神和价值观等方面的发展程度均较低，且目前武汉市政府尚未针对工业遗产特性对此区域进行综合性规划和开发，工业文化产品及服务数量匮乏、种类单一、开发层次也较低。

综上所述，汉口工业遗产区域具有良好的资源基础和开发条件，也迫切需要理论指导对汉口工业遗产开发模式进行合理创新的建构，为即将进行的开发建设提供理论依据。

2. 汉口工业遗产区域场景打造模式应用

第一，设立不同层次的开发程度规范并严格执行、密切监督。首先，整体上所有遗产建筑都应坚持"修旧如旧"的原则，确保遗产的原真性。其次，针对既济水塔、邦克面包房、南洋兄弟烟草公司等国家重点文物保护单位，应尽可能降低改造程度，严格控制室内活动的频次与规模；针对汉口电灯公司、和利汽水厂、平和打包厂等省市级文物保护单位应有的放矢地进行改造，将其作为兼顾工业文化展示性和生产消费实用性的主要遗产建筑。最后，依据历史资料和整体规划，以配套的目的适当还原重建少数已消失的遗产建筑，也应在注重场所融入性的基础上设计、新建一定的公共设施。

第二，确定工业创意取向的场景主题并在区域内及边界以各种创意形式进行标识和展演。例如，可确立"从追赶到超越：汉口的工业曙光与创意转型"这一主题，强调历史、未来、工业文化、文化产业、创新奋进等多重元素的融合，同时，借助各类创意标识如海报设计、涂鸦、雕塑等公共艺术元素的展现，从而带给群体史诗感、厚重感，以及创造新趋势的审美期待和心理共鸣，与工业遗产交相辉映，构成与周边商业区截然不同的"反文化场景"，吸引艺术家、创意工作室等生产群体的入驻和消费群体的注意力，激发生产消费活动。

　　第三，建设公共绿地，提高文化设施开放性及其之间的贯通性，强调区域差异性但避免区域与周围环境的粗暴隔断，打造生产消费一体化场所。以绿化"撬动"多样性群体对环境与美的感受，种植鲜花和灌木，美化环境。可用玻璃、栅栏等美观隔断代替不必要的墙壁以打通壁垒；建设众创空间，将部分生产过程、艺术创作过程展现出来，令消费者感知文化产品生产的全过程，提高文化体验深度，激发消费欲望；拓展广场休闲区域、兴建咖啡厅、艺术馆等生活性设施、设立自由公告牌，营造开放包容的空间状态，激发创意生成，提高文化产业知识共享的周知性，培育敦亲睦邻、自我表达和社团等维度的文化氛围。

　　第四，梳理汉口工业文化、工匠精神、反侵略抗争等本土性文化；重点培育自我表达、敦亲睦邻、魅力时尚等文化维度；注重工业文化与流行文化等多元艺术的结合。具体来讲，工业遗产建筑及其他文化设施、基础设施都应依据历史资料坚持还原19世纪20年代的基本风貌，旧时标语、地砖、路标牌、窨井盖等微观文化设施也应一并忠实还原；对当时工人阶级辛劳工作、精益求精的生产活动和反侵略游行罢工等政治活动以影像、"快闪"等形式在厂内和街头予以动态展演，对杰出产品、著名品牌工业成果等进行复原和展示；鼓励艺术家在非保护区进行自由涂鸦、街头表演，尤其要大力引进武汉本土艺术家，为其创作提供环境支持，发展在地性文化。

　　第五，打造新旧居民的融合性社区，协调多方利益，构建共同情感空间。汉口工业遗产区域内居住性建筑较多，生活设施健全，原居民生活稳定，社区氛围和谐，这为艺术家、工作室、中小企业入驻提供了坚实的社区基础。但该区域里分住宅和公共空间会因人口密度的增加而愈加狭小，阻碍社区居民交往和日常活动的开展。新居民的较新潮的价值观和文化偏好也易与本地较保守传统的价值观和文化偏好发生冲突。社区委员会应在新居民迁入前向原居民征求意见、阐明利弊，帮助原居民做好接纳心理准备，同时，定期举办新旧居民交流会等活动，增进双方的了解和情感沟通。而武汉市政府则应积极做好迁出人口的安置工作，妥善控制人口数量;建立文化生态、经济生态和空间生态等方面的补偿机制,减少文化变迁、物价抬升、空间挤占等带来的损失,保障居民利益。

第六,建设公开性数据库并及时进行更新。武汉市政府可针对汉口工业遗产区域设立官方网站,设置数据库链接,数据内容包括:区域范围和规划、常住居民数量、工业遗产的总数、简介和利用类型、入驻艺术家、工作室和企业的数量及简介、活动影像资料、代表作品等。

四、结语

场景理论与我国工业遗产开发模式的改进和创新具有很强的适应性,其对文化的再次审视和综合性视角对工业遗产开发模式创新的具体实践也有重要的指导意义。汉口工业遗产区域丰富的历史遗存可以借助场景理论这一具有多重面向的分析工具,应用场景打造模式,在区域资源整合、组合式设施建设、多样性群体活动、工业文化和价值观培育与弘扬、公开性数据库搭建等方面进行场景互动网络的建构,并与其他开发模式相结合,实现物理空间和精神空间的双重打造,协调多元主体利益分配,激发区域生产消费活动和文化活动,更好地促进汉口工业遗产的改造性再利用。这一模式的成功运用也会在保存历史信息,促进工业遗产高质量开发,继承发扬汉口工业文化,推动汉口乃至武汉城市更新,加快产业结构调整等方面发挥重要作用。

参 考 文 献

[1][美]Daniel Aaron Silver, Terry Nichols Clark. 回归土地,落入场景——场景如何促进经济发展[J]. 马秀莲,译. 东岳论丛, 2017 (7): 47-60.

[2]高长征. 基于"共生理论"的工业遗产改造模式探索——以洛阳轴承厂为例[J]. 城市发展研究, 2017 (3): 54-60.

[3]韩福文. 试论东北地区工业遗产的空间特征与旅游开发模式[J].

沈阳师范大学学报，2010（1）：53 - 56.

［4］黄步瓯. 成都东郊工业区旧工业建筑改造性再利用模式浅析［D］. 成都：西南交通大学，2006.

［5］姜淼. 城市功能重构视角下的工业遗产旅游开发模式及路径研究［D］. 银川：宁夏大学，2013.

［6］李蕾蕾. 逆工业化与工业遗产旅游开发——德国鲁尔区的实践过程与开发模式［J］. 世界地理研究，2002，11（3）.

［7］李淼焱. 中国工业旅游发展模式研究［D］. 武汉：武汉理工大学，2009.

［8］刘宇. 后工业时代我国工业建筑遗产保护与再利用策略研究［D］. 天津：天津大学，2015.

［9］祁述裕. 建设文化场景培育城市发展内生动力——以生活文化设施为视角［J］. 东岳论丛，2017（1）：25 - 34.

［10］孙九霞. 赋权理论与旅游发展中的社区能力建设［J］. 旅游学刊，2008（9）：22 - 27.

［11］唐璐. 工业遗产旅游综合体开发"IH - TCD"模式探讨［D］. 重庆：重庆师范大学，2013.

［12］［美］特里·克拉克. 场景理论的概念与分析：多国研究对中国的启示［J］. 东岳论丛，2017（1）：16 - 24.

［13］田静茹. 历史风貌建筑的原真性、游客涉入与行为意向间的关系研究［D］. 天津：天津财经大学，2016.

［14］吴军. 场景理论：利用文化因素推动城市发展研究的新视角［J］. 湖南社会科学，2017（2）：175 - 182.

［15］吴军. 城市社会学研究前沿：场景理论述评［J］. 社会学评论，2014（2）：90 - 95.

［16］吴军，特里·克拉克. 场景理论与城市公共政策——芝加哥学派城市研究最新动态［J］. 社会科学战线，2014（1）：205 - 212.

［17］吴军，夏建中，特里·克拉克. 场景理论与城市发展——芝加哥学派城市研究新理论范式［J］. 中国名城，2013（7）：8 - 14.

[18] 吴杨. 上海工业旅游发展的动力机制与模式研究 [D]. 上海：华东师范大学，2016.

[19] 张京成. 工业遗产开发模式的国际经验借鉴 [J]. 决策，2008：36－41.

[20] DANIEL AARON SILVER，TERRY NICHOLS CLARK. Scenescapes – How Qualities of Place Shape Social Life [M]. University Of Chicago Press，2016.

垂直农场：城市公共文化空间塑造的新选择

王琳慧　雷　杨　白焕霞[*]

摘　要：近年来，在世界范围内的大中型城市里，公共文化空间可以看作是极具吸引力的新事物。一大批新兴的城市公共文化空间与传统城市文化符号的碰撞、融合，无论在组织架构抑或深层价值的层面上，都体现出十分鲜明的文化创意。城市文化转型，需要创意理念作支撑，其对于当前大中型城市的人力凝聚、经济发展与社会培育都有着重要的启示意义。基于此，本文尝试以近年兴起的"垂直农场"为切入点，以城市公共文化空间塑造的理论力量为支撑，探索城市公共文化空间的创意营造路径。

关键词：城市公共文化空间　创意化路径　垂直农场

现代城市空间文化氛围的塑造与文化空间规划，既要依托城市现有文化资源，又要超越现有资源以创新模式开辟路径。实施科技先导引领文化创新的思维路径，以国际视野和世界眼光的文化创新思维，将文化与科技和高端经济形态相融合，以"垂直农业"为代表的新型产业业态是托举城市文化空间建构、塑造城市文化场景和文化品位的典型。因此，对国内外"垂直农场"塑造城市公共文化空间的创意路径选择的研究，是有必要的。

---

[*] 作者简介：王琳慧（1995—　）女，甘肃平凉人，硕士研究生，研究方向为文化管理。

一、国内外研究综述

国内外学术界对垂直农场的认识深度和运用程度不断加深,相关研究也大致经历了从关注农业生产方式的替代向垂直农场本身效能的转型,从阐释垂直农场建设理念到垂直农场建设实践的探索。

(一)国内研究综述

在垂直农场研究领域,常见的"都市农业""城市有农建筑""农业生态建筑""城市农业"等提法都是其相关理论词汇。

(1)在垂直农场理念的引入和其在生产生活方面的作用问题上,一方面,学术界将垂直农场界定为:是利用城市垂直空间发展农业生产的一种生态综合体,将大量农业生产转移到城市的高层建筑中,利用可循环的能源和温室技术进行农业生产,可分为综合农业建筑和表皮农业建筑两大类;在此基础上,学术界围绕"传统农业是否可再生并且能否满足现代城市化进程中的粮食提供问题",讨论达成了一致共识:认为"垂直农场"是解决粮食短缺问题、修复生态环境等问题的主要技术途径,将会在未来"资源替代",以及解决人类人口、资源、环境等诸多问题中发挥重要作用。

(2)局部地区的典型案例及其经验启示研究方面,认为类似于芝加哥的都市农业循环系统和商业运作模式、美国"推进达拉斯"垂直农场对阳光的合理利用,阶梯式种植方式,以及荷兰鹿特丹的"城市仙人掌"的创意化农业生态建筑是较好的样板,可供国内垂直农场建设参考。

(3)探索垂直农场施行方案及对未来都市生活的影响方面,主要针对垂直农场设计方案与城市建筑理念的融合及其在中国推行的展望。在建筑设计和农业生产方式结合方面,冯贵秀等(2018)提出建筑立面垂直农场化、建筑景观与农业相结合、阳台楼顶农业绿化三个方案建设都市绿色农业生态建筑,以实现农业、城市景观及生态等的优化协调;在新型都市农业建设方面,金香等(2018)探索了新型的螺旋形垂直农场的运作机理,指出螺旋形垂直农场具有成本低、种植面连续、机械化、智能化集成作业平台易开发和可复制等特点，将有很好的应用前景。

总体上，还存在交叉学科的研究盲点，即城市建筑设计与农业发展及城市管理等不能全面贯通垂直农场的理念与实施步骤，这对研究者和实施者而言是一种信息不对称的现象。

（二）国外研究综述

国外学术界对垂直农场的研究整体上体现出多维度理论共同延展的特点。

（1）1999年美国哥伦比亚大学环境科学和微生物学教授迪克森·德波米耶（Dickson Despommier）提出了垂直农场的概念，他认为随着现代城市群的出现，应该在城市中建立一种"城市—农业—人"的循环系统，从而实现人与自然资源之间的可持续发展，农业生态建筑的优势也成为大多学者研究的重点。

（2）新城市主义的创始人之一安德雷斯·杜安尼（Andres Duany）于2009年提出农业城市主义理论，这是以农业为导向的社区规划的新方法——将众多食物相关活动，包括小农场、共享菜园、农贸市场、农产品加工等，精心纳入一个步行社区，以此应对生态危机所带来的一系列制约人类生存和发展的问题，如世界食物紧缺、生态破坏等。

（3）食物城市主义理论的研究学者瓦格纳（Wagner）和詹森·格林姆基于城市主义理论，对城市食物系统进行研究，目标在于通过城市的食物系统组织城市生活。

（三）国内外"垂直农场"建设的实践探索

自从垂直农业的概念提出来以后，世界上各个国家的相关研究人员都纷纷开始关注"垂直农场"建筑风格的设计，并根据当地的地方特色和城市需求，设计出很多各具特色的垂直农场（见表1）。

表1　　　　　　　　　各地区"垂直农场"建设实践

国家及城市	名称	特点
美国底特律	绿色拉法耶特	这个底特律的都市农业广场既是菜园，也是城市景观，所以设计更讲究。菜园内置了200多种蔬菜、水果、草药和鲜花，又有作为农业知识园地的教育意义
法国阿尔萨斯	葡萄公园	将葡萄的采摘，葡萄制品的品尝，如葡萄酒、葡萄果汁、葡萄冰淇淋、葡萄大餐等，以及与葡萄有关的品评、写作、绘画、摄影、体验、竞赛与季节、庆典活动全部融为一体
德国柏林	公主花园	柏林城墙附近的公主花园是一处公共农耕地，每天都有不少来这里"即兴种地"的人，不同地方的人带来不同的作物——但一个规则是收成不允许出售，只能在亲友之间流通
日本大阪	银发族农园	为满足不同族群的需求，日本都市农业分得很细。银发族农园是专为65岁以上退休的"银发族"开辟的，借耕种田地打发时间，顺带锻炼，改善老龄社会寂寞封闭的状况
美国纽约	Aero Farm	全球连锁的室内垂直农场，总部在纽约。它采用气雾栽培、垂直种植、LED灯光种植，即无土栽培，有了光照，植物白天晚上都能生长，亩产相当于一般农地的20倍
新加坡	Sky Greens	它是新加坡垂直农业的典型案例。作物种在A字形的高架上，旋转支架平均8小时转完一周，保证每一颗植物有足够的阳光和养分，耗能仅相当于一个60瓦的灯泡
英国伦敦	成长盒子	伦敦的成长盒子不像庞大的农业设施，它只有6米高，分两层，下层养罗非鱼，鱼的排泄物通过水循环供养上方的400多株农作物，这被称为"养耕共生"
中国北京	楼顶菜园	在楼顶上开辟菜园，加之鸟和锦鲤等，像私人庭院

资料来源：笔者根据资料整理所得。

2009年美国达拉斯设计大赛上提出了"推进达拉斯"垂直农场方案：30层的建筑高层中，可以种植、养殖100多种农作物、家禽、鱼类等，满足7万人1年的食物来源。在该设计中，采用无土栽培技术，通过过滤系统对城市废水进行过滤，将过滤后的废水提供给植物，每年可手机超过22.7万立方米净化水，而且更加合理地利用了阳光，采用阶梯式的种植方式，增大了农作物采光面积，更好地促进了植物的生长；荷兰鹿特丹的"城市仙人掌"、新加坡交织住宅复合体、加拿大"空中农场"等都是垂直农场发展中比较具有创意和代表性的农业生态建筑样板。除此之外，芝加哥郊区的 Farmed Here 垂直农场是世界上现有最大的垂直农场，由 Hardej 创建，巧妙地在农业中融入水产，使用罗非鱼来清洁无土栽培用水，鱼的排泄物又可作为肥料。农场生产生菜、薄荷、菠菜等有机蔬菜，还提供了数百个工作机会。

中国的都市农业起步于 20 世纪 80 年代，北京市、上海市、天津市、广州市四大城市农业主管领导和学者在上海集会，首倡城乡一体化发展新思路，提出城郊型农业。90 年代，深圳市、上海市、北京市等地处开放前沿的沿海大城市抓住城市经济起飞和城乡日益融合的新机遇，借鉴国际经验，相继提出了加速城郊型农业向都市型农业转型，创建现代化都市农业的设想。中国城市的新一轮发展迫切需要转入内涵式、集约化的轨道，城市中传统的农业耕作模式受到极大限制，"垂直农场"成为一种相对可能的选择。国内首个垂直农场设计方案为深圳市空间设计师、中国创意旅游设计师郑建平设计的"绿美人"方案：借用唐代杨贵妃的形象为垂直农场外形，集垂直农场、空中花园酒店和绿色生态观光为一体，希望通过旅游经济和商业效应填补农业种植的高昂成本。

二、"垂直农场"对城市公共文化空间的价值

城市与农业相互促进的发展模式是近年来备受关注的热点话题，农业对城市公共空间的优化与影响也随之聚焦，垂直农场作为新型都市农业发展的典型代表，其对城市公共空间的品质提升、对居民空间体验和绿色生活观念的引领、对城市建筑与城市文化形象的塑造都将带来跨越式的突破与发展。

（一）"垂直农场"是现代都市农业发展的侧重点之一

"都市农业"的概念是随着 20 世纪 50~60 年代，美国经济学家"在城市及其延伸地带发展农业"的构想中应运而生的。为在有限的土地与空间获得农业产出和环境改善，并减少"食物里程"，相关领域的学者将寻找"土地"的目光转向以建筑为主的城市立体空间。城市公共空间的立体

化为人们生产、生活的格局创造出了新高度,垂直农场利用其局部空间,整合农业生产、建筑物绿化、娱乐休闲创新,这些都已成为都市农业发展的主要类型。换言之,"垂直农场"作为高级别构建具有粮食生产、环境友好、景观再造等功能的综合型建筑附加品,不仅体现城市建筑设计理念的革新,更融入更多生态元素,赋予城市公共空间新的功能。

备受重视的现代都市农业,将农业生态理念融合到城市规划与建筑设计的方方面面。而今,众多开发商、投资商、市长和城市规划师已成为都市农业的拥护者。"垂直农场"是新时代都市休闲农业的强有力代表,环保概念与都市人乡愁理念的融合,粮食生产与景观提升的互通,未来都市农业的发展方向之一是"垂直农场"。

目前,农业用地所需远远大于我们所能提供的耕地量,且农用地对淡水灌溉资源及技术的需求巨大、种植业所需的大量燃料由此产生的温室气体排放问题、粮食价格翻番问题等都是现代发展传统农业所要承担并亟须解决的。都市农业的构想就是应对农业发展阻碍应运而生的,即将粮食生产与城市生活结合起来。相关专家提出,都市农业已具备成熟的技术且相比传统农业更节能的优势,滴灌、空栽和水培等主要灌溉技术已在世界范围内推广采用,城市污水可循环、固体废弃物涡轮发电等构想都是都市农业发展的前瞻思路。

将粮食生产与城市生活结合起来也将是城市公共空间优化的重要一步。垂直农场是在垂直向上的空间里发展农业生产,其理想化地将解决资源的合理利用与充分利用空间的构想为城市公共文化空间的打造注入新鲜血液,且自身高质量的生态绿化及观赏功能,是社会和生态问题的一种双赢模式。20世纪90年代初,以钱学森为代表的学者就提出了山水城市的概念,认为人们多功能的需求可以在一座大楼里实现。多方面城市垂直空间的自然功能利用与开发,为城市垂直农业的生产做了铺垫。现代立交桥、河道护栏、建筑外立面、棚架、阳台、屋顶等多种空间类型的立体绿化逐渐走进城市生活的角落。

(二)"垂直农场"是城市公共空间优化利用的方式之一

从外形上看,垂直农场和一般的办公大楼没有任何区别,高度大都在 30~40 层楼之间,每层都可以栽种各种各样的农作物,根据不同农作物的生长特点进行科学的分层种植。所有农作物都会在人工监控的环境下生长,根据农作物的生长发育情况,调整农场里的温度、湿度,以及光等环境条件,来满足农作物生长的需求。另外,垂直农场采用自然生态系统中的食物链原理合理搭配动植物和微生物,达到能源的最大利用率,是一个完整的自给自足的生态系统,不仅包括农作物养殖,还涵盖了从农作物生产到废物管理的一系列的转化过程。

城市农业除生产食物、提供绿色开放空间外,还兼任能源供应者、水缓冲器和城市垃圾处理器等多重角色。形式表现为竖向立体的垂直农场依托城市建筑而生,将农产品、牲畜养殖等农业环节放入可模拟农作物生长环境的建筑物中,并通过能源加工处理系统,实现城市粮食与能源的自给自足。如在城市烂尾楼里建垂直农场,通过循环技术处理城市生活和农业生产中的废弃物,实现肉类、蔬菜、水果等农产品的全年供应。

城市农业作为一种客观存在的社会经济活动,在世界各地城市的发展史上普遍存在。作为人类获取生存必需品的一种活动,农业(食物生产)与城市长期保持着友好的共生关系,并展现出一种迥异于现代城市社会的生产和生活交融的景象。英国布赖顿大学建筑系教师维尔容(A. Viijoen)与建筑师波恩(K. Bohn)认为,农业可以用来实现城市绿色开放空间的经济增强、社会增强和生态增强。他们借鉴景观生态学中的绿道概念,提出将城市农业融入城市公共空间并加以连贯,形成一条条贯穿城市建成区的生产性绿色开放空间廊道——"连续生产性城市景观"(CPULS),作为可持续城市基础设施的一个基本要素。

(三)城市公共空间与"垂直农场"的融合提供了新的生产生活方式

当前城市的土地几乎被建筑物覆盖,建筑的密度远远高于绿地,城市资源环境瓶颈效应日益强烈,城市的快速发展迫切需要迈向内涵式、集约化的发展轨道。而垂直农场以农业与建筑结合的特殊形式，将生产性景观带入城市，使建筑以全新的姿态立于都市之中。它打破了"农田与城市景观相互对立"的传统观念，为城市居民提供了体验耕种与释放工作压力的场所，既引领了都市新时尚和绿色、可持续的生活方式，又继承了传统的农耕文化，兼具生态与文化教育意义。

如中国传统的桑基鱼塘、稻鱼共生系统、水稻梯田等生态农业模式对现代农业实现自身系统的循环、垂直农场构建作物之间的和谐共生和立体植物群落构建都有借鉴意义。一个形态完整的垂直农场是集农业生产、生态净化、科教观光、休闲娱乐于一体的农业综合体的概念。

垂直农场的建设将带动新兴产业的蓬勃发展，涌现出以前人们从未想到过的城市岗位：培养工、养护工和收获工等稳定职位，垂直农场似一座桥梁，将城市发展与人类社会生活之间的相互构建稳定在公共空间之中，新兴事物对人际交往所带来的交融互通，为城市社会生活的多样性增添重要因素。

三、"垂直农场"在城市建设的可行性建议

根据《中国新型城市化报告2013》，中国城市化进程正面临着城市规模快速扩张与要素集约水平的不匹配、中国土地的城市化水平快于人口的城市化等方面的挑战。在迪克森·德波米耶（Dickson Despommier）教授的设计构想中，一座占地不足600平方米、30层高的垂直农场就可以为5万人提供大约一年的食物和饮用水。在中国建设"垂直农场"的设想是否能够成为中国城市化发展和公共文化空间发展的重要举措，这样的远景能否实现，需作出问题和对策的全面剖析。

（一）垂直农场在中国建设面临的问题

要真正实现城市垂直农场的构想，还要解决当前设计中可能面临的几个问题：从经济层面来说，只有当垂直农场所消耗的能量低于传统耕作模式生产、运输等所消耗的能量时，其商业价值≥市场需求，再加之其生态

意义，才能够吸引更多开发商的投资与政府支持；从设计层面来看，垂直农场是一个集多种高科技的复合系统，农场内部温度和湿度对建筑材料的影响、规模经济和污水回收净化等问题，不是一个学科领域所能解答的，而需要工程师、建筑师、室内农学家，以及经济学家共同完成；从管理层面来说，在垂直农场这样一座能量高度密集的建筑中，如何保证各能源循环系统正常、安全地运转，以及协调好农业生产和采收过程都将是摆在管理者面前的难题。

（1）技术问题。首先，我国农业机械自动化、农业生产规模化还仍有较大提升空间，垂直农场所需的工业化、自动化控制、可循环的能源利用技术和温室技术是制约垂直农场在中国发展的首要因素。其次，垂直农场的建设需要一大批具有专业技术的建筑师、工程师、农艺学家和城市规划者，将高科技农业技术同最新建筑技术完美结合起来。中国目前缺乏精英人才和高端垂直农场建设技术，这个问题在短期内很难解决。如果垂直农场要在中国落户，就要依赖国外的技术和科技人才的支撑，进口成本是巨大的。最后，垂直农场自身就是一个独立的系统，但是这个庞大的系统是否合理，是否能够正常运作，包括内部空气质量，各种循环系统的设计能否满足需求，产品的质量是否合格等，都需要一系列实验才能得出结论。

（2）效益问题。作为新兴的农业形式，垂直农场所带来的经济效益、社会效益尚未明确。按照目前的市场价格，每平方米的钢筋混凝土塔楼的造价是人民币1383.46元左右，建设一栋建筑面积为2公顷的垂直农场，需要花费约 $1383.46 \times 2 \times 666.7 = 184.47$ 万元，如果加上地价和设备费用，此价格还会更高。如在西安郊区租一块地，0.0667公顷地每年租价是1000~2000元，2公顷是3万~6万元，两者的价格相差400倍以上。在系统启动及后期维持运行的过程中，垂直农场需要的资金支持也是一笔很庞大的账目。

（3）社会认知度问题。垂直农场作为一种新生事物，要想取得社会认知度，必须要有足够的经济和社会效益。要想获得社会认同，唯一途径就是解决前述一系列矛盾，降低垂直农场的建造和运行成本，增加社会功能，提高经济和社会效益。

（4）污染问题。农业生产会带来许多污染，比如农药、化肥、除草剂、牲畜产生的粪便等，如果处理不当，会对城市造成不良影响。而垂直农场是通过光周期控制达到对植物生长控制的，有可能在整个晚上都进行人工照明，给周围居民带来光污染困扰。

（二）中国城市发展建设垂直农场的策略

到目前为止，垂直农场的设想还存在诸多问题，但其优点也是显而易见的，我们可以利用其长处，尽量避免其劣势，使之在城市公共文化空间建设中发挥最大作用。

垂直农场和高层建筑有着许多连结点：第一，在空间上，两者均往上空谋求发展；第二，两者都以城市为载体，既建造于城市，又服务于城市。因此，垂直农场能否在众多的高层建筑中获取一席之地是关键，更理想的状态是，垂直农场能够与各类型高层建筑结合发展，这样可以利用现有资源发展垂直农场，构建绿色生态城市。利用现有的摩天大楼来打造模块化的垂直农场结构，在这种垂直农场结构中，不同类型的模块起到不同的作用，它们被安装于摩天大楼的外部，以获取最大化的种植空间，这种模式代表了未来城市农场的发展方向。

目前，中国正以惊人的速度建造更多的高层建筑。在拥挤的一线城市，对空间的需求推动了高层建筑的发展。2017年，中国的高层建筑占据世界百座最高楼中的34座，占据比例为三成。而中国的高层建筑越来越向"功能复合型"方向发展，这对垂直农场在中国的发展来说是一种机遇。例如，设计高度为208.8米的深圳市"绿美人"摩天塔，向阳的一面种植蔬菜、花卉、药材并进行家畜养殖，而背阳的一面将开发空中花园酒店、空中餐饮、商务会所、绿色会议厅等，将各方功能有机结合，使其具有多功能整合资源、多业态抵御风险的投资价值。

（三）中国城市发展建设城市垂直农场的具体方法

（1）与城中村改造相结合。在城中村里，居民的生活方式和劳作方式依然保留着此前的农村模式，在现代化的大城市中显得格格不入，急需改造的城中村为垂直农场提供了良好的生长载体。目前，解决城中村问题的最佳模式就是把城中村改造成集居住和现代化生产为一体的垂直农场。在原来城中村的基础上，建成一栋栋立体农场，既能居住又能生产，既解决了村民安置的问题，又能使其发挥一技之长，找到就业途径；同时还能为城市居民提供新鲜的农副产品，改善城市环境；还可以把农家旅游和农业生产、住宿结合起来，形成多功能的垂直农场，达到经济效益和社会效益的最大化。

（2）与房地产开发相结合。美国著名的环境规划师，宾夕法尼亚大学伊·麦克哈格教授（Ian Lennox Mc Harg）在《设计结合自然》一书中强调：设计要有将城市与自然、城市与乡村有机结合起来的思想。房地产开发作为城市规划第一线工程，要结合这种思想进行规划开发，在房地产开发的过程中，可以在楼层的公共区域或者套型内预留小块的种植用地，分租给居民们种植容易打理、利于存活的蔬菜、水果等。可由市民自主经营或者委托专门人员进行管理，收获的农产品可提供自家食用，也可以交换或出售。让市民们在家门口就能够体验到农业的生活方式，达到放松身心、休闲娱乐的目的，同时获得新鲜、无污染的绿色产品。

（3）充分利用当地的绿色资源。垂直农场要充分发挥生态优势，尽量利用当地的可循环资源进行能源供给。例如位于冰岛、意大利、新西兰、南加州，以及东非一些地方的垂直农场采用了当地丰富的地热资源；光照强烈的沙漠地区（如美国西南部、中东地区、中亚大部分地区）的垂直农场充分利用自然光源进行作物生长和增强光电转换能力。而中国大部分地区都有丰富的可再生资源，比如西部的太阳能资源、风能资源，南方地区丰富的太阳能资源、水利资源，沿海城市的风能资源等。中国的许多大城市，因为各种原因，对于绿色能源的利用还处于空白和起步阶段。如果在中国大城市发展生态的垂直农场，可以起到示范和引导作用，从而拉动太阳能等绿色能源在城市的发展，为节能减排做出巨大贡献。例如，深圳市"绿美人"垂直农场的设计方案，引入风能、太阳能、地热能、无土栽培、雨水收集等13项全球最新的绿色能源成果，是中国高层摩天楼能源利用的典范。

当郊区的"开心农场"和只能观赏的屋顶花园不能够解决城市居民对于食品安全的焦虑和对"自给自足"生活的向往，融生产、生活和文化教育于一体的垂直农场带来了新的希望。垂直农场无疑给城市居民的感官和生活方式带来全新的体验，正如张鸿雁先生所说："过去，我们曾在乡村里梦想城市；现在，我们在城市里梦想乡村"。

四、结语

良好的城市公共空间有助于实现城镇化的目标。城市公共空间作为最能反映城市文化特色和文化品位的重要部分，具有特殊的文化价值。城市化水平的不断提高使城市农业成为解决城市发展问题的可供选择的最佳策略之一，其重要性不可忽视，应该纳入城市发展规划和设计当中。

农业社区的存在和发展为我国"垂直农场"建设布局提供前提和可能，也为农业融入城市市区空间提供有力支撑，农业将从各个层面融入不同属性和特质的城市空间，为城市发展提供可供选择并且最佳的生态设计策略，更将为新时代城市公共文化空间的创意化营造带来无限可能。

参 考 文 献

[1] 柴永强. 26种垂直农场设计方案：空中农场可自给自足［N/OL］. (2010-01). http://www.china.com.cn.

[2] 陈伯冲. 微型城市：从垂直的建筑到垂直的城市［J］. 设计家, 2013 (3): 7-9.

[3] Dickson Despommier, 王晓君. 立体农场——解决粮食问题的城市方案［J］. 城市环境设计, 2009 (7): 112-117.

[4] 迪克森·德斯彭米耶文. 把农业搬进摩天大楼［J］. 中国房地产业, 2014 (9): 96-99.

[5] 冯贵秀, 耿荟良, 杨亚晨, 王雅芳, 张鑫枚, 蒋晓雪. 未来都市农业建筑形态的设计与研究［J］. 价值工程, 2018, 37 (25): 268-269.

[6] 黄帆． "垂直农场"：农业发展新趋向 [J]．WTO 经济导刊，2010（4）：88．

[7] 金香，杨自栋．垂直农业及螺旋形垂直农场发展与应用 [J]．农业工程，2018，8（12）：44-49．

[8] 李鹏，张玺玲，张建国，庞赞，石晗．垂直农场的概念形成与技术支撑体系研究 [J]．世界农业，2016（5）：48-52．

[9] 李燕，武彦生．国外农业生态建筑特点及对我国的启示 [J]．农业工程，2017，7（4）：68-70．

[10] 李岳云．都市农业的理论与实践——兼论南京都市农业发展 [J]．南京社会科学，2002（S1）：204．

[11] 陕西省建委造价工程处．陕西工程造价信息 [R]．2018．

[12] 宋晨晖，梁关生，熊明，宋亚平．现代设计理念及其在垂直农场上的应用 [J]．艺术百家，2013，29（S2）：159-162．

[13] 王敬华，贾敬敦．芝加哥都市垂直农场模式及其启示 [J]．中国农业科技导报，2013，15（5）：75-79．

[14] 王晓静，吴学谦，柳欢．城市"有农建筑"设计模式研究 [J]．华中建筑，2017，35（12）：37．

[15] 孝文．韩国试验摩天大楼垂直农业 [J]．工会博览，2011（24）：13-14．

[16] 杨其长．植物工厂与垂直农业及其资源替代战略构想 [A]．中国农业科学院、山东省寿光市人民政府．设施园艺创新与进展——2011 第二届中国·寿光国际设施园艺高层学术论坛论文集 [C]．中国农业科学院、山东省寿光市人民政府：中国农业科学院农业环境与可持续发展研究所，2011：5．

[17] [美] 伊·麦克哈格．设计结合自然 [M]．天津：天津大学出版社，2006．10．

[18] 张鸿雁．城市形象与城市文化资本论 [M]．南京：东南大学出版社，2002．5．

[19] 张锦宇，翁伯琦，叶菁．生物、农业建筑与生态环境和谐统一

的若干思考［J］. 福建农林大学学报（哲学社会科学版），2014，17（3）：27-32.

［20］Dickson Despommier. The Vertical Farm-feeding the world in the 21st century［M］. New York：Thomas Dunne Books. 2010.

［21］Jason Grimm Bla，Mimi Wagner Food Urbanism a Sustainable Design Option for Urban Community［EB/OL］. http：//www. growingpowerfarmconference. org/tracks/urban-small-farming/food-urbanism/.

［22］Shea Gunther. World's largest indoor vertical farm opens in Chicago［EB/OL］.（2013-03-26）. http：//www. mnn. com/your-home/organic-farming-gardening/blogs/worlds-largest-indoor-vertical-farm-opens-in-chicago.

［23］Steve Hawley. Transects and Food Production［Z］. http：//www. houstontomorrow. org/initiatives/story/agricultural-urbanism/.

［24］Viljoen A. Bohn K. Continuous Productive Urban Landscapes. Designing Urban Agriculture for Sustainable Cities［M］. Oxford：Architectural Press，2005.